铸造件

两箱造型

压铸机

无取向硅钢片浮动式冲裁模具

挤压件

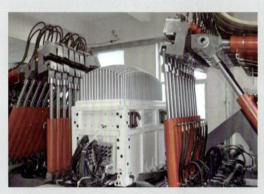
高柔性多夹钳拉形机

冲焊结合件

焊接件（螳螂）

焊接件（鹿）

焊接件（龙虾）

车工实训

车工工件1

车内环槽

车内螺纹

滚花

车工工件2

刨削工件

刨平面

铣刀

磨工实训

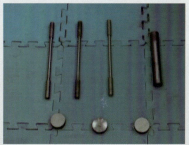
磨削工件

钳工加工件

钳工工作台

数控车实训

线切割件（爱）

线切割件（雄鹰）

线切割件（骏马1）

线切割件（骏马2）

运载火箭模型

北大社·"十三五"普通高等教育本科规划教材
高等院校机械类专业"互联网+"创新规划教材

全新修订

"十二五"江苏省高等学校重点教材（编号：2015-1-045）

工程训练
（第4版）

主　编　郭永环　姜银方
副主编　雷　声　刘正义
主　审　傅水根

北京大学出版社
PEKING UNIVERSITY PRESS

内 容 简 介

本书是 2006 年 8 月出版的《金工实习》一书的第 4 版。在近 10 年的时间里从第 1 版到第 3 版先后 4 次获得省级奖项，取得了骄人的成绩。然而在"互联网+"时代，纸质的《工程训练》教材受到了学生阅读习惯改变带来的挑战，因此特在第 3 版的基础上编写基于"互联网+"的《工程训练》（第 4 版）。

本书在体系上仍采用第 3 版的 3 个教学模块：模块 1 是传统加工技术，包括第 1 章工程材料及成形技术和第 2 章切削加工技术；模块 2 是现代加工技术，包括第 3 章特种加工技术与数控特种加工技术；模块 3 是综合与创新训练，包括第 4 章综合与创新训练。本书在内容上增加了大量的和教学相关的工程训练视频、动画、图片以及交互内容，学生只要扫描教材上相应的二维码，即可进入相关内容的学习。

本书可作为高等院校机械工程类、近机械工程类和非机械工程类各专业本科及专科的工程训练教材或金工实习教材，使用本书时可根据各专业的具体情况进行调整。

图书在版编目(CIP)数据

工程训练/郭永环，姜银方主编. —4 版. —北京：北京大学出版社，2017.6
(高等院校机械类专业"互联网+"创新规划教材)
ISBN 978-7-301-28272-4

Ⅰ.①工… Ⅱ.①郭…①姜… Ⅲ.①机械制造工艺—高等学校—教材 Ⅳ.①TH16

中国版本图书馆 CIP 数据核字(2017)第 096391 号

书　　　名	工程训练(第 4 版) GONGCHENG XUNLIAN
著作责任者	郭永环　姜银方　主编
策 划 编 辑	童君鑫
责 任 编 辑	李娉婷
数 字 编 辑	刘志秀　刘 蓉
标 准 书 号	ISBN 978-7-301-28272-4
出 版 发 行	北京大学出版社
地　　　址	北京市海淀区成府路 205 号　100871
网　　　址	http://www.pup.cn　新浪微博：@北京大学出版社
编辑部邮箱	pup6@pup.cn
总编室邮箱	zpup@pup.cn
电　　　话	邮购部 010-62752015　发行部 010-62750672　编辑部 010-62750667
印 刷 者	北京宏伟双华印刷有限公司
经 销 者	新华书店
	787 毫米×1092 毫米　16 开本　18.75 印张　432 千字　彩插 2 2006 年 8 月第 1 版　2010 年 1 月第 2 版 2014 年 5 月第 3 版 2017 年 6 月第 4 版　2023 年 8 月第 7 次印刷
定　　　价	54.00 元

未经许可，不得以任何方式复制或抄袭本书之部分或全部内容。
版权所有，侵权必究
举报电话：010-62752024　电子信箱：fd@pup.pku.edu.cn
图书如有印装质量问题，请与出版部联系，电话：010-62756370

第 4 版前言

本书是 2006 年 8 月出版的《金工实习》一书的第 4 版,该教材自出版以来共印刷了 14 次,计 5 万册,在这期间被评为中国林业部"十一五"规划教材、江苏省高等学校立项建设精品教材、江苏省高等学校精品教材、"十二五"江苏省高等学校重点立项建设教材,并获得首届淮海科学技术奖二等奖,深受广大读者的欢迎,这对编者也是极大的鼓舞和鞭策。

在"互联网+"时代,纸质的《工程训练》教材受到了学生阅读习惯改变带来的挑战,因此特编写基于"互联网+"的《工程训练》(第 4 版)。

本书在体系上仍采用第 3 版的"传统加工技术—现代加工技术—综合与创新训练"三个教学模块,但在内容上呈现了大量的和教学相关的工程训练视频、动画、图片及各章测试交互内容,学生只要扫描书上相应的二维码,即可进入相关内容的学习。为方便教学,在附录中附有工程训练报告(交互内容)。本次修订充分做到以下三点。

(1) 精益求精:本书在第 3 版的基础上,力求精益求精,不求最好,只求更好。对一些使用欠恰当的字、词、句、图、题及表进行了认真修订,进一步提高了教材的质量。

(2) 推陈出新:更新了创新训练产品的彩色插图;删除了一些旧的工程训练产品图片;修订了 21 幅不是最新国家标准的图样;增加了测试题和测试题答案,以便于学生复习。

(3) "互联网+":每个章节中的重点或难点都有相应的视频、动画或图片。本书基于"互联网+",学生可以扫描二维码看到 55 幅图片、124 个视频或动画、11 组交互的习题及答案。学生可以像以前那样学习纸质版的固有内容,也可以在业余时间扫描书中相应的二维码,对教学内容进行深入学习。每个章节都有测试题,同样,学生要知道自己做得是否正确,只要扫描二维码就可见分晓,充分体现了《工程训练》"互联网+"的特点。

参加本书编写的教师有:江苏师范大学郭永环(2.1~2.3 节、2.5 节及第 4 章)及范希营(第 3.6~3.8 及 3.9.2 节)、江苏大学姜银方(1.1.1 节)、安徽建筑大学雷声及雷经发(1.1.2 节及 1.3 节)、福建工程学院刘正义(2.4 节、3.1~3.5 节、3.9.1 节及附录)、武汉理工大学陈士民(1.2 节及 1.4 节)。本书由郭永环、姜银方担任主编,雷声、刘正义担任副主编,由郭永环负责统稿和定稿。

本书第 4 版仍由原教育部高等学校机械学科教学指导委员会委员兼机械基础课程教学指导分委员会副主任委员、《金工研究》副主编、清华大学教授傅水根主审。傅水根教授对本书提出了许多宝贵意见,在此表示衷心的感谢。向给本书提出许多宝贵意见的江苏大学赵玉涛教授、江苏师范大学邢邦圣教授、福建工程学院黄卫东教授表示衷心的感谢!在本书修订过程中,编者参考了大量的文献资料,在此,一并向有关单位及作者表示衷心的感谢!

限于编者的水平和经验,书中难免有欠妥和疏漏之处,敬请广大同行与读者批评指正,以便修正和完善。

编 者
2017 年 2 月

第3版前言

《金工实习》自2006年8月出版以来,第1版印刷了5次,第2版印刷了6次,共印刷了4万余册,深受北京、上海、江苏、山东、安徽、福建及湖北等15省市兄弟院校的欢迎。而且本书第1版是中国林业部"十一五"规划教材,于2008年获首届淮海科学技术奖二等奖,第2版为2009年江苏省高等学校立项精品教材,2011年获江苏省高等学校精品教材。根据国家"高等工科院校金工系列课程改革指南"精神,传统的《金工实习》内容已不能完全满足课程改革的需要,因此特将第3版教材编写成符合学生工程训练用教材。

1. 教材修订的依据及原则

依据:教育部"普通高校工程材料及机械制造基础"课程教学指导组最新审定的"普通高校工程材料及机械制造基础系列课程教学基本要求"。

原则:兼顾金工实践教学的科学性和合理性。教材体系保证相对稳定,适当调整,考虑使用教材的惯性。具体体现如下:

(1) 补充自教材出版以来金工实践教学的最新研究成果。

(2) 结合机械工程应用型人才今后的发展方向要求修订,增强教材的实用性;使学生能成为在工业生产第一线从事机械制造领域内的设计制造、科技开发、应用研究、运行管理和经营销售等方面工作的高级工程技术应用型人才;要求融教材的系统性与实用性于一体、融科学性与创新性于一体;符合当前教学改革的需要,符合教学大纲的要求。

(3) 把第2版的创新尝试变成结合金工实践教学进行有的放矢的工程创新训练,重视培养学生综合运用知识的能力和创新能力;关注现代制造技术的发展,逐步形成工艺技术的科学发展观;使学生由被动实习变成主动实习,使教材既助教,又助学,体现"学生主体"的教学模式。

2. 教材结构体系的修订

第3版教材在体系上由"传统加工技术—现代加工技术—综合与创新训练"三个相互统属的模块所组成,由浅入深,便于学生理解和学习,培养学生抽象思维、创新意识及工程实践能力。

3. 教材修订的核心理念及对金工实践教学的建议

核心理念:人人都能获得良好的工程实践教育,人人都能得到必要的工程训练,不同的人在技能上得到不同的发展。

修订后对金工实践教学的建议:

(1) 处理好学生主体与教师主导的关系。

(2) 处理好金工实践基础与工程创新的关系。

(3) 学生在学习"综合与创新训练"章节时,处理好独立思考与团队合作的关系。

(4) 教师应处理好面向全体与因材施教的关系,使人人获得必要的工程训练。

(5) 处理好教材理论知识与工程实践应用的关系。

4. 修订中具体关注的一些问题和修订举要

在内容上对传统的金工实习内容做了适当的取舍,合理地吸入现代加工技术的元素,并且对综合与创新训练章节进行更新,主要分为 3 个模块共 4 章:模块 1 是传统加工技术,包括第 1 章工程材料及成形技术和第 2 章切削加工技术;模块 2 是现代加工技术,包括第 3 章特种加工技术与数控特种加工技术;模块 3 是综合与创新训练,包括第 4 章综合与创新训练。

(1) 删去部分结构示意图,用实体图取而代之。

(2) 增加激光加工、电解加工、超声波加工、快速原型制造、特种加工的发展方向、切削加工的发展方向及机械产品创新设计实例分析。

(3) 对综合与创新训练章节进行更新;对钳工章节重新编写。

(4) 另外在教学提示及要求上根据课程改革的需要也做了适当的调整。

参加编写的教师有:江苏师范大学郭永环(2.1~2.3 节、2.5 节及第 4 章)、江苏大学姜银方(1.1.1 节)、安徽建筑大学雷声(1.1.2 节、1.3 节)、福建工程学院刘正义(2.4 节、3.1~3.5 节及 3.9.1 节)、武汉理工大学陈士民(1.2 节及 1.4 节)、江苏师范大学范希营(3.6~3.8 节及 3.9.2 节)。本书由郭永环、姜银方担任主编,雷声、刘正义担任副主编,由郭永环负责统稿和定稿。

本书第 3 版由原教育部高等学校机械学科教学指导委员会委员兼机械基础课程教学指导分委员会副主任委员、《金工研究》主编、清华大学教授傅水根主审。傅水根教授对本书提出了许多宝贵的意见,在此表示衷心的感谢。在本书编写过程中,编者参考了大量的文献资料,在此,一并向有关单位及编者表示衷心的感谢!

限于编者的水平和经验,书中难免有欠妥和疏漏之处,敬请同行与广大读者批评指正,以便修正和完善。

编　者
2013 年 10 月

第 2 版前言

本书第 1 版自 2006 年 8 月出版以来，已印刷了 5 次，共 20000 册，深受北京、上海、江苏、山东、安徽、福建及湖北等 15 省市兄弟院校的欢迎。鉴于此，2009 年 1 月北京大学出版社要求进行修订。编审组经过充分讨论，根据教育部"普通高校工程材料及机械制造基础"课程教学指导组最新审定的"普通高校工程材料及机械制造基础系列课程教学基本要求"，吸取兄弟院校的教学改革经验，制定了修订原则，在保持原教材的基本内容和风格基础之上，做了如下修改：

（1）内容模块化。本书分为 4 个教学模块，即材料及成形技术（第 1～第 4 章）、切削加工技术（第 5～第 8 章）、现代加工技术（第 9 章）、综合与创新训练（第 10 章），这样便于教师教学和学生学习。

（2）增加现代铸造、现代锻压、现代焊接技术及其发展方向方面的内容；改变了第 9 章的内容和篇章结构，增加了数控加工中心的内容；为适应采用不同数控系统实习的需要，介绍了 FANUC 和 SIEMENS 两种数控系统编程方法。

（3）专辟综合与创新训练教学模块。在第 10 章增加创新训练实例与创新方法，以培养学生的创新思维能力；结合金工实习增加了车、铣、刨、磨等单一工种的创新训练实例和多工种的创新训练实例，并增加了创新训练方法，使学生创新训练有章可循。

（4）各章新增、更换与修改了部分插图，尽量多用图、表来表达叙述性的内容，做到文字简练。

（5）全书的名词术语、计量单位、符号及材料牌号均采用新的国家标准，为了便于学生学习，将容易混淆的旧标准在括号内注明。

本书为 2009 年江苏省高等学校立项精品教材［苏教高(2009)29 号］，并获得资助。

本书的第 5、第 6、第 7、第 10 章由徐州师范大学郭永环编写，第 1 章第 1 节由江苏大学姜银方编写，第 1 章第 2 节及第 3 章由安徽建筑工业学院雷声编写，第 8 章由福建工程学院林宪编写，第 2、第 4 章由武汉理工大学陈士民编写，第 9 章由徐州师范大学范希营编写。本书由郭永环、姜银方任主编，雷声、林宪任副主编，由郭永环负责统稿和定稿。

本书第 2 版仍由教育部高等学校机械学科教学指导委员会委员兼机械基础课程教学指导分委员会副主任委员、《金工研究》副主编、清华大学教授傅水根主审。傅水根教授对本书提出了许多宝贵的意见，在此表示衷心的感谢。也借此机会，感谢傅水根教授为本书作序。

限于编者的水平和经验，书中难免有欠妥和疏漏之处，敬请同行与广大读者批评指正，以便修正和完善。

编 者
2009 年 10 月

第1版前言

金工实习是机械类各专业学生必修的一门实践性很强的技术基础课。通过本课程的学习，能使学生：了解机械制造的一般过程，熟悉典型零件的常用加工方法及其所用加工设备的工作原理；了解现代制造技术在机械制造中的应用；在主要工种上应具有独立完成简单零件加工制造的动手能力；对简单零件具有初步选择加工方法和进行工艺分析的能力。同时，结合实习培养学生的创新意识，为培养应用型、复合型高级人才打下一定的理论与实践基础，并使学生在工程素养方面得到培养和锻炼。

在编写过程中，编者注重把握与工程材料和机械制造基础这两门课程的分工与配合，并注意单工种的工艺分析。全书分为材料及成形、切削加工、现代制造技术及综合与创新训练三个模块，共10章。每个模块的每个章节选取了生产中应用的实例，结合生产实践，以教学要求为基础，实际应用为主线，把抽象零散的教材内容连接起来，说明该部分内容是什么，有什么作用。本书在材料牌号、技术条件、技术术语等方面均采用最新国家标准和法定计量单位。编写中注重程序化，即教师教课与学生学习按规范化的程序进行，教师讲一点，学生练一点；教师再讲一点，学生再练一点，如此反复进行。这种程序化的教与学结合，既有助于教师教学，又有助于学生学习。

本书的第5、第6、第7章由徐州师范大学郭永环编写，第1章第1节由江苏大学姜银方编写，第1章第2节由安徽建筑工业学院雷声编写，第8章由福建工程学院林宪编写，第2、第4章由武汉理工大学陈士民编写，第9、第10章由山东德州学院冯瑞宁编写，第3章由安徽建筑工业学院雷声和雷经发编写。本书由郭永环、姜银方担任主编，雷声、林宪担任副主编，由郭永环负责统稿和定稿。

本书由教育部高等学校机械学科教学指导委员会委员兼机械基础课程指导分委员会副主任委员、《金工研究》副主编、清华大学基础工业训练中心主任傅水根教授主审。

限于编者的水平和经验，书中难免有欠妥和疏漏之处，敬请广大读者批评指正，以便再版时修正和完善。

编 者
2006年3月

目 录

第1章 工程材料及成形技术 ………… 1

- 1.1 工程材料及热处理 …………………… 2
  - 1.1.1 工程材料 ………………………… 2
  - 1.1.2 钢的热处理 ……………………… 11
- 1.2 铸造 …………………………………… 17
  - 1.2.1 铸造概述 ………………………… 17
  - 1.2.2 造型与制芯 ……………………… 20
  - 1.2.3 熔炼与浇注 ……………………… 33
  - 1.2.4 铸造缺陷分析 …………………… 40
  - 1.2.5 现代铸造技术及其发展方向 …… 43
- 1.3 锻压 …………………………………… 44
  - 1.3.1 锻压概述 ………………………… 44
  - 1.3.2 金属的加热与锻件的冷却 ……… 44
  - 1.3.3 自由锻造 ………………………… 48
  - 1.3.4 模锻 ……………………………… 52
  - 1.3.5 板料冲压 ………………………… 56
  - 1.3.6 现代锻压技术及其发展方向 …… 58
- 1.4 焊接 …………………………………… 62
  - 1.4.1 焊接概述 ………………………… 62
  - 1.4.2 电弧焊 …………………………… 63
  - 1.4.3 气焊与气割 ……………………… 73
  - 1.4.4 电阻焊及其他焊接方法 ………… 79
  - 1.4.5 现代焊接技术及其发展方向 …… 83
- 小结 ………………………………………… 84
- 复习思考题 ………………………………… 85

第2章 切削加工技术 ………………… 90

- 2.1 切削加工的基础知识 ………………… 91
  - 2.1.1 切削加工概述 …………………… 91
  - 2.1.2 切削要素 ………………………… 92
  - 2.1.3 刀具材料及刀具的几何角度 …… 93
  - 2.1.4 零件切削加工步骤安排 ………… 95
- 2.2 车削 …………………………………… 97
  - 2.2.1 车削概述 ………………………… 97
  - 2.2.2 工件的安装及车床附件 ………… 103
  - 2.2.3 车刀 ……………………………… 108
  - 2.2.4 车床操作要点 …………………… 110
  - 2.2.5 车削工艺 ………………………… 111
  - 2.2.6 车削综合工艺分析 ……………… 119
- 2.3 刨削、铣削和磨削 …………………… 120
  - 2.3.1 刨削 ……………………………… 120
  - 2.3.2 铣削 ……………………………… 131
  - 2.3.3 磨削 ……………………………… 146
- 2.4 钳工 …………………………………… 156
  - 2.4.1 钳工概述 ………………………… 156
  - 2.4.2 划线、锯削和锉削 ……………… 158
  - 2.4.3 钻孔、扩孔和铰孔 ……………… 166
  - 2.4.4 攻螺纹和套螺纹 ………………… 171
  - 2.4.5 装配 ……………………………… 174
- 2.5 切削加工技术及其发展方向 ………… 179
  - 2.5.1 高速切削加工 …………………… 179
  - 2.5.2 干切削加工技术 ………………… 180
- 小结 ………………………………………… 181
- 复习思考题 ………………………………… 182

第3章 特种加工技术与数控特种加工技术 ………………………… 188

- 3.1 电火花加工 …………………………… 189
  - 3.1.1 电火花加工原理 ………………… 189
  - 3.1.2 电火花加工的工艺特点及应用 ………………………………… 190
- 3.2 电解加工 ……………………………… 192
  - 3.2.1 电解加工原理 …………………… 193
  - 3.2.2 电解加工的工艺特点及应用 ………………………………… 193

3.3 激光加工 ……………………… 195
　3.3.1 激光加工原理 ………… 195
　3.3.2 激光加工的工艺特点及
　　　　应用 …………………… 197
3.4 超声波加工 …………………… 200
　3.4.1 超声波加工原理 ……… 200
　3.4.2 超声波加工的工艺特点及
　　　　应用 …………………… 201
3.5 快速原型制造 ………………… 202
　3.5.1 快速原型工作原理 …… 203
　3.5.2 快速原型的工艺特点及
　　　　应用 …………………… 203
3.6 数控机床编程基础 …………… 204
　3.6.1 数控编程的格式 ……… 204
　3.6.2 数控系统的指令代码
　　　　类型 …………………… 205
　3.6.3 机床坐标系与工件
　　　　坐标系 ………………… 207
　3.6.4 尺寸的米制、英制选择与
　　　　小数点输入 …………… 209
　3.6.5 绝对、增量式编程 …… 210
　3.6.6 基本移动指令 ………… 210
　3.6.7 刀具补偿指令 ………… 211
3.7 数控机床加工 ………………… 213
　3.7.1 数控车床加工 ………… 213
　3.7.2 数控铣床加工 ………… 222
　3.7.3 数控铣削加工中心
　　　　加工 …………………… 228
3.8 数控特种加工技术 …………… 235
　3.8.1 数控电火花加工机床
　　　　的组成 ………………… 235
　3.8.2 数控线电火花切割加工
　　　　工艺 …………………… 236
　3.8.3 数控电火花线切割编程
　　　　指令与加工实例 ……… 238
3.9 特种加工技术与数控加工技术的
　　发展趋势 ……………………… 242
　3.9.1 特种加工技术的发展
　　　　趋势 …………………… 242
　3.9.2 数控加工技术的发展
　　　　趋势 …………………… 242
小结 ………………………………… 244
复习思考题 ………………………… 245

第4章 综合与创新训练 …… 248

4.1 综合与创新训练概述 ………… 248
　4.1.1 综合与创新训练简介 … 249
　4.1.2 综合与创新训练的意义 … 249
4.2 毛坯与加工方法的选择 ……… 250
　4.2.1 毛坯的选择 …………… 250
　4.2.2 加工方法选择及经济性
　　　　分析 …………………… 251
4.3 典型零件的综合工艺过程 …… 256
　4.3.1 轴类零件 ……………… 257
　4.3.2 盘套类零件 …………… 259
　4.3.3 箱体类零件 …………… 260
4.4 工程训练全过程进行创新训练 … 261
　4.4.1 各类思维方式及其
　　　　创造性 ………………… 261
　4.4.2 工程训练全过程进行创新
　　　　训练 …………………… 262
4.5 创新实例 ……………………… 265
　4.5.1 结合工程训练进行综合
　　　　创新训练过程 ………… 265
　4.5.2 结合单一工种进行
　　　　综合创新训练实例 …… 265
　4.5.3 结合多个工种进行
　　　　综合创新训练实例 …… 268
　4.5.4 机械产品创新设计实例
　　　　分析 …………………… 272
小结 ………………………………… 275
复习思考题 ………………………… 276

附录 ………………………………… 277
　附1 工程训练报告 …………… 277
　附2 正弦规在钳工中的使用 … 277

参考文献 …………………………… 281

第 1 章 工程材料及成形技术

教学提示

本章主要内容：常用的工程材料及金属材料的铸造、锻压及焊接成形原理、成形方法、成形特点及成形工艺中的成形设备；铸造、锻压、焊接成形方法及热处理工艺对零件结构工艺性的要求。

本章主要知识点：钢的退火、正火、淬火、回火的目的及实际应用；钢的表面热处理的目的、方法及实际应用；铸造工艺基本流程，各种铸造方法的特点及应用范围；自由锻、胎模锻、模锻和板料冲压的原理和特点；模锻和胎膜锻的原理特点；焊接工艺及设备，包括电弧焊、气焊、气割、压力焊及钎焊等。

教学要求

本章教学要求：使学生通过学习，在掌握热处理原理和热处理工艺方法的基础上，掌握热处理的一般规律，掌握典型零件热处理工艺的应用；了解铸造生产的工艺过程及特点和应用，并重点熟悉砂型铸造方法的生产过程和技术特性，熟悉并掌握铸造原理及砂型铸造工艺技术；了解各种铸造方法的特点及应用范围；了解自由锻、模锻和板料冲压成形的工作原理和方法，熟悉其加工特点；在掌握锻压的基本理论及基本知识的基础上，具备合理选择典型零件的锻压方法、分析锻件结构工艺性，具有锻件质量与成本分析的初步能力；通过焊接一节的学习使学生了解气焊、气割、电弧焊等工艺过程的特点和应用，了解焊条、焊剂、焊丝等焊接材料的使用，熟悉常用焊接设备，配合实践教学，掌握焊条电弧焊、气体保护焊、气焊和气割的基本知识和操作方法，通过学习使学生熟悉一般金属材料的焊接工艺技术。

1.1 工程材料及热处理

1.1.1 工程材料

1. 工程材料概述

翻开人类进化史，不难发现，材料的开发、使用和完善贯穿其始终。从天然材料的使用到陶器和青铜器的制造，从钢铁冶炼到材料合成，人类成功地生产出满足自身需求的材料，进而使自身走出深山、洞穴，奔向茫茫平原和辽阔海洋，飞向广袤的太空。

人类社会的发展历史证明，材料是人类生产与生活的物质基础，是社会进步与发展的前提。当今社会，材料、信息和能源技术已构成了人类现代社会大厦的三大支柱，而且能源和信息的发展都离不开材料，所以世界各国都把研究、开发新材料放在突出的地位。

【参考动画】

材料是人类社会可接受的、能经济地制造有用器件（或物品）的固体物质。**工程材料是在各个工程领域中使用的材料**。工程上使用的材料种类繁多，有许多不同的分类方法。**按化学成分、结合键的特点，可将工程材料分为金属材料、非金属材料和复合材料三大类**，见表1-1。

表1-1 工程材料的分类举例

金属材料		非金属材料		复合材料
黑色金属材料	有色金属材料	无机非金属材料	有机高分子材料	
			合成高分子材料（塑料、合成纤维、合成橡胶等）	天然高分子材料（木材、纸、纤维、皮革等）	
碳素钢、合金钢、铸铁等	铝、镁、铜、锌及其合金等	水泥、陶瓷、玻璃等			金属基复合材料、塑料基复合材料、橡胶基复合材料、陶瓷基复合材料等

金属材料可分为黑色金属材料和有色金属材料。黑色金属材料主要指铁、锰、铬及其合金，包括碳素钢、合金钢（锰钢、铬钢等）、铸铁等；有色金属材料包括轻金属及其合金、重金属及其合金等。非金属材料可分为无机非金属材料和有机高分子材料。无机非金属材料包括水泥、陶瓷、玻璃等，有机高分子材料包括塑料、橡胶及合成纤维等。上述两种或两种以上材料经人工合成后，获得优于组成材料特性的材料称为复合材料。

工程材料按照用途可分为两大类，即结构材料和功能材料。结构材料通常指工程上对硬度、强度、塑性及耐磨性等力学性能有一定要求的材料，主要包括金属材料、陶瓷材料、高分子材料及复合材料等。功能材料是指具有光、电、磁、热、声等功能和效应的材料，包括半导体材料、磁性材料、光学材料、电解质材料、超导体材料、非晶和微晶材料、形状记忆合金等。

工程材料按照应用领域还可分为信息材料、能源材料、建筑材料、生物材料和航空材料等多种类别。

2. 金属材料

金属材料是人们最为熟悉的一种材料，机械制造、交通运输、建筑、航天航空、国防与科学技术等各个领域都需要使用大量的金属材料，因此，金属材料在现代工农业生产中占有极其重要的地位。

金属材料是由金属元素或以金属元素为主，其他金属或非金属元素为辅构成的，并具有金属特性的工程材料。 金属材料的品种繁多，工程上常用的金属材料主要有黑色及有色金属材料等。

黑色金属材料中使用最多的是钢铁，钢铁是世界上的头号金属材料，年产量高达数亿吨。钢铁材料广泛用于工农业生产及国民经济各部门。例如，各种机器设备上大量使用的轴、齿轮、弹簧，建筑上使用的钢筋、钢板，以及交通运输中的车辆、铁轨、船舶等都要使用钢铁材料。通常所说的钢铁是钢与铁的总称。实际上钢铁材料是以铁为基体的铁碳合金，当碳的质量分数大于2.11%时称为铁，当碳的质量分数小于2.11%时称为钢，含碳量很低（近似为零）时称为工业纯铁。

为了改善钢的性能，人们常在钢中加入硅、锰、铬、镍、钨、钼及钒等合金元素，它们各有各的作用，有的可以提高强度，有的可以提高耐磨性，有的可以提高抗腐蚀性能，等等。在冶炼时有目的地向钢中加入合金元素就形成了合金钢。合金钢中合金元素含量虽然不多，但具有特殊的作用，就像炒菜时放入少量的味精一样，含量不多但味道鲜美。合金钢种类很多，按照性能与用途不同，合金钢可分为合金结构钢、合金工具钢、不锈钢、耐热钢、超高强度钢等。

人们可以按照生产实际提出的使用要求，加入不同的合金元素而设计出不同的钢种。例如，切削工具要求硬度及耐磨性较高，在切削速度较快、温度升高时其硬度不降低，按照这样的使用要求，人们设计了一种称为高速工具钢的刀具材料，其中含有钨、钼、铬等合金元素。又如，普通钢容易生锈，化工设备及船舶壳体等的损坏都与腐蚀有关。据不完全统计，全世界因腐蚀而损坏的金属构件约占其产量的10%。人们经过大量试验发现，在钢中加入13%的铬元素后，钢的抗蚀性能显著提高；如果在钢中同时加入铬和镍，还可以形成具有新的显微组织的不锈钢，于是人们设计出了一种能够抵抗腐蚀的不锈钢。

有色金属包括铝、铜、钛、镁、锌、铅及其合金等，虽然它们的产量及使用量不如钢铁材料多，但由于其具有某些独特的性能和优点，从而成为当代工业生产中不可缺少的材料。

由于金属材料的历史悠久，因而在材料的研究、制备、加工及使用等方面已经形成了一套完整的系统，拥有了一整套成熟的生产技术和巨大的生产能力。金属材料在长期使用过程中经受了各种环境的考验，具有稳定可靠的质量，以及其他任何材料不能完全替代的优越性能。金属材料的另一个突出优点是性价比高，在所有的材料中，除了水泥和木材外，钢铁是最便宜的材料，它的使用可谓量大面广。由于金属材料具有成熟稳定的工艺，而且赋予现代化制造装备高性价比，因而具有强大的生命力，在国民经济中占有极其重要的位置。

此外，为了适应科学技术的高速发展，人们还在不断推陈出新，进一步发展新型的、高性能的金属材料，如超高强度钢、高温合金、形状记忆合金、高性能磁性材料及储氢合金等。

1) 碳素钢

碳素钢是指碳的质量分数小于 2.11% 并含有少量硅、锰、硫、磷等杂质元素所组成的铁碳合金，简称碳钢。其中锰、硅是有益元素，对钢有一定强化作用；硫、磷是有害元素，分别增加钢的热脆性和冷脆性，应严格控制。碳钢的价格低廉、工艺性能良好，在机械制造中应用广泛。常用碳钢的牌号、应用及说明见表 1-2。

表 1-2 常用碳钢的牌号、应用及说明

名 称	牌 号	应 用 举 例	说 明
碳素结构钢	Q215A 级	承受载荷不大的金属结构件，如薄板、铆钉、垫圈、地脚螺栓及焊接件等	碳钢的牌号是由代表钢材屈服强度的汉语拼音第一个字母 Q、屈服强度值(MPa)、质量等级符号、脱氧方法四部分组成。其中质量等级共分四级，分别以 A、B、C、D 表示，从 A 级到 D 级，钢中的有害元素硫、磷含量依次减少
	Q235A 级	金属结构件、钢板、钢筋、型钢、螺母、连杆、拉杆等，Q235C 级、Q235D 级可用作重要的焊接结构	
优质碳素结构钢	15	强度低、塑性好，一般用于制造受力不大的压制件，如螺栓、螺母、垫圈等。经过渗碳处理或氰化处理等可用作表面要求耐磨、耐腐蚀的机械零件，如凸轮、滑块等	牌号的两位数字表示平均碳的质量分数的万分数，45 钢即表示平均碳的质量分数为 0.45%。含锰量较高的钢，需加注化学元素符号 Mn
	45	综合力学性能和切削加工性能均较好，用于强度要求较高的重要零件，如曲轴、传动轴、齿轮、连杆等	
铸造碳钢	ZG200-400	有良好的塑性、韧性和焊接性能，用于受力不大、要求韧性好的各种机械零件，如机座、变速箱壳等	ZG 代表铸钢。其后面第一组数字为屈服强度(MPa)；第二组数字为抗拉强度(MPa)。ZG200-400 表示屈服强度为 200MPa，抗拉强度为 400MPa 的碳素铸钢

2) 合金钢

为了改善和提高钢的性能，在碳钢的基础上加入其他合金元素的钢称为合金钢。常用的合金元素有硅、锰、铬、镍、钨、钼、钒、稀土元素等。合金钢还具有耐低温、耐腐蚀、高磁性、高耐磨性等良好的特殊性能，它在工具或力学性能、工艺性能要求高的，形状复杂的大截面零件或有特殊性能要求的零件方面，得到了广泛应用。常用合金钢的牌号、性能及用途见表 1-3。

表 1-3 常用合金钢的牌号、性能及用途

种 类	牌 号	性能及用途
普通低合金结构钢	Q295(09Mn2，12Mn) Q345(16Mn，10MnSiCu，18Nb) Q390(15MnTi，16MnNb) Q420(15MnVN，14MnVTiRE)	强度较高，塑性良好，具有焊接性和耐蚀性，用于建造桥梁、车辆、船舶、锅炉、高压容器、电视塔等
渗碳钢	20CrMnTi，20Mn2V，20Mn2TiB	心部的强度较高，用于制造重要的或承受重载荷的大型渗碳零件

(续)

种 类	牌 号	性能及用途
调质钢	40Cr，40Mn2，30CrMo，40CrMnSi	具有良好的综合力学性能（高的强度和足够的韧性），用于制造一些复杂的重要机器零件
弹簧钢	65Mn，60Si2Mn，60Si2CrVA	淬透性较好，热处理后组织可得到强化，用于制造承受重载荷的弹簧
滚动轴承钢	GCr4，GCr15，GCr15SiMn	用于制造滚动轴承的滚珠、套圈

注：括号内为旧标准牌号。

3）铸铁

碳的质量分数大于2.11%的铁碳合金称为铸铁，根据铸铁结晶过程中的石墨化程度不同，铸铁分为白口铸铁、灰口铸铁和麻口铸铁，生产中使用的铸铁一般为灰铸铁。根据铸铁中石墨形态的不同，灰口铸铁又分为灰铸铁、可锻铸铁、球墨铸铁、蠕墨铸铁和特殊性能铸铁等。由于铸铁含有的碳和杂质较多，其力学性能比钢差，不能锻造。但铸铁具有优良的铸造性、减振性及耐磨性等特点，加之价格低廉、生产设备和工艺简单，是机械制造中应用最多的金属材料。据资料表明，铸铁件占机器总质量的45%～90%。常用铸铁的牌号、应用及说明见表1-4。

表1-4 常用铸铁的牌号、应用及说明

名 称	牌 号	应用举例	说 明
灰铸铁	HT150	用于制造端盖、泵体、轴承座、阀壳、管子及管路附件、手轮、一般机床底座、床身、滑座、工作台等	HT为"灰铁"两字汉语拼音的字头，后面的一组数字表示φ30mm试样的最低抗拉强度。如HT200表示φ30mm试样灰铸铁的最低抗拉强度为200MPa
	HT200	用于承受较大载荷和较重要的零件，如气缸、齿轮、底座、飞轮、床身等	
球墨铸铁	QT400-18 QT450-10 QT500-7 QT800-2	广泛用于机械制造业中受磨损和受冲击的零件，如曲轴（一般用QT500-7）、齿轮（一般用QT450-10）、气缸套、活塞环、摩擦片、中低压阀门、千斤顶座、轴承座等	QT是球墨铸铁的代号，它后面的数字表示最低抗拉强度和最低伸长率。如QT500-7表示球墨铸铁的抗拉强度为500MPa，伸长率为7%
可锻铸铁	KTH300-06 KTH330-08 KTZ450-06	用于受冲击、振动等零件，如汽车零件、机床零件（如棘轮）、各种管接头、低压阀门、农具等	KTH、KTZ分别是黑心和珠光体可锻铸铁的代号，其后面的两组数字分别代表抗拉强度和断后伸长率

4）有色金属及其合金

有色金属的种类繁多，虽然其产量和使用不及黑色金属，但是由于其具有某些特殊性能，故已成为现代工业中不可缺少的材料。常用有色金属及其合金的牌号、应用及说明见表1-5。

【参考图文】

表1-5 常用有色金属及其合金的牌号举例、应用及说明

名 称	牌 号	应用举例	说 明
纯铜	T1	电线、导电螺钉、贮藏器及各种管道等	纯铜分T1～T4四种。如T1（一号铜）铜的平均质量分数为99.95%；T4含铜量为99.50%
黄铜	H62	散热器、垫圈、弹簧、各种网、螺钉及其他零件等	H表示黄铜，后面数字表示铜的平均质量分数，如62表示铜的平均质量分数为60.5%～63.5%
纯铝	1070A 1060 1050A	电缆、电器零件、装饰件及日常生活用品等	铝的质量分数为98%～99.7%
铸铝合金	ZL102	耐磨性中上等，用于制造载荷不大的薄壁零件等	Z表示铸，L表示铝，后面的第一个数字表示合金系列，第二和第三这两个数字表示顺序号。如ZL102表示Al-Si系列02号合金

5) 金属材料的性能

金属材料的性能分为使用性能和工艺性能，见表1-6。

表1-6 金属材料的性能

性 能 名 称			性 能 内 容
使用性能	物理性能		密度、熔点、导电性、导热性及磁性等
	化学性能		金属材料抵抗各种介质的侵蚀能力，如抗腐蚀性能等
	力学性能	强度	在外力作用下材料抵抗变形和破坏的能力，主要有下屈服强度 R_{eL} (σ_s) 和抗拉强度 R_m (σ_b)，单位均为MPa
		硬度	衡量材料软硬程度的指标，较常用的硬度测定方法有布氏硬度HBW（新标准取消了HBS）、洛氏硬度HR和维氏硬度HV等
		塑性	在外力作用下材料产生永久变形而不发生破坏的能力。常用指标是断后伸长率 $A_{5.65}$ (δ_5)、$A_{11.3}$ (δ_{10})，单位为%；断面收缩率 Z (ψ)，单位为%。$A_{5.65}$、$A_{11.3}$、Z越大，材料塑性越好
		冲击韧度	材料抵抗冲击力的能力。常把各种材料受到冲击破坏时，消耗能量的数值作为冲击韧度的指标，用 a_k (J/cm²) 表示。冲击韧度值主要取决于塑性、硬度，尤其是温度对冲击韧度值的影响具有重要的意义
		疲劳强度	材料在多次交变载荷作用下而不致引起断裂的最大应力
工艺性能			热处理工艺性能、铸造性能、锻造性能、焊接性能及切削加工性能等

注：括号内为旧标准使用的符号。

【参考图文】

3. 非金属材料

1) 高分子材料

生活中有很多东西是用塑料做的，如包装用的塑料袋，装饮料的塑料瓶、

塑料桶、计算机显示器外壳、键盘；各种车辆的轮胎都是用橡胶做的；钢铁的表面要涂涂料以防腐，家具的表面要刷油漆以美观；导线要有塑料或橡胶包皮以绝缘；人们穿的衣物是纤维做的，它们也许是天然的棉花、羊毛，也许是人造的涤纶、腈纶……所有这些都是高分子材料。**高分子材料既包括人们日常所见的塑料、橡胶和纤维（它们称为三大合成材料），也包括经常用到的涂料和粘接剂，以及日常较少见到的所谓功能高分子材料**，如用于水净化的离子交换树脂、人造器官等。

有机高分子材料是以一类称为"高分子"的化合物（或称树脂）为主要原料，加入各种填料或助剂而制成的有机材料。高分子是由成千上万个原子通过共价键连接而成的分子量很大（通常几万，甚至几百万）的一类分子。它们可以是天然的，如蛋白质、纤维素，称天然高分子；也可以是人工合成的，如聚乙烯、有机玻璃，称合成高分子。组成高分子的原子排列不是杂乱无章的，而是有一定规律的。通常由少数原子组成一定的结构单元，再由这些结构单元重复连接形成高分子。如图 1.1 所示为水分子和高分子（聚乙烯）结构示意图。

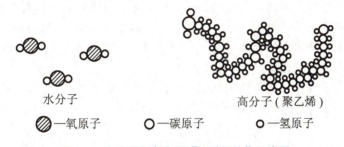

图 1.1　水分子和高分子（聚乙烯）结构示意图

高分子通常是由一种或几种带有活性官能团的小分子化合物经过一定的反应而得到的。如有机玻璃是由甲基丙烯酸甲酯上的双键打开而生成高分子，蛋白质是由各种氨基酸上的氨基和羧基脱水而形成的。

（1）塑料。

塑料是以合成树脂为主要成分，加入适量的添加剂后形成的一种能加热融化、冷却后保持一定形状不变的材料。合成树脂是由低分子化合物经聚合反应所获得的高分子化合物，如聚乙烯、聚氯乙烯、酚醛树脂等。树脂受热可软化，起粘接作用，塑料的性能主要取决于树脂。绝大多数塑料是以所用的树脂名称来命名的。

加入添加剂的目的是弥补塑料的某些性能的不足。添加剂有填料、增强材料、增塑剂、固化剂、润滑剂、着色剂、稳定剂及阻燃剂等。

塑料是一类产量最大的高分子材料，其品种繁多，用途广泛。仅就体积而言，全世界的塑料产量已超过钢铁。

塑料按使用性能可分为通用塑料、工程塑料和耐热塑料三类。通用塑料的价格低、产量高，占塑料总产量的 3/4 以上，如聚乙烯、聚氯乙烯等。工程塑料是指用来制造工程结构件的塑料，其强度大、刚度高、韧性好，如聚酰胺、聚甲醛、聚碳酸酯等。通用塑料改性后，也可作为工程塑料使用。耐热塑料工作温度高于 150～200℃，但成本高。典型的耐热塑料有聚四氟乙烯、有机硅树脂、芳香尼龙及环氧树脂等。

塑料按受热后的性能，可分为热塑性塑料和热固性塑料。热塑性塑料加热时可熔融，并可多次反复加热使用。热固性塑料经一次成型后，受热不变形、不软化，但只能塑压一次，不能回用。

(2) 橡胶。

橡胶一般在 $-40 \sim +80$℃范围内具有高弹性，通常还具有储能、隔音、绝缘、耐磨等特性。橡胶材料广泛用于制造密封件、减振件、传动件、轮胎和导线等。

(3) 合成纤维。

合成纤维是指呈黏流态的高分子材料，是经过喷丝工艺制成的。合成纤维一般都具有强度高、密度小、耐磨、耐蚀等特点，不仅广泛用于制作衣料等生活用品，在工农业、交通、国防等部门也有重要作用。常用的合成纤维有涤纶、锦纶和腈纶等。

2) 陶瓷材料

陶瓷是一种古老的材料。一般人们对于陶瓷的概念，除了日用陶瓷外就是精美的陶瓷工艺品，如唐代的"唐三彩"及"明如镜，薄如纸"的薄胎瓷等。传统的陶瓷一般是指陶器、瓷器及建筑用瓷。然而在现代材料科学中，陶瓷被赋予了崭新的意义。

陶瓷材料与其他材料相比，具有耐高温、抗氧化、耐腐蚀、耐磨耗等优异性能，而且它可以用作有各种特殊功能要求的专门功能材料，如压电陶瓷、铁电陶瓷、半导体陶瓷及生物陶瓷等。特别是随着空间技术、电子信息技术、生物工程、高效热机等技术的发展，陶瓷材料正显示出独特的作用。

人们把许多用于现代科学与技术方面的高性能陶瓷称为新型陶瓷或精细陶瓷。新型陶瓷在很多方面突破了传统陶瓷的概念和范畴，是陶瓷发展史上一次革命性的变化。例如：原料由天然矿物发展为人工合成的超细、高纯的化工原料；工艺由传统手工工艺发展为连续、自动，甚至超高温、超高压及微波烧结等新工艺；性能和应用范围由传统的仅用于生活和艺术的简单功能产品，发展为具有电、声、光、磁、热和力学等多种功能综合起来的高科技产品。

【参考图文】

新型陶瓷按化学成分主要可分为以下几种：
(1) 氧化物陶瓷。主要包括氧化铝、氧化锆、氧化镁、氧化铍、氧化钛等。
(2) 氮化物陶瓷。主要包括氮化硅、氮化铝、氮化硼等。
(3) 碳化物陶瓷。主要包括碳化硅、碳化钨、碳化硼等。

新型陶瓷按其使用性能来分类，可分为结构陶瓷和功能陶瓷两大类。

4. 复合材料

复合材料是由两种或两种以上材料，即基体材料和增强材料复合而成的一类多相材料。 基体材料主要分为有机聚合物、金属、陶瓷、水泥和碳（石墨）等。增强材料指纤维、丝、颗粒、片材、织物等。纤维增强材料包括玻璃纤维、碳纤维、硼纤维、芳纶纤维、碳化硅纤维、氮化硅纤维等。复合材料保留了组成材料各自的优点，获得单一材料无法具备的优良综合性能。它们是按照性能要求而设计的一种新型材料。复合材料已成为当前结构材料发展的一个重要趋势。玻璃纤维增强树脂基为第一代复合材料，碳纤维增强树脂基为第二代复合材料，金属基、陶瓷基及碳基等复合材料则是目前正在发展的第三代复合材料。

【参考图文】

复合材料的种类繁多，**按基体分，有金属基和非金属基两类。** 金属基主要有铝、镁、钛、铜等及其合金；非金属基主要有合成树脂、碳、石墨、橡胶、陶瓷、水泥等。**按使用性能分，有结构复合材料和功能复合材料。**

(1) 树脂基复合材料。树脂基（又称聚合物基）复合材料以树脂为粘接材料，纤维为增强材料，其比强度高、比模量大、耐疲劳、耐腐蚀、吸振性好、耐烧蚀、电绝缘好。树脂基复合材料包括玻璃纤维增强热固性塑料、玻璃纤维增强热塑性塑料、石棉纤维增强塑料、碳纤维增强塑料、芳纶纤维增强塑料、混杂纤维增强塑料等。

(2) 碳-碳复合材料。碳-碳复合材料是指用碳纤维或石墨纤维或其织物作为碳基体骨架，埋入碳基质中增强基质所制成的复合材料。碳-碳复合材料可制成碳度高、刚度好的复合材料。温度在1300℃以上时，许多高温金属和无机耐高温材料都失去强度，唯独碳-碳复合材料的强度还稍有升高。碳-碳复合材料的缺点是垂直于增强方向的强度低。

(3) 金属基复合材料。金属基复合材料是以金属、合金或金属间化合物为基体，含有增强成分的复合材料。与树脂基复合材料相比，金属基复合材料有较高的力学性能和高温强度，不吸湿，导电、导热，无高分子复合材料常见的老化现象。

5. 工程材料应用举例

从制造、装配的角度出发，任何一台机器都是由若干个不同几何形状和尺寸的零件按照一定的方式装配而成，而每一种零件又是由各种各样的材料经过一系列的成形或加工而形成。以汽车为例，图1.2(a)所示为某乘用车的车身总成图，图1.2(b)所示为发动机、驱动装置和车轮部分。图中各部分的名称、所用材料和加工方法见表1-7。

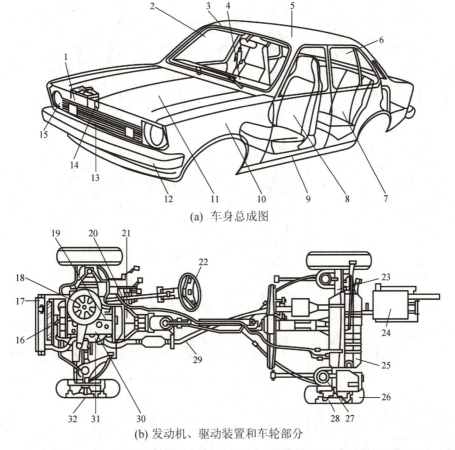

图 1.2　某乘用车的车身总成和发动机等部分

表1-7 轿车零部件名称、用材及加工方法

件号	名 称		材 料	加 工 方 法
1	蓄电池	壳体	塑料	注射成型
		极板	铅板	
		液	稀硫酸	
2	前风窗玻璃		钢化玻璃或夹层玻璃	浇注成型
3	遮阳板		聚氯乙烯薄板＋尿烷泡沫	注射成型等
4	仪表板		钢板	冲压
			塑料	注射成型
5	车身		钢板	冲压
6	侧风窗玻璃		钢化玻璃	
7	坐垫包皮		乙烯或纺织品	
8	缓冲垫		尿烷泡沫	
9	车门		钢板	冲压
10	挡泥板		钢板	冲压
11	发动机罩		钢板	冲压
12	保险杠		钢板	冲压
13	散热器格栅		塑料	注射成型
14	标牌		塑料	注射成型、电镀
15	前照灯	透镜	玻璃	
		聚光罩	钢板	冲压、电镀
16	冷却风扇		塑料	注射成型
17	散热器			
18	空气滤清器		钢板等	冲压等
19	进气总管		铝	铸造
20	操纵杆		钢管	
21	离合器壳体		铝	铸造
22	转向盘		塑料	注射成型
23	后桥壳		钢板	冲压
24	消声器		钢板	冲压
25	油箱		钢板	冲压
26	轮胎		合成橡胶	
27	卷簧		弹簧钢	
28	制动鼓		铸铁	铸造
29	排气管		钢管	
30	发动机	气缸体	铸铁	铸造
		气缸盖	铝	铸造
		曲轴	铸钢	锻造
		凸轮轴	铸铁	铸造
31	排气总管		铸铁	铸造
32	制动盘		铸铁	铸造

由表1-7可知，汽车零件是用多种材料制成的，采用的加工方法有铸造、锻造、冲压、注射成型等。另外还有一些加工方法没有列出来，如焊接（用于板料的连接和棒料的连接）、机械零件的精加工（切削、磨削）等。

从现阶段汽车零件的质量构成比来看，黑色金属占75%，有色金属占5%，非金属材料占10%～20%。汽车使用的材料大多数为金属材料。

黑色金属材料有钢板、钢材和铸铁。钢板大多采用冲压成形，用于制造汽车的车身和大梁；钢材的种类有圆钢和各种型钢。

黑色金属的强度较高、价格低廉，故使用较多。按黑色金属使用场合的不同，对其性能的要求也不同。例如，制造汽车车身，需使钢板作较大的弯曲变形，故应采用容易进行变形处理的钢板，如果外观差，就影响销售，故应采用表面美观、易弯曲的钢板；与之相反，车架厚而要求强度高，价格应低廉，所以应采用表面美观要求不高，而且较厚的钢板。

有色金属材料以铝合金应用最广，用作发动机的活塞、变速器箱体、带轮等。铝合金由于质量轻、美观，今后将更多地用于制造汽车零件。铜常用于电气产品、散热器上。铅、锡与铜构成的合金用作轴承合金。锌合金用作装饰品和车门手柄（表面电镀）。

在非金属材料中，采用工程塑料、橡胶、石棉、玻璃、纤维等。由于工程塑料具有密度小、成型性、着色性好，不生锈等性能，可用作薄板、手轮、电气零件、内外装饰品的制造材料等。由于塑料的性能不断改善，FRP（纤维强化塑料）有可能被用作制造车身和发动机零件。

由此可见，机械产品的可靠性和先进性，除设计因素外，在很大程度上取决于所选用材料的质量和性能。新型材料是发展新型产品和提高产品质量的物质基础。各种高强度材料的发展，为发展大型结构件和逐步提高材料的使用强度等级、减轻产品自重提供了条件；高性能的耐温材料、耐腐蚀材料为开发和利用新能源开辟了新的途径。现代发展起来的新型材料如新型纤维材料、功能性高分子材料、非晶体材料、单晶体材料、精细陶瓷和新合金材料等，对于研制新一代的机械产品有重要意义。如碳纤维比玻璃纤维强度和弹性更高，用于制造飞机和汽车等结构件，能显著减轻自重而节约能源。精细陶瓷如热压氮化硅和部分稳定结晶氧化锆，有足够的强度，比合金材料有更高的耐热性，能大幅度提高热机的效率，是绝热发动机的关键材料。还有不少与能源利用和转换密切相关的功能材料的开发及应用，将会引起机电产品的巨大变革。

1.1.2　钢的热处理

1. 钢的热处理工艺

热处理是一种重要的金属加工工艺，它是将固态金属或合金，**采用适当的方式进行加热、保温和冷却，改变其表面或内部的组织结构以获得所需要的组织结构与性能的一种工艺方法。**

热处理是机械零件及工模具制造过程中的重要工序之一。热处理一般不改变工件的形状和整体的化学成分，赋予或改善工件的使用性能。为使金属工件具有所需要的力学性能、物理性能和化学性能，除合理选用材料和各种成形工艺外，热处理工艺往往是必不可少的。因此，**在汽车、拖拉机及各类机床上有70%～80%的钢铁零件要进行热处理，工模具、量具和轴承等则全部需要进行热处理。**

在热处理时,由于零件的成分、形状、大小、工艺性能及使用性能不同,因此采用不同的加热速度、加热温度、保温时间及冷却速度。常用的热处理方法有普通热处理(退火、正火、淬火和回火,如图 1.3 所示),表面热处理(表面淬火、化学热处理)和特殊热处理等。

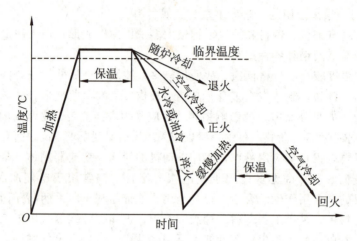

图 1.3　碳钢常用热处理方法示意图

热处理分预备热处理和最终热处理两种。预备热处理的目的是消除前道工序所遗留的缺陷和为后续加工准备条件,最终热处理则在于满足零件的使用性能要求。

2. 钢的退火和正火

1) 退火

【参考视频】

退火是将金属缓慢加热到一定温度,保温足够时间,然后以适宜速度冷却(通常是缓慢冷却,有时是控制冷却)的一种金属热处理工艺方法。退火主要目的是降低材料硬度,改善其切削加工性能,细化材料内部晶粒,均匀组织及消除毛坯在成形(锻造、铸造、焊接)过程中所造成的内应力,为后续的机械加工和热处理做好准备。**常用的退火方法有消除中碳钢铸件缺陷的完全退火,改善高碳钢切削加工性能的球化退火和去除大型铸锻件应力的去应力退火等。**

2) 正火

正火是将工件加热至 A_{c3} 或 A_{ccm} 以上 30~50℃,保温一段时间后,从炉中取出在空气中或喷水、喷雾或吹风冷却的金属热处理工艺。由于正火的冷却速度稍快于退火,经正火后的零件,其强度和硬度较退火零件要高,而塑性、韧性略有下降。此外由于正火采用空冷,消除内应力不如退火工艺彻底。但有些塑性和韧性较好、硬度低的材料(如低碳钢),可以通过正火处理代替退火处理,提高零件硬度,改善其切削加工性能,这对于缩短生产周期、提高劳动生产率及加热炉使用率均有较好的实用意义。对某些使用要求不太高的零件,可通过正火提高强度、硬度,并把正火作为零件的最终热处理。

【参考视频】

3. 钢的淬火和回火

1) 淬火

【参考视频】

淬火是将钢加热到临界温度 A_{c3}(亚共析钢)或 A_{c1}(共析钢与过共析钢)以

上某一温度，保温一段时间，使之全部或部分奥氏体化，然后以大于临界冷却速度的冷速快冷到 M_s 以下（或 M_s 附近等温）进行马氏体（或贝氏体）转变的热处理工艺。

淬火的主要目的是提高零件的强度和硬度，增加耐磨性。淬火是钢件强化的最经济有效的热处理工艺，几乎所有的工模具和重要零部件都需要进行淬火处理。淬火后必须继之以回火，才能获得具有优良综合力学性能的零件。

影响淬火质量的主要因素是淬火加热温度，冷却剂的冷却能力及零件投入冷却剂中的方式等。一般情况下，常用碳钢的加热温度取决于钢中碳的质量分数。淬火保温时间主要根据零件有效厚度来确定。过长的保温时间，会增加钢的氧化脱碳，过短将导致组织转变不完全。零件进行淬火冷却所使用的介质称为淬火介质。水最便宜而且冷却能力较强，适合于尺寸不大、形状简单的碳素钢零件的淬火。浓度为 10% 的 NaCl 和 10% 的 NaOH 的水溶液与纯水相比，能提高冷却能力。油也是一种常用的淬火介质，早期采用动、植物油脂，目前工业上主要采用矿物油，如锭子油、全损耗系统用油（俗称机油）、柴油等，多用于合金钢的淬火。此外，还必须注意零件浸入淬火冷却剂的方式，如果浸入方式不当，会使零件因冷却不均而导致硬度不均，产生较大的内应力，发生变形，甚至产生裂纹。

2）回火

经过淬火的钢虽有较高的硬度，但韧性、塑性较差，组织不稳定，有较大的内应力，**为了降低淬火后的脆性，消除内应力和获得所需要的组织及综合力学性能，淬火后的钢都要进行回火处理。**

将淬火后的零件，重新加热到低于临界温度 A_{c1} 的某一温度范围，保温一定时间后，冷却到室温的热处理工艺称为回火。

通过回火可以消除或部分消除在淬火时存在的内应力，调整硬度，降低脆性，获得具有较高综合力学性能的零件。

回火操作主要是控制回火温度。回火温度越高，工作韧性越好，内应力越小，但硬度、强度下降得越多。根据回火加热温度的不同，回火常分为低温回火、中温回火和高温回火。

（1）低温回火。回火温度为 150～250℃。经低温回火的零件可以减小淬火应力及脆性，保持高硬度及高耐磨性。低温回火广泛用于要求硬度高、耐磨性好的零件，如各类高碳工具钢、低合金工具钢制作的刃具，冷变形模具、量具，滚珠轴承及表面淬火件等。

（2）中温回火。回火温度为 350～500℃。经中温回火的零件可以使零件内应力进一步减小，组织基本恢复正常，因而具有很高的弹性，又具有一定的韧性和强度。中温回火主要用于各类弹簧，热锻模具及某些要求较高强度的轴、轴套、刀杆的处理。

【参考视频】

（3）高温回火。回火温度为 500～650℃。经高温回火可以使零件淬火后的内应力大部分消除，获得强度、韧性、塑性都较好的综合力学性能。生产中通常把淬火加高温回火的处理称为调质处理。对于各种重要的结构件，特别是在交变载荷下工作的零件，如连杆、螺栓、齿轮、轴等都需经过调质处理后再使用。

回火决定了零件最终的使用性能，直接影响零件的质量和寿命。

4. 表面热处理

对于在动载荷和强烈摩擦条件下工作的零件，如齿轮、凸轮轴、床身导轨等，要求表面具有高硬度和高耐磨性，而心部要求有足够的塑性和韧性，这些要求很难通过选材来解决，可以采用表面热处理方法，仅对零件表面进行强化热处理，以改变表面组织和性能，而心部基本上保持处理前的组织和性能。

【参考视频】

常用的钢的表面热处理有表面淬火及化学热处理两大类。

1）表面淬火

表面淬火是将零件表面快速加热到淬火温度，然后迅速冷却，仅使表面层获得淬火组织，而心部仍保持未淬火状态的热处理方法。**淬火后需进行低温回火，以降低内应力，提高表面硬化层的韧性及耐磨性能。**

根据热源不同，表面淬火可分为火焰加热表面淬火和感应加热表面淬火等方法。火焰加热表面淬火是指应用氧乙炔（或其他可燃气体）火焰对零件表面进行加热，随后淬火的工艺。火焰加热表面淬火设备简单，操作简便，成本低，且不受零件体积大小的限制，但因氧乙炔火焰温度较高，零件表面容易过热，而且淬火层质量控制比较困难，影响了这种方法的广泛使用。感应加热表面淬火是目前应用较广的一种表面淬火方法，它是利用零件在交变磁场中产生感应电流，将零件表面加热到所需的淬火温度，而后喷水冷却的淬火方法。感应加热表面淬火，淬火质量稳定，淬火层深度容易控制。这种热处理方法生产效率极高，加热一个零件仅需几秒至几十秒即可达到淬火温度。由于这种方法加热时间短，故零件表面氧化、脱碳极少，变形也小，还可以实现局部加热、连续加热，便于实现机械化和自动化。但高频感应设备复杂，成本高，故适合于形状简单，大批量生产的零件。

【参考视频】

2）化学热处理

化学热处理与其他热处理方法不同，它是利用介质中某些元素（如碳、氮、硅、铝等）的原子在高温下渗入零件表面，从而改变零件表面的成分和组织，以满足零件的特殊需要的热处理方法。通过化学热处理一般可以强化零件表面，提高零件表面的硬度、耐磨性、耐蚀性、耐热性及其他性能，而心部仍保持原有性能。常用的有渗碳、渗氮、碳氮共渗（或称氰化）及渗金属元素（如铝、硅、硼等）。

【参考视频】

渗碳是将钢件置于渗碳介质中加热并保温，使碳原子渗入钢件表面，增加表层碳含量及获得一定碳浓度梯度的工艺方法。适用于碳的质量分数为0.1%～0.25%的低碳钢或低碳合金钢，如20、20Cr、20CrMnTi等。零件渗碳后，碳的质量分数从表层到心部逐渐减少，表面层碳的质量分数可达0.80%～1.05%，而心部仍为低碳。**渗碳后再经淬火加低温回火，使表面具有高硬度及高耐磨性，而心部具有良好塑性和韧性**，使零件既能承受磨损和较高的表面接触应力，同时又能承受弯曲应力及冲击载荷。渗碳用于在摩擦冲击条件下工作的零件，如汽车齿轮、活塞销等。

渗氮是在一定温度下将零件置于渗氮介质中加热、保温，使活性氮原子渗入零件表层的化学热处理工艺。零件渗氮后表面形成氮化层，**氮化后不需淬火**，钢件的表层硬度高达950～1200HV，这种高硬度和高耐磨性可保持到560～600℃工作环境温度下而不降低，故氮化钢件具有很好的热稳定性，同时具有高的抗疲劳性和耐蚀性，且变形很小。由于上述特点，渗氮在机械工业中获得了广泛应用，特别适宜于许多精密零件的最终热处理，例如磨床主轴、精密机床丝杠、内燃机曲轴及各种精密齿轮和量具等。

3）其他热处理

（1）真空热处理。在气压低于1.01×10^5Pa（通常是$10^{-3}\sim10^{-1}$Pa）的环境中进行的热

处理称为真空热处理。其特点是：零件在真空中加热表面质量好，不会产生氧化、脱碳现象；加热时无对流传热，升温速度快，零件截面温差小，热处理后变形小；减小了零件的清理和磨削工序，生产率较高。

（2）激光相变硬化。激光相变硬化又称激光淬火，它是利用激光对零件表面扫描，在极短的时间内零件被加热到淬火温度，当激光束离开零件表面时，零件表面高温迅速向基体内部传导，表面冷却且硬化。其特点是：加热速度快，不需要淬火冷却介质，零件变形小；表面硬度值超出常规淬火硬度；硬化深度能精确控制；改善了劳动条件，减小了环境污染。

（3）形变热处理。形变热处理是将塑性变形和热处理工艺有机结合，以提高材料力学性能的复合工艺。它是将热加工成形后的锻件（轧制件等），在锻造温度到淬火温度之间进行塑性变形，然后立即淬火冷却的热处理工艺。其特点是：零件同时受形变和相变，使内部组织更为细化；有利于位错密度增高和碳化物弥散度增大，使零件具有较高的强韧性；简化了生产流程，节省能源、设备，具有很高的经济效益。

（4）离子轰击热处理。离子轰击热处理是利用阴极（零件）和阳极间的辉光放电产生的等离子体轰击零件，使零件的表层的成分、组织及性能发生变化的热处理工艺。常用的是离子渗氮工艺。离子渗氮表面形成的氮化层具有优异的力学性能，如高硬度、高耐磨性、良好的韧性和疲劳强度等，并使得离子渗氮零件的使用寿命成倍提高。此外，离子渗氮节约能源，操作环境无污染。其缺点是设备昂贵，工艺成本高，不适于大批量生产。

5. 热处理常用设备

热处理设备可分为主要设备和辅助设备两大类。主要设备包括热处理炉、热处理加热装置、冷却设备、测量和控制仪表等。辅助设备包括检测设备、校正设备和消防安全设备等。

1）热处理炉

常用的热处理炉有箱式电阻炉、井式电阻炉、气体渗碳炉和盐浴炉等。

（1）箱式电阻炉。箱式电阻炉是利用电流通过布置在炉膛内的电热元件（电阻丝）发热，通过对流和辐射对零件进行加热，如图1.4所示。它是热处理车间应用很广泛的加热设备，适用于钢铁材料和非钢铁材料（有色金属）的退火、正火、淬火、回火及固体渗碳等的加热，具有操作简便，控温准确，可通入保护性气体防止零件加热时的氧化，劳动条件好等优点。

（2）井式电阻炉。如图1.5所示，井式电阻炉的工作原理与箱式电阻炉相同，其炉口向上，形如井状而得名，常用的有中温井式炉、低温井式炉和气体渗碳炉三种。井式电阻炉采用吊车起吊零件，能减轻劳动强度，故应用较广。

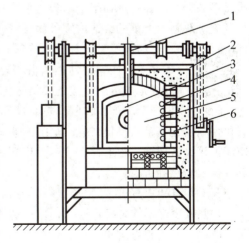

图1.4 箱式电阻炉

1—热电偶；2—炉壳；3—炉门；
4—电热元件；5—炉膛；6—耐火砖

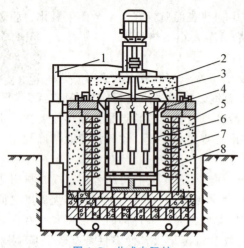

图 1.5 井式电阻炉

1—炉盖升降机构；2—炉盖；3—风扇；
4—零件；5—炉体；6—炉膛；
7—电热元件；8—装料筐

中温井式炉主要适用于杆类、长轴类零件的热处理。其最高工作温度为950℃。与箱式炉相比，井式炉热量传递较好，炉顶可装风扇，使温度分布较均匀，细长零件垂直放置可克服零件水平放置时因自重引起的弯曲。

（3）盐浴炉。盐浴炉是利用熔盐作为加热介质的炉型。盐浴炉结构简单，制造方便，费用低，加热质量好，加热速度快，因而应用较广。但在盐浴炉加热时，存在着零件的扎绑、夹持等工序，使操作复杂，劳动强度大，工作条件差。同时存在着启动时升温时间长等缺点。因此，盐浴炉常用于中小型且表面质量要求高的零件。

2）控温仪表

加热炉的温度测量和控制主要是利用热电偶和温度控制仪表及开关器件进行的。热电偶是将温度转换成电势，温度控制仪是将热电偶产生的热电势转变成温度的数字显示或指针偏转角度显示。热电偶应放在能代表零件温度的位置，温控仪应放在便于观察又能避免热源、磁场等影响的位置。

另外，常用的冷却设备有水槽、水浴锅、油槽等。检测设备包括布氏硬度计、洛氏硬度计、金相显微镜、制样设备及无损检测设备等。随着工业的发展，热处理设备将向着自动化方向发展。

6. 热处理常见缺陷

热处理工艺选择不当会对零件的质量产生较大影响。如淬火工艺的选择对淬火零件的质量影响较大，如果选择不当，容易使淬火零件力学性能不足或产生过热、晶粒粗大和变形开裂等缺陷，严重的会造成零件报废。

【参考图文】

加热不当，会造成过热、过烧、表面氧化、脱碳和裂纹等问题。过热使零件的塑性、韧性显著降低，冷却时产生裂纹，过热可通过正火予以消除；过烧是加热温度接近开始熔化温度，过烧后的钢强度低，脆性大，只能报废。生产上应严格控制加热温度和保温时间。钢在高温加热过程中，由于炉内的氧化性气氛造成钢的氧化（铁的氧化）和脱碳。氧化使金属消耗，零件表面硬度不均；脱碳使零件淬火后硬度、耐磨性、疲劳强度严重下降。为防止氧化与脱碳，常采用保护气氛加热或盐浴加热等措施。

在冷却过程中有时会产生变形和开裂现象，变形和开裂主要是由于加热或冷却速度过快，加热或冷却不均匀等产生的内应力造成的，生产中常采用正确选择热处理工艺，淬火后及时回火等措施来防止。

加热温度或保温时间不够，冷却速度太慢，零件表面脱碳会造成淬火零件硬度不足；**加热不均匀，淬火剂温度过高或冷却方式不当会造成冷却速度不均匀，会带来表面硬度不均等缺陷**，这些都是制定热处理工艺所必须考虑的基本问题。

1.2 铸 造

1.2.1 铸造概述

1. 概述

铸造工艺是将金属熔融后得到的液态金属注入预制好的铸型中使之冷却、凝固,获得一定形状和性能铸件的金属成形方法。铸造生产的铸件一般作为毛坯,需要经过机械加工后才能成为机器零件,少数对尺寸精度和表面粗糙度要求不高的零件也可以直接应用铸件。

【参考图文】

铸造工艺是机械制造工业中毛坯和零件的主要加工工艺,在国民经济中占有极其重要的地位。铸件在一般机器中占总质量的40%~80%,而在内燃机中占总质量的70%~90%,在机床、液压泵、阀中占总质量的65%~80%,在拖拉机中占总质量的50%~70%。铸造工艺广泛应用于机床制造、动力机械、冶金机械、重型机械、航空航天等领域。

2. 铸造工艺特点

铸造工艺具有以下特点:

(1) 适用范围广。几乎不受零件的形状复杂程度、尺寸大小、生产批量的限制,可以铸造壁厚0.3mm~1m、质量从几克到三百多吨的各种金属铸件。

(2) 可制造各种合金铸件。很多能熔化成液态的金属材料可以用于铸造生产,如铸钢、铸铁、各种铝合金、铜合金、镁合金、钛合金及锌合金等。生产中铸铁应用最广,约占铸件总产量的70%以上。

(3) 铸件的形状和尺寸与图样设计零件非常接近。加工余量小;尺寸精度一般比锻件、焊接件高。

(4) 成本低廉。由于铸造容易实现机械化生产,铸造原料又可以大量利用废、旧金属材料,加之铸造动能消耗比锻造动能消耗小,因而铸造的综合经济性能好。

铸造按生产方法不同,可分为砂型铸造和特种铸造。砂型铸造应用最为广泛,砂型铸件占铸件总产量的80%以上,其铸型(砂型和型芯)是由型砂制作的。本节主要介绍大量用于铸铁件生产的砂型铸造方法。

3. 砂型铸造生产工序

砂型铸造的主要生产工序有制模、配砂、造型、造芯、合型、熔炼、浇注、落砂、清理和检验。以套筒铸件为例,砂型铸造的生产过程如图1.6所示,根据零件形状和尺寸,设计并制造模样和芯盒;配制型砂和芯砂;利用模样和芯盒等工艺装备分别制作砂型和型芯;将砂型和型芯合为一整体铸型;将熔融的金属浇注入铸型,完成充型过程;冷却凝固后落砂取出铸件;最后对铸件清理并检验。

4. 特种铸造

特种铸造有熔模铸造、压力铸造、低压铸造、金属型铸造、陶瓷型铸造、离心铸造、

挤压铸造、消失模铸造、连续铸造等。与砂型铸造相比，特种铸造有以下优点：

（1）铸件尺寸精确，表面粗糙度值低，易于实现少切削或无切削加工，降低原材料消耗。

（2）铸件内部质量好，力学性能高，铸件壁厚可以减薄。

（3）便于实现生产过程机械化、自动化，提高生产效率。

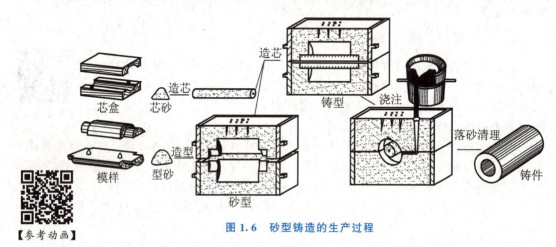

图1.6 砂型铸造的生产过程

1）熔模铸造

熔模铸造又称"失蜡铸造"，其工艺流程如图1.7所示。这种方法是用易熔材料（如蜡料、松香料等）制成熔模样件，然后在模样表面涂敷多层耐火材料，干燥固化后加热熔出模料，其壳型经高温焙烧后浇入金属液即得到熔模铸件。

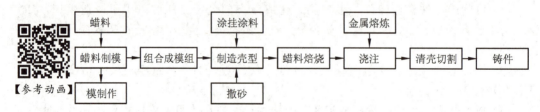

图1.7 熔模铸造工艺流程

熔模铸造的特点是铸件尺寸精度高，能铸造外形复杂的零件，铝、镁、铜、钛、铁、钢等合金零件都能用此方法铸造，在航空航天、兵器、船舶、机械制造、家用电器、仪器仪表等行业都有应用，其典型产品有铸铝热交换器、不锈钢叶轮、铸镁金属壳体等。

2）金属型铸造

顾名思义，金属型铸造即采用金属材料如铸铁、铸钢、碳钢、合金钢、铜或铝合金等制造铸型，在重力作用下将熔融的金属浇入铸型获得铸件的工艺方法。其工艺流程如图1.8所示。

金属型可以数百次乃至数万次重复使用，**金属型铸造不用或很少用型砂**，可以节省生产费用，提高生产效率。另外，由于铸件冷却速度快，组织致密，其力学性能比砂型铸件高15%左右。

金属型铸造在发动机、仪表、农机等工业部门有广泛应用，一般适用于铸造不太复杂的中小型零件，很多合金零件都可采用金属型铸造，而其中又以铝、镁合金零件应用金属型铸造工艺最为广泛。因为金属型铸造周期长、成本较高，一般在成批或大量生产同一种零件时，这种铸造工艺才能显示出良好的经济效益。

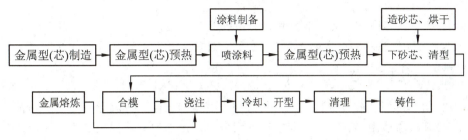

图1.8　金属型铸造工艺流程

3）压力铸造

压力铸造是将液态或半液态金属，在高压(5～150MPa)作用下，以高的速度填充金属型腔，并在压力作用下快速凝固而获得铸件的一种铸造方法。压力铸造所用的模具称为压铸模，用耐热合金制造，压力铸造需要在压铸机上进行。图1.9所示为热室压铸填充过程示意，当压射冲头上升时，坩埚内的金属液通过进口进入压室内，而当压射冲头下压时，金属液沿通道经喷嘴填充压铸模，冷却凝固成形，然后压射冲头回升，开模取出铸件，完成一个压铸循环。

生产速度快，产品质量好，经济效益好是压力铸造工艺的优点。压力铸造采用的压铸合金分为非铁合金和钢铁材料，目前应用广泛的是非铁合金，如铝、镁、铜、锌、锡、铅合金。压力铸造应用较多的行业有汽车、拖拉机、电气仪表、电信器材、医疗器械、航空航天等。

4）离心铸造

离心铸造是将熔化的金属通过浇注系统注入旋转的金属型内，在离心力的作用下充型，最后凝固成铸件的一种铸造方法。图1.10所示为圆环形铸件立式离心铸造示意图。金属型模的旋转速度根据铸件结构和金属液体重力决定，应保证金属液在金属型腔内有足够的离心力不产生淋落现象，离心铸造常用旋转速度范围为250～1500r/min。

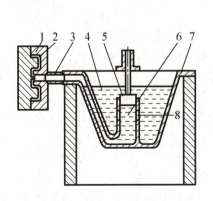

图1.9　热室压铸填充过程

1—压铸模；2—型腔；3—喷嘴；4—金属液；
5—压射冲头；6—压室；7—坩埚；8—进口

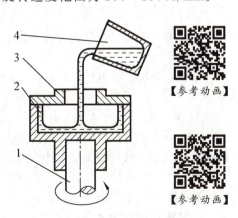

图1.10　立式离心铸造示意

1—旋转机构；2—铸件；
3—铸型；4—浇包

离心铸造的特点如下:
(1) 铸件致密度高,气孔、夹杂等缺陷少。
(2) 由于离心力的作用,可生产薄壁铸件。
(3) 生产中型芯用量、浇注系统和冒口系统的金属消耗小。

离心铸造工艺主要应用于离心铸管、缸盖、轧辊、轴套、轴瓦等零件的生产。

1.2.2 造型与制芯

造型和制芯是利用造型材料和工艺装备制作铸型的工序,按成形方法总体可分成手工造型(制芯)和机器造型(制芯)。本节主要介绍应用广泛的砂型造型及制芯。

1. 铸型的组成

铸型是根据零件形状用造型材料制成的。铸型一般由上砂型、下砂型、型芯和浇注系统等部分组成,如图1.11所示。上砂型和下砂型之间的接合面称为分型面。**铸型中由砂型面和型芯面所构成的空腔部分,用于在铸造生产中形成铸件本体,称为型腔。型芯一般用来形成铸件的内孔和内腔。**金属液流入型腔的通道称为浇注系统。出气孔的作用在于排出浇注过程中产生的气体。

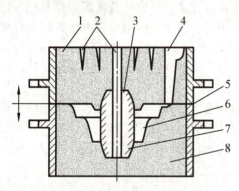

图 1.11 铸型装配
1—上砂型;2—出气孔;3—型芯;
4—浇注系统;5—分型面;6—型腔;
7—芯头、芯座;8—下砂型

2. 型(芯)砂的性能

砂型铸造的造型材料为型砂,其质量好坏直接影响铸件的质量、生产效率和成本。生产中为了获得优质的铸件和良好的经济效益,对型砂性能有一定的要求。

1) 强度

型砂抵抗外力破坏的能力称为强度。它包括常温湿强度、干强度、硬度及热强度。型砂要有足够的强度,以防止造型过程中产生塌箱和浇注时液体金属对铸型表面的冲刷破坏。

2) 成形性

型砂要有良好的成形性,包括良好的流动性、可塑性和不粘模性,铸型轮廓清晰,易于起模。

3) 耐火度

型砂承受高温作用的能力称为耐火度。型砂要有较高的耐火度,同时应有较好的热化学稳定性,较小的热膨胀率和冷收缩率。

4) 透气性

型砂要有一定的透气性,以利于浇注时产生的大量气体的排出。透气性过差,铸件中易产生气孔;透气性过高,易使铸件粘砂。另外,具有较小的吸湿性和较低发气量的型砂对保证铸造质量有利。

5) 退让性

退让性是指铸件在冷凝过程中,型砂能被压缩变形的性能。型砂退让性差,铸件在凝固收缩时将易产生内应力、变形和裂纹等缺陷，所以型砂要有较好的退让性。

此外，型砂还要具有较好的耐用性、溃散性和韧性等。

3．型（芯）砂的组成

将原砂或再生砂与粘接剂和其他附加物混合制成的造型材料称为型砂和芯砂。

1）原砂

原砂即新砂，铸造用原砂一般采用符合一定技术要求的天然矿砂，最常使用的是硅砂。硅砂中二氧化硅的质量分数为80%～98%，硅砂粒度大小及均匀性、表面状态、颗粒形状等对铸造性能有很大影响。除硅砂外的其他铸造用砂称为特种砂，如石灰石砂、锆砂、镁砂、橄榄石砂、铬铁矿砂、钛铁矿砂等，这些特种砂性能较硅砂优良，但价格较贵，主要用于合金钢和碳钢铸件的生产。

2）粘接剂

粘接剂的作用是使砂粒粘接在一起，制成砂型和型芯。黏土是铸造生产中用量最大的一种粘接剂，此外水玻璃、植物油、合成树脂、水泥等也是铸造常用的粘接剂。

用黏土作粘接剂制成的型砂又称黏土砂，其结构如图1.12所示。黏土资源丰富，价格低廉，它的耐火度较高，复用性好。水玻璃砂可以适应造型、制芯工艺的多样性，在高温下具有较好的退让性，但水玻璃加入量偏高时，砂型及砂芯的溃散性差。油类粘接剂具有很好的流动性和溃散性、很高的干强度，适合于制造复杂的砂芯，浇出的铸件内腔表面粗糙度Ra值低。

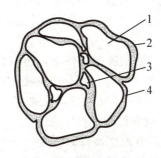

图1.12　黏土砂结构
1—砂粒；2—黏土；3—孔隙；4—附加物

3）涂料

涂敷在型腔和型芯表面、用以提高砂（芯）型表面抗粘砂和抗金属液冲刷等性能的铸造辅助材料称为涂料。使用涂料，有降低铸件表面粗糙度值，防止或减少铸件粘砂、砂眼和夹砂缺陷，提高铸件落砂和清理效率等作用。涂料一般由耐火材料、溶剂、悬浮剂、粘接剂和添加剂等组成。耐火材料有硅粉、刚玉粉、高铝矾土粉，溶剂可以是水和有机溶剂等，悬浮剂如膨润土等。涂料可制成液体、膏状或粉剂，用刷、浸、流、喷等方法涂敷在型腔、型芯表面。

型砂中除含有原砂、粘接剂和水等材料外，还加入一些辅助材料如煤粉、重油、锯木屑、淀粉等，使砂型和型芯增加透气性、退让性，提高抗铸件粘砂能力和铸件的表面质量，使铸件具有一些特定的性能。

4. 型(芯)砂的制备

黏土砂根据在合箱和浇注时的砂型烘干与否分为湿型砂、干型砂和表干型砂。湿型砂造型后不需烘干,生产效率高,主要应用于生产中、小型铸件;干型砂要烘干,它主要靠涂料保证铸件表面质量,可采用粒度较粗的原砂,其透气性好,铸件不容易产生冲砂、粘砂等缺陷,主要用于浇注中、大型铸件;表干型砂造型后只需在浇注前对型腔表面用适当方法烘干,其性能兼具湿砂型和干砂型的特点,主要用于中型铸件生产。

湿型砂一般由新砂、旧砂、黏土、附加物及适量的水组成。铸铁件用的湿型砂配比(质量比)一般为旧砂50%~80%、新砂5%~20%、黏土6%~10%、煤粉2%~7%、重油1%、水3%~6%。各种材料通过混制工艺使成分混合均匀,黏土膜均匀包覆在砂粒周围,混砂时先将各种干料(新砂、旧砂、黏土和煤粉)一起加入混砂机进行干混,再加水湿混后出碾。型(芯)砂混制处理好后,应进行性能检测,对各组元的含量如黏土的含量、有效煤粉的含量、水的含量等,砂的性能如紧实率、透气性、湿强度、韧性参数做检测,以确定型(芯)砂是否达到相应的技术要求,也可用手捏的感觉对某些性能作出粗略的判断。

5. 模样、芯盒与砂箱

模样、芯盒与砂箱是砂型铸造造型时使用的主要工艺装备。

1) 模样

模样是根据零件形状设计制作,用以在造型中形成铸型型腔的工艺装备。设计模样要考虑到铸造工艺参数,如铸件最小壁厚、加工余量、铸造圆角、铸造收缩率和起模斜度等。

(1) 铸件最小壁厚。是指在一定的铸造条件下,铸造合金能充满铸型的最小厚度。铸件设计壁厚若小于铸件工艺允许最小壁厚,则易产生浇不足和冷隔等缺陷。

(2) 加工余量。是为保证铸件加工面尺寸和零件精度,在铸件设计时预先增加的金属层厚度,该厚度在铸件机械加工成零件的过程中去除。

(3) 铸造收缩率。铸件浇注后在凝固冷却过程中,会产生尺寸收缩,其中以固态收缩阶段产生的尺寸缩小对铸件的形状和尺寸精度影响最大,此时的收缩率又称铸件线收缩率。

(4) 起模斜度。当零件本身没有足够的结构斜度,为保证造型时容易起模,避免损坏砂型,应在铸件设计时给出铸件的起模斜度。

图1.13所示为零件及模样关系示意图。

2) 芯盒

芯盒是制造型芯的工艺装备。按制造材料可分为金属芯盒、木质芯盒、塑料芯盒和金木结构芯盒四类。在大量生产中,为了提高砂芯精度和芯盒耐用性,多采用金属芯盒。按芯盒结构又可分为敞开整体式、分式、敞开脱落式和多向开盒式多种,前两种芯盒结构形式参见图1.14、图1.15。

3) 砂箱

砂箱是铸件生产中必备的工艺装备之一,用于铸造生产中容纳和紧固砂型。一般根据铸件的尺寸、造型方法设计及选择合适的砂箱。按砂箱制造方法可把砂箱分为整铸式、焊接式和装配式。图1.16所示为小型和大型砂箱示意图。

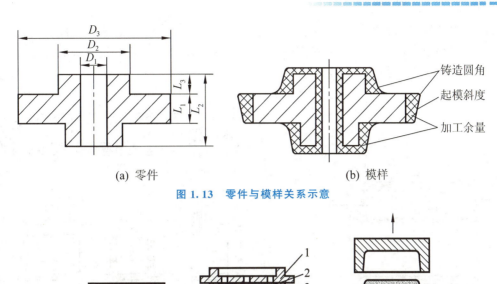

(a) 零件　　　　　　　　　　　(b) 模样

图 1.13　零件与模样关系示意

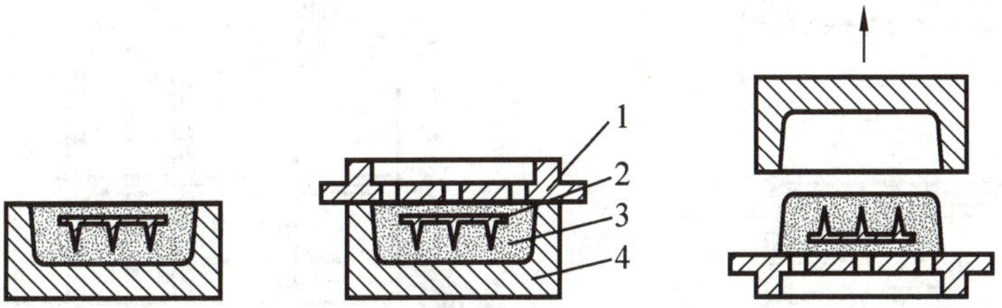

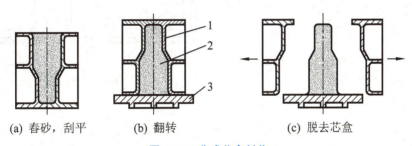

(a) 舂砂，放龙骨，刮平　　(b) 放烘干板　　(c) 翻转，脱去芯盒

图 1.14　整体式芯盒制芯

1—烘干板；2—龙骨；3—砂芯；4—芯盒

(a) 舂砂，刮平　　　　(b) 翻转　　　　(c) 脱去芯盒

图 1.15　分式芯盒制芯

1—芯盒；2—砂芯；3—烘干板

除模样、芯盒与砂箱外，砂型铸造造型时使用的工艺装备还有压实砂箱用的压砂板，填砂用的填砂框，托住砂型用的砂箱托板，紧固砂箱用的套箱，以及用于砂芯的修磨工具、烘芯板和检验工具等。

6．手工造型

造型主要工序为填砂、舂砂、起模和修型。填砂是将型砂填充到已放置好模样的砂箱内，舂砂则是把砂箱内的型砂紧实，起模是把形成形腔的模样从砂型中取出，修型是起模后对砂型损伤处进行修理的过程。手工完成这些工序的操作方式即手工造型。

手工造型方法很多，有砂箱造型、脱箱造型、刮板造型、组芯造型、地坑造型等。砂箱造型又可分为两箱造型、三箱造型、叠箱造型和劈箱造型。下面就介绍几种常用的手工造型方法。

1）两箱造型

两箱造型应用最为广泛，按其模样又可分为整体模样造型（简称整模造型）和分开模样造型（简称分模造型）。整模造型一般用在零件形状简单、最大截面在零件端面的情况,其造型过程如图1.17所示。分模造型是将模样从其最大截面处分开,并以此面作分型面。造型时,先将下砂型舂好,然后翻箱,舂制上砂箱,其造型过程如图1.18所示。

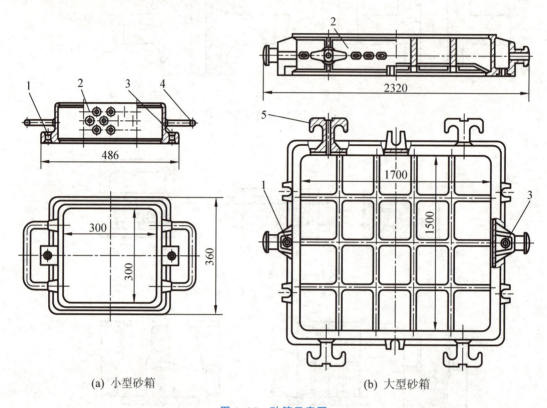

(a) 小型砂箱　　　　　　　　　　　　(b) 大型砂箱

图1.16　砂箱示意图

1—定位套；2—箱体；3—导向套；4—环形手柄；5—吊耳

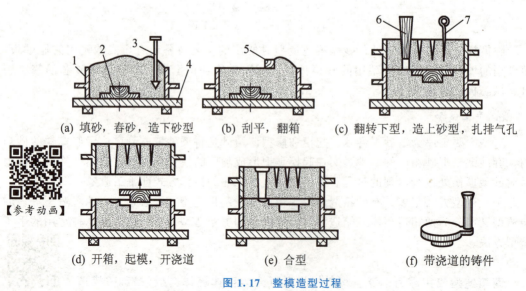

(a) 填砂,舂砂,造下砂型　　(b) 刮平,翻箱　　(c) 翻转下型,造上砂型,扎排气孔

(d) 开箱,起模,开浇道　　(e) 合型　　(f) 带浇道的铸件

图1.17　整模造型过程

1—砂箱；2—模样；3—砂舂子；4—模底板；5—刮板；6—浇口棒；7—气孔针

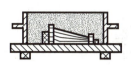 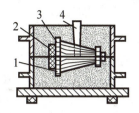 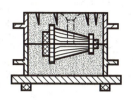

(a) 用下半模造下砂型　　(b) 安上半模，撒分型砂，放浇口棒，造上砂型　　(c) 开外浇口，扎排气孔

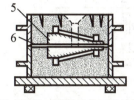

(d) 起模，开内浇道，下型芯，开排气道，合型　　(e) 起铸件　　【参考视频】

图 1.18　分模造型过程

1—下半模；2—型芯头；3—上半模；4—浇口棒；5—型芯；6—排气孔

2) 挖砂造型

有些铸件的模样不宜做成分开结构，必须做成整体，在造型过程中局部被砂型埋住不能起出模样，这时就需要采用挖砂造型，即沿着模样最大截面挖掉一部分型砂，形成不太规则的分型面，如图 1.19 所示。挖砂造型工作麻烦，适用于单件或小批量的铸件生产。

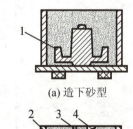 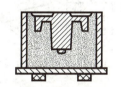

(a) 造下砂型　　(b) 翻箱，挖砂，成分型面　　【参考动画】

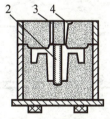 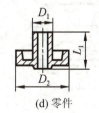

(c) 撒分型砂，造上砂型，起模，合型　　(d) 零件

图 1.19　挖砂造型

1—模样；2—砂芯；3—出气孔；4—外浇口

3) 假箱造型

假箱造型方式与挖砂造型相近，先采用挖砂的方法做一个不带直浇道的上箱，即假箱，砂型尽量舂实一些，再用这个上箱作底板制作下箱砂型，然后制作用于实际浇铸用的上箱砂型，其原理如图 1.20 所示。

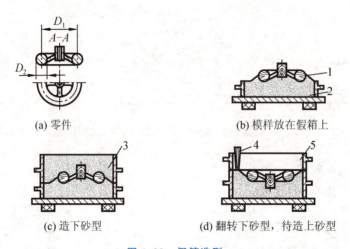

图 1.20 假箱造型

1—模样；2—假箱；3—下砂型；4—浇口棒；5—上砂箱

4）活块造型

有些零件侧面带有凸台等突起部分时，造型时这些突出部分妨碍模样从砂型中起出，故在模样制作时，将突出部分做成活块，用销钉或燕尾槽与模样主体连接，起模时，先取出模样主体，然后从侧面取出活块，这种造型方法称为活块造型，如图 1.21 所示。

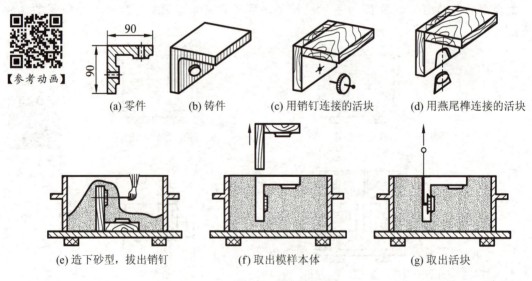

图 1.21 活块造型

5）刮板造型

刮板造型适用于单件、小批量生产中、大型旋转体铸件或形状简单铸件，方法是利用刮板模样绕固定轴旋转，将砂型刮制成所需的形状和尺寸，如图 1.22 所示。**刮板造型模样制作简单省料，但造型生产效率低，并要求较高的操作技术。**

6）三箱造型

对一些形状复杂的铸件，只用一个分型面的两箱造型难以正常取出型砂中的模样，必须采用三箱或多箱造型的方法。**三箱造型有两个分型面,操作过程较两箱造型复杂,生产效率低,只适用于单件或小批量生产**,其工艺过程如图 1.23 所示。

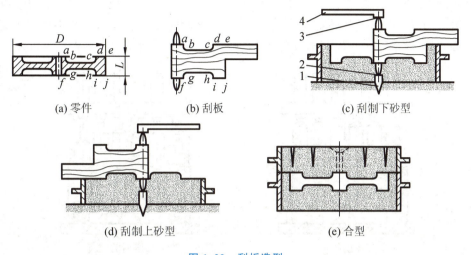

图 1.22 刮板造型

1—木桩；2—下顶针；3—上顶针；4—转动臂

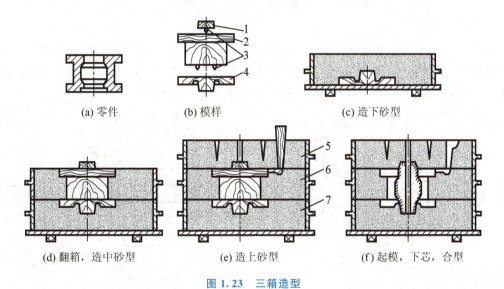

图 1.23 三箱造型

1—上箱模样；2—中箱模样；3—销钉；4—下箱模样；5—上砂型；6—中砂型；7—下砂型

7. 机器造型

机器造型实质上是用机械方法取代手工进行造型过程中的填砂、紧砂和起模。填砂过程常在造型机上用加砂斗完成,要求型砂松散,填砂均匀。紧砂就是使砂型紧实,达到一定的强度和刚度。型砂被紧实的程度通常用单位体积内型砂的质量表示,称为紧实度。一般紧实的型砂,紧实度在 $1.55\sim1.7\text{g/cm}^3$；高压紧实后的型砂紧实度在 $1.6\sim1.8\text{g/cm}^3$；非常紧实的型砂紧实度达到 $1.8\sim1.9\text{g/cm}^3$。紧砂是机器造型关键的一环。机器造型可以降低劳动强度,提高生产效率,保证铸件质量,适用于成批大量生产铸件。

1）高压造型

压实造型是型砂借助于压头或模样所传递的压力紧实成形，按比压大小可分为低压（0.15～0.4MPa）、中压（0.4～0.7MPa）、高压（大于 0.7MPa）三种。高压造型目前应用很普遍，图 1.24 为多触头高压造型工作原理图。高压造型具有生产率高、砂型紧实度高、强度大、所生产的铸件尺寸精度高和表面质量较好等优点，在大量和大批生产中应用较多。

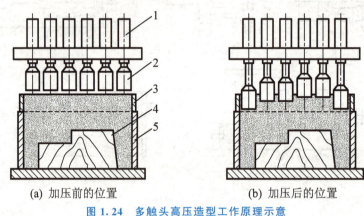

(a) 加压前的位置　　　　(b) 加压后的位置

图 1.24　多触头高压造型工作原理示意

1—液压缸；2—触头；3—辅助框；4—模样；5—砂箱

2）射压造型

射压造型是利用压缩空气将型砂以很高的速度射入砂箱并加以挤压而得到紧实，工作原理如图 1.25 所示。射压造型的特点是砂型紧实度分布均匀，生产速度快，工作无振动噪声，一般应用在中、小件的成批生产中，尤其适用于无芯或少芯铸件。

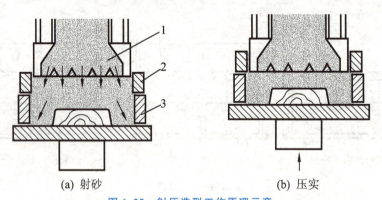

(a) 射砂　　　　(b) 压实

图 1.25　射压造型工作原理示意

1—射砂头；2—辅助框；3—砂箱

3）震压造型

震压造型是利用震动和加压使型砂压实，工作原理如图 1.26 所示。该方法得到的砂型密度的波动范围小，紧实度高。震压造型最常应用的是微震压实造型方法，其振动频率为 400Hz，振幅为 5～10mm。震压造型与纯压造型相比可获得较高的砂型紧实度，且砂型均匀性也较高，可用于精度要求高、形状较复杂铸件的成批生产。

4）抛砂造型

抛砂造型是用机械的方法将型砂以高速抛入砂箱，使砂层在高速砂团的冲击下得到紧实,抛砂速度在 30~50m/s,工作原理如图 1.27 所示。抛砂造型特点是填砂和紧实同时进行,对工艺装备要求不高,适应性强,只要在抛头的工作范围内,不同砂箱尺寸的砂型都可以用抛砂机造型。抛砂造型可以用于小批量生产的中、大型铸件。但抛砂造型也存在砂型顶部需补充紧实,型砂质量要求较高及不适合用于小砂型的缺点。

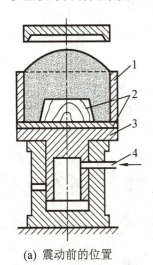

(a) 震动前的位置　　　(b) 震动与压实

图 1.26　震压造型

1—砂箱;2—模板;3—汽缸;
4—进气口;5—排气口;6—压板

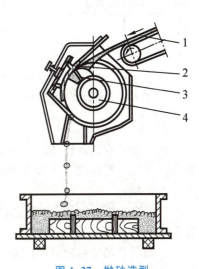

图 1.27　抛砂造型

1—送砂胶带;2—弧板;
3—叶片;4—抛砂头转子

另外,机器造型还有气流紧实造型、真空密封造型等多种方法。机器造型方法的选择应根据多方面的因素综合考虑,铸件要求精度高,表面粗糙度值低时选择砂型紧实度高的造型方法;铸钢、铸铁件与非铁合金铸件相比对砂型刚度要求高,也应选用砂型紧实度高的造型方法;铸件批量大、产量大时,应选用生产率高或专用的造型设备;铸件形状相似、尺寸和质量相差不大时应选用同一造型机和统一的砂箱。

5) 机器起模

机器起模也是铸造机械化生产的一道工序。机器起模比手工起模平稳,能降低工人劳动强度。机器起模有顶箱起模和翻转起模两种。

(1) 顶箱起模。如图 1.28 所示,起模时利用液压或油气压,用四根顶杆顶住砂箱四角,使之垂直上升,固定在工作台上的模板不动,砂箱与模板逐渐分离,实现起模。

(2) 翻转起模。如图 1.29 所示,起模时用翻台将型砂和模板一起翻转 180°,然后用接箱台将砂型接住,固定在翻台上的模板不动,接着下降接箱台使砂箱下移,完成起模。

8. 制芯

型芯主要用于形成铸件的内腔、孔洞和凹坑等部分。

1) 芯砂

因型芯在铸件浇注时,它的大部分或部分被金属液包围,经受的热作用、机械作用都较强烈,排气条件也差,出砂和清理困难,因此对芯砂的要求一般比型砂高。一般可用黏土砂做芯砂,但黏土含量应比型砂高,并提高新砂使用比例。要求较高的铸造生产可用钠水玻璃砂、油砂或合脂砂作为芯砂。

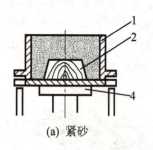 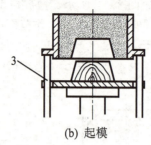 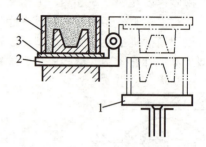

(a) 紧砂　　　　　　　(b) 起模

图1.28　顶箱起模

1—砂箱；2—模板；3—顶杆；4—造型机工作台

图1.29　翻转起模

1—接箱台；2—翻台；3—模板；4—砂箱

2）制芯工艺

由于型芯在铸件铸造过程中所处的工作条件比砂型更恶劣，因此型芯必须具备比砂型更高的强度、耐火度、透气性和退让性。制型芯时，除选择合适的材料外，还必须采取以下工艺措施：

（1）放龙骨。为了保证砂芯在生产过程中不变形、不开裂、不折断，通常在砂芯中埋置芯骨，以提高其强度和刚度。

小型砂芯通常采用易弯曲变形、回弹性小的退火铁丝制作芯骨，中、大型砂芯一般采用铸铁芯骨或用型钢焊接而成的芯骨，如图1.30所示。这类芯骨由芯骨框架和芯骨齿组成，为了便于运输，一些大型的砂芯在芯骨上做出了吊攀。

（2）开通气道。砂芯在高温金属液的作用下，浇注很短时间会产生大量气体。当砂芯排气不良时，气体会侵入金属液使铸件产生气孔缺陷，为此制砂芯时除采用透气性好的芯砂外，应在砂芯中开设排气道，在型芯出气位置的铸型中开排气通道，以便将砂芯中产生的气体引出型外。砂芯中开排气道的方法有用通气针扎出气孔，用通气针挖出气孔和用蜡线或尼龙管做出气孔，砂芯内加填焦炭也是一种增加砂芯透气性的措施。提高砂芯透气性的方法如图1.31所示。

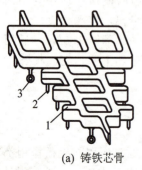 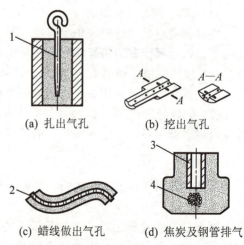

(a) 铸铁芯骨　　(b) 钢管芯骨

图1.30　芯骨

1—芯骨框架；2—芯骨齿；3—吊攀

(a) 扎出气孔　(b) 挖出气孔　(c) 蜡线做出气孔　(d) 焦炭及钢管排气

图1.31　砂芯通气

1—通气针；2—蜡线；3—钢管；4—焦炭

(3) 刷涂料。刷涂料的作用在于降低铸件表面的粗糙度值，减少铸件粘砂、夹砂等缺陷。一般中、小铸钢件和部分铸铁件可用硅粉涂料，大型铸钢件用刚玉粉涂料，石墨粉涂料常用于铸铁件生产。

(4) 烘干。砂芯烘干后可以提高强度和增加透气性。烘干时采用低温进炉、合理控温、缓慢冷却的烘干工艺。烘干温度黏土砂芯为 250～350℃，油砂芯为 200～220℃，合脂砂芯为 200～240℃，烘干时间为 1～3h。

3) 制芯方法

制芯方法分手工制芯和机器制芯两大类。

手工制芯可分为芯盒制芯和刮板制芯。芯盒制芯是应用较广的一种方法，按芯盒结构的不同，又可分为整体式芯盒制芯、分式芯盒制芯及脱落式芯盒制芯。

(1) 整体式芯盒制芯。对于形状简单且有一个较大平面的砂芯，可采用这种方法。整体翻转式芯盒制芯示意如图 1.14 所示。

(2) 分式芯盒制芯。分式芯盒制芯工艺过程如图 1.15 所示。也可以采用两半芯盒分别填砂制芯，然后组合使两半砂芯粘合后取出砂芯的方法。

(3) 脱落式芯盒制芯。其操作方式和分式芯盒制芯类似，不同的是把妨碍砂芯取出的芯盒部分做成活块，取芯时，从不同方向分别取下各个活块。

(4) 刮板制芯。对于具有回转体形的砂芯可采用刮板制芯方式，和刮板造型一样，它也要求操作者有较高的技术水平，并且生产率低，所以刮板制芯适用于单件、小批量生产砂芯。刮板制芯工艺如图 1.32 所示。

(5) 机器制芯。机器制芯与机器造型原理相同，也有震实式、微

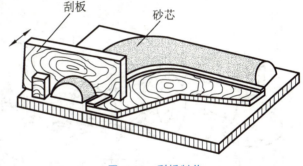

图 1.32　刮板制芯

震压实式和射芯式等多种方法。机器制芯生产率高、型芯紧实度均匀、质量好，但安放龙骨、取出活块或开气道等工序有时仍需手工完成。

9. 浇注系统

浇注系统是砂型中引导金属液进入型腔的通道。

1) 对浇注系统的基本要求

浇注系统设计的正确与否对铸件质量影响很大，对浇注系统的基本要求是：

(1) 引导金属液平稳、连续地充型，防止卷入、吸收气体和使金属过度氧化。

(2) 充型过程中金属液流动的方向和速度可以控制，保证铸件轮廓清晰、完整，避免因充型速度过高而冲刷型壁或砂芯及充型时间不适合造成夹砂、冷隔、皱皮等缺陷。

(3) 具有良好的挡渣、溢渣能力，净化进入型腔的金属液。

(4) 浇注系统结构应当简单、可靠，金属液消耗少，并容易清理。

2) 浇注系统的组成

浇注系统一般由外浇口、直浇道、横浇道和内浇道四部分组成，如图 1.33 所示。

(1) 外浇口。用于承接浇注的金属液，起防止金属液的飞溅和溢出、减缓对型腔的冲

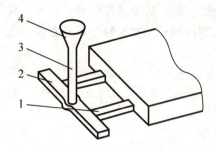

图 1.33 浇注系统的组成

1—内浇道；2—横浇道；
3—直浇道；4—外浇口

击、分离渣滓和气泡、阻止杂质进入型腔的作用。外浇口分漏斗形(浇口杯)和盆形(浇口盆)两大类。

(2)直浇道。其功能是从外浇口引导金属液进入横浇道、内浇道或直接导入型腔。直浇道有一定高度，使金属液在重力的作用下克服各种流动阻力，在规定时间内完成充型。直浇道常做成上大下小的锥形、等截面的柱形或上小下大的倒锥形。

(3)横浇道。横浇道是将直浇道的金属液引入内浇道的水平通道。作用是将直浇道金属液压力转化为水平速度，减轻对直浇道底部铸型的冲刷，控制内浇道的流量分布，阻止渣滓进入型腔。

(4)内浇道。内浇道与型腔相连，其功能是控制金属液充型速度和方向，分配金属液，调节铸件的冷却速度，对铸件起一定的补缩作用。

3)浇注系统的类型

浇注系统的类型按内浇道在铸件上的相对位置，分为顶注式、中注式、底注式和阶梯注入式四种类型，如图 1.34 所示。

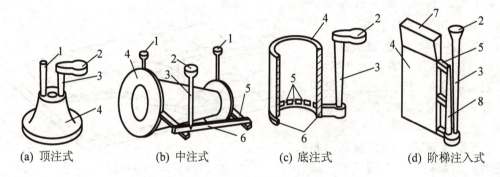

(a) 顶注式　　　(b) 中注式　　　(c) 底注式　　　(d) 阶梯注入式

图 1.34 浇注系统的类型

1—出气口；2—外浇口；3—直浇道；4—铸件；5—内浇道；
6—横浇道；7—冒口；8—分配直浇道

10. 冒口和冷铁

为了实现铸件在浇注、冷凝过程中能正常充型和冷却收缩，一些铸型设计中应用了冒口和冷铁。

1)冒口

铸件浇铸后，金属液在冷凝过程中会发生体积收缩，为防止由此而产生的铸件缩孔、缩松等缺陷，常在铸型中设置冒口，即人为设置用以储存金属液的空腔，用于补偿铸件形成过程中可能产生的收缩，并为控制凝固顺序创造条件，同时冒口也有排气、集渣、引导充型的作用。

冒口形状有圆柱形、球顶圆柱形、长圆柱形、方形和球形等多种。若冒口设在铸件顶部，使铸型通过冒口与大气相通，称为明冒口；冒口设在铸件内部则为暗冒口，如图 1.35 所示。

冒口一般应设在铸件壁厚交叉部位的上方或旁侧，并尽量设在铸件最高、最厚的部位，其体积应能保证所提供的补缩液量不小于铸件的冷凝收缩和型腔扩大量之和。

应当说明的是：在浇铸冷凝后，冒口金属与铸件相连，清理铸件时，应除去冒口。

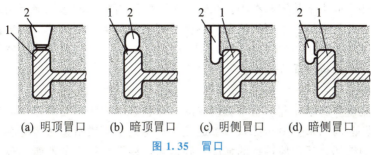

(a) 明顶冒口   (b) 暗顶冒口   (c) 明侧冒口   (d) 暗侧冒口

图 1.35   冒口

1—铸件；2—冒口

2）冷铁

为增加铸件局部冷却速度，在型腔内部及工作表面安放的金属块称为冷铁。冷铁分为内冷铁和外冷铁两大类，放置在型腔内浇注后与铸件熔合为一体的金属激冷块称为内冷铁，在造型时放在模样表面的金属激冷块称为外冷铁，如图 1.36 所示。外冷铁一般可重复使用。

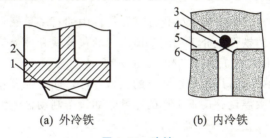

(a) 外冷铁   (b) 内冷铁

图 1.36   冷铁

1—冷铁；2—铸件；3—长圆柱形冷铁；4—钉子；5—型腔；6—型砂

冷铁的作用在于调节铸件凝固顺序，在冒口难以补缩的部位防止缩孔、缩松，扩大冒口的补缩距离，避免在铸件壁厚交叉及急剧变化部位产生裂纹。

1.2.3   熔炼与浇注

铸造合金熔炼和铸件的浇注是铸造生产的主要工艺。本节主要介绍铸铁合金基础知识、铸铁熔炼原理及铸件浇注技术。

1. 铸铁

铸造合金分为黑色合金和非铁合金两大类，黑色铸造合金即铸钢、铸铁，其中铸铁件生产量所占比例最大。非铁铸造合金有铝合金、铜合金、镁合金、钛合金等。

铸铁是一种以铁、碳、硅为基础的多元合金，其中碳的质量分数为 2.0%～4.0%，硅的质量分数为 0.6%～3.0%，此外还含有锰、硫、磷等元素。铸铁按用途分为常用铸铁和特种铸铁。常用铸铁包括灰铸铁、球墨铸铁、可锻铸铁、蠕墨铸铁；特种铸铁有抗磨铸铁、耐蚀铸铁及耐热铸铁等。下面介绍几种常用铸铁。

1）灰铸铁

灰铸铁通常是指断面呈灰色，其中的碳主要以片状石墨形式存在的铸铁。灰铸铁生产简单、成品率高、成本低，虽然力学性能低于其他类型铸铁，但具有良好的耐磨性和吸振性、较低的缺口敏感性，良好的铸造工艺性能，使其在工业中得到了广泛应用，**目前灰铸铁产量约占铸铁产量的 80%**。

灰铸铁的性能取决于基体和石墨。在铸铁中碳以游离状态的形式聚集出现，就形成了石墨。石墨软而脆，在铸铁中石墨的数量越多、石墨片越粗、端部越尖，铸铁的强度就越低。灰铸铁有 HT100、HT200、HT300 等牌号，前 2 位字母 HT 为"灰铁"汉语拼音字首，后 3 位是材料的抗拉强度最小值，单位为 MPa。

2) 球墨铸铁

球墨铸铁是由金属基体和球状石墨组成的，球状石墨的获得是通过铁液进行一定的变质处理（球化处理）的结果。由于球状石墨避免了灰铸铁中尖锐石墨边缘的存在，缓和了石墨对金属基体的破坏，从而使铸铁的强度得到提高，韧性有很大的改善。球墨铸铁的牌号有 QT400-18、QT450-10、QT600-3 等多种，其命名规则与灰铸铁一致，只是后 1~2 位代表最低断后伸长率。

球墨铸铁的强度和硬度较高，具有一定的韧性，提高了铸铁材料的性能，在汽车、农机、船舶、冶金、化工等行业都有应用，其产量仅次于灰铸铁材料。

3) 蠕墨铸铁

蠕墨铸铁在生产中对铁液进行了蠕化处理，铸件中的石墨呈蠕虫状，介于片状石墨和球状石墨之间，故蠕墨铸铁性能介于相同基体组织的灰铸铁和球墨铸铁之间。蠕墨铸铁的牌号以 RuT 起头，如 RuT260、RuT340、RuT420。

蠕墨铸铁铸造性能好，可用于制造复杂的大型零件，如变速器箱体；因其有良好的导热性，也用于制造在较大温度梯度下工作的零件，如汽车制动盘、钢锭模等。

2. 铸铁熔炼

铸铁熔炼是将金属料与辅料入炉加热，熔化成铁水，为铸造生产提供预定材料和温度，形成非金属辅料和气体含量少的优质铁液的过程。

1) 铸铁熔炼的要求

对铸铁熔炼的基本要求可以概括为优质、高产、低耗、长寿与操作便利五个方面。

(1) 铁液质量好。铁液的出炉温度应满足浇注铸件的需要，并保证得到无冷隔缺陷、轮廓清晰的铸件。一般来说，铁液的出炉温度根据不同的铸件至少应达到 1420~1480℃。

铁液的主要化学成分 Fe、C、Si 等必须达到规定牌号铸件的规范要求，S、P 等杂质成分必须控制在限量以下，并减少铁液对气体的吸收。

(2) 熔化速度快。在确保铁液质量的前提下，提高熔化速度，充分发挥熔炼设备的生产能力。

(3) 熔炼耗费少。应尽量降低熔炼过程中包括燃料在内的各种有关材料的消耗，减少铁及合金元素的烧损，取得较好的经济效益。

(4) 炉衬寿命长。延长炉衬寿命不仅可节省炉子维修费用，对于稳定熔炼工作过程、提高生产率也有重要作用。

(5) 操作条件好。操作方便、可靠，并提高机械化、自动化程度，尽力消除对周围环境的污染。

2) 冲天炉的基本结构

铸铁熔炼的设备有冲天炉、感应电炉、电弧炉等多种，冲天炉应用最为广泛，它的特点是结构简单、操作方便、生产率高、成本低,并且可以连续生产。

图 1.37 所示为冲天炉外形及结构简图,它由支撑部分、炉体、前炉、送风系统和炉顶五部分组成。

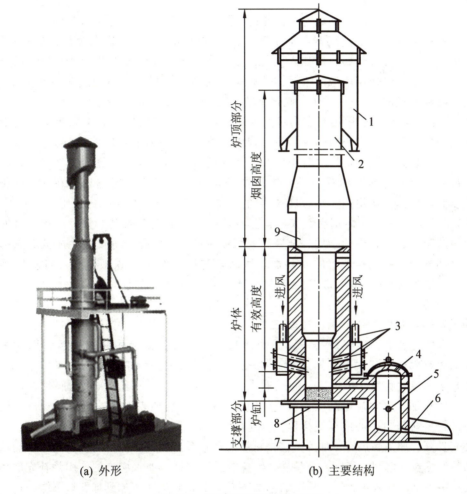

图 1.37 冲天炉外形及结构示意

1—除尘器;2—烟囱;3—送风系统;4—前炉;5—出渣口;
6—出铁口;7—支柱;8—炉底板;9—加料口

(1) 支撑部分。包括炉底与炉基,对整座炉子和炉料起支撑作用。

(2) 炉体。炉体包括炉身、炉缸、炉底和工作门等,是冲天炉的主要部分,炉体内部砌耐火材料,金属熔炼在这里完成。加料口下缘至第一排风口之间的炉体称为炉身,其内部空腔称为炉膛。第一排风口至炉底之间的炉体称为炉缸。燃料在炉体内燃烧,熔化的金属液和液态炉渣在炉缸会聚,最后排入前炉。

(3) 前炉。包括过桥、前炉体、前炉盖、渣门、出铁槽和出渣槽等,其作用是储存铁液,均匀其成分及温度,并使炉渣和铁液分离。

(4) 送风系统。送风系统指从鼓风机出口至风口出口处为止的整个系统,包括进风管、风箱和风口,其作用是向炉内均匀送风。

(5) 炉顶部分。包括加料口以上的烟囱和除尘器，作用是添加炉料，排出炉气，消除或减少炉气中的烟尘和有害成分。

3) 冲天炉炉料

冲天炉炉料由金属料、燃料、熔剂等组成。

(1) 金属料。金属料主要是生铁、废钢、回炉铁和铁合金。生铁是指高炉生铁；回炉铁是指浇冒口、废铸件等；废钢是指废钢头、废钢件和钢屑等；铁合金包括硅铁、锰铁、铬铁和稀土合金。各种金属料的加入量是根据铸件的化学成分要求及熔炼时各元素烧损量计算出来的。金属料使用前应除去污锈并破碎，块料最大尺寸不应超过炉径的1/3，质量不应超过批料质量的1/20～1/10。铁合金的块度以40～80mm为宜。

(2) 燃料。冲天炉所用燃料有焦炭、重油、煤粉、天然气等，其中以焦炭应用最为广泛。焦炭的质量和块度大小对熔炼质量有很大影响。焦炭中固定碳的含量越高，发热量越大，铁液温度越高，同时熔炼过程中由灰分形成的渣量相应减少。焦炭应具有一定的强度及块料尺寸，以保持料柱的透气性，维持炉子正常熔化过程。层焦块度在40～120mm，底焦块度大于层焦。焦炭用量为金属炉料的1/10～1/8，这一数据称焦铁比。

(3) 熔剂。冲天炉用熔剂有石灰石、萤石等，其作用是在高温下分解，和炉衬的侵蚀物、焦炭的灰分、炉料中的杂质、金属元素烧损所形成的氧化物等反应生成低熔点的复杂化合物，即炉渣，并提高炉渣的流动性，从而顺利地使炉渣与铁液分离，自渣口排出炉外。**熔剂的块度一般为20～50mm，用量为焦炭用量的30%左右。**

4) 冲天炉熔炼操作过程

冲天炉熔炼有以下几个操作过程：

(1) 修炉与烘炉。**冲天炉每一次开炉前都要对上次开炉后炉衬的侵蚀和损坏进行修理，用耐火材料修补好炉壁，然后用干柴或烘干器慢火充分烘干前、后炉。**

(2) 点火与加底焦。烘炉后，加入干柴，引火点燃，然后分三次加入底焦，使底焦燃烧，调整底焦加入量至规定高度。这里，底焦是指金属料加入以前的全部焦炭量，底焦高度则是从第一排风口中心线至底焦顶面为止的高度，不包括炉缸内的底焦高度。

(3) 装料。加完底焦后，加入两倍批料量的石灰石，然后加入一批金属料，以后依次加入批料中的焦炭、熔剂、废钢、新生铁、铁合金、回炉铁。加入层焦的作用是补充底焦的消耗，批料中熔剂的加入量为层焦质量的20%～30%。批料应一直加到加料口下缘为止。

(4) 开风熔炼。装料完毕后，自然通风30min左右，即可开风熔炼。在熔炼过程中，应严格控制风量、风压、底焦高度，注意铁水温度、化学成分，保证熔炼正常进行。

熔炼过程中，金属料被熔化，铁水滴穿过底焦缝隙下落到炉缸，再经过通道流入前炉，而生成的渣液则漂浮在铁水表面。此时可打开前炉出铁口排出铁水用于铸件浇注，同时每隔30～50min打开渣口出渣。

在熔炼过程中，正常投入批料，使料柱保持规定高度，最低不得比规定料位低二批料。

(5) 停风打炉。停风前在正常加料后加两批打炉料（大块料）。停料后，适当降低风量、风压，以保证最后几批料的熔化质量。前炉有足够的铁液量时即可停风，待炉内铁液排完后进行打炉，即打开炉底门，用铁棒将底焦和未熔炉料捅下，并喷水熄灭。

5) 冲天炉熔炼基本原理

冲天炉熔炼一般过程是：冲天炉开风后，由风口进入的空气和底焦发生反应燃烧，生成的高温炉气穿过炉料向上流动,给炉料加热。底焦顶面上的金属料熔化后,铁水下滴,在穿过底焦到炉缸的过程中,被高温炉气和炽热的焦炭进一步过热。随着底焦燃烧的消耗和金属料的熔化,料层逐渐下降,由层焦补偿底焦,批料逐次熔化,使熔炼过程连续进行。在这个过程中,发生一系列冶金反应使铁液成分发生变化,石灰石高温分解后与焦炭中的灰分和炉衬侵蚀物作用形成炉渣。所以说**冲天炉熔炼有底焦燃烧、热量交换和冶金反应三个基本过程**。

(1) 底焦燃烧。

冲天炉内的燃烧过程是在底焦中进行的,图1.38为冲天炉工作原理简图。空气在穿越焦炭过程中,其中的氧气(O_2)与碳(C)发生燃烧反应,生成CO_2及CO。反应式为

$$C + O_2 \rightleftharpoons CO_2 + 408841 \text{J/mol} \tag{1-1}$$

$$2C + O_2 \rightleftharpoons 2CO + 123218 \text{J/mol} \tag{1-2}$$

$$2CO + O_2 \rightleftharpoons 2CO_2 + 285623 \text{J/mol} \tag{1-3}$$

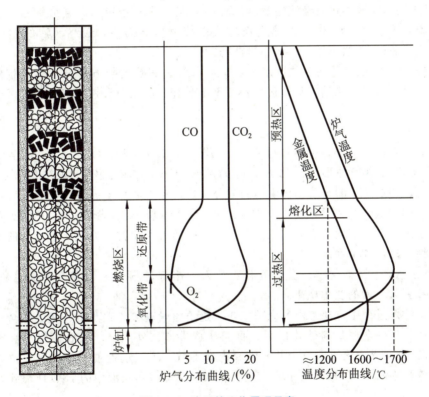

图 1.38 冲天炉工作原理示意

此反应为放热反应,随着反应进行,炉气中O_2逐渐减少,CO_2浓度增加,炉温也上升。从排风口到自由氧耗尽、CO_2浓度达到最大值的区域,称为氧化带。

在氧化带以上区域,因高温、缺氧,下面吸热的还原反应得以进行

$$CO_2 + C \rightleftharpoons 2CO - 162406 \text{J/mol} \tag{1-4}$$

从而使炉气中CO_2浓度逐渐减小,CO浓度逐渐增加,炉温也逐渐下降。从氧化带顶面至炉气中CO_2和CO的含量基本不变的区域,称为还原带。冲天炉内的炉气成分、炉气温度的分布规律如图1.38所示。

还原反应是吸热反应,起降低炉温作用,应从提高焦炭质量、改善送风来抑制这一反应进行。但炉气内有一定含量的 CO,可减少 Si、Mn 等合金元素的烧损,保证铁液冶金质量。

(2) 热量交换。

冲天炉的热量交换是在高温炉气的上升和炉料的向下运动的过程中进行的。根据冲天炉内焦炭存在的状态不同,冲天炉内可分为预热区、熔化区、过热区和炉缸区。

① 预热区。自冲天炉加料口下缘附近的炉料面开始,至金属料开始熔化位置,这一段炉身高度称为预热区。上升的炉气主要以对流传热的方式给炉料加热,使金属料在下降的过程中逐渐升温至 1200℃ 左右的熔化温度。

② 熔化区。从金属料开始熔化到熔化完毕这一段炉身高度称为熔化区。炉气给热仍以对流传热为主,铁料在熔点温度获得熔化潜热而熔化成液体,同时还吸收了熔化所必需的一定过热热量。

③ 过热区。铁液熔化后液滴在下落过程中,与炽热的焦炭和高温炉气相接触,温度进一步提高,称为过热。这时的热交换方式以接触传导为主,最终铁液的温度可达到 1600℃ 左右,铁液经过的这一炉身区域称为过热区。

④ 炉缸区。炉缸区是指过热区以下至炉底部分。其热交换方式与过热区相似。但一般情况下,因为无空气供给,炉缸区焦炭几乎不燃烧,所以高温铁液流过炉缸区时温度是下降的。

(3) 冶金反应。

在冲天炉熔炼过程中,金属料与炉气、焦炭、炉渣相接触,发生一系列冶金反应。

① 冲天炉内炉渣的形成。加入炉内的熔剂($CaCO_3$)在高温下可分解而得到石灰(CaO),CaO 与炉料中的杂质、焦炭中的灰分、炉衬侵蚀物、金属氧化物等反应而形成复杂化合物,即炉渣。其主要成分是 SiO_2、CaO 和 Al_2O_3,熔点较低,在 1300℃ 左右,液态下有较小的黏度,因而使之易与铁液分离。根据所含氧化物成分及化学性质的不同,炉渣分为酸性、碱性和中性。

② 熔炼过程中铁液化学成分的变化。冲天炉熔炼过程中主要应该注意的是碳、硅、锰、磷、硫五大元素的变化规律。

冲天炉熔炼过程中,**铁液中的含碳量变化是炉内增碳和脱碳两个过程的综合结果**。增碳过程主要发生在金属炉料熔化以后,直至铁液排出炉外为止。铁液在与焦炭接触过程中,在铁液-焦炭界面吸收碳分,并向液滴内部扩散。脱碳过程主要是金属炉料熔化及熔化以后,铁液中的碳(C)被炉气中的氧化气氛(O_2、CO_2)和铁液中的 FeO 所氧化,其反应式为

$$C+O_2 \rightleftharpoons CO_2+Q \quad (1-5)$$

$$C+CO_2 \rightleftharpoons 2CO-Q \quad (1-6)$$

$$C+FeO \rightleftharpoons Fe+CO-Q \quad (1-7)$$

式中:Q 为热量。

影响铁液含碳量变化的主要因素有炉料化学成分、焦炭、供风条件、炉渣和炉子结构。**在酸性冲天炉熔炼过程中,铁液内碳总体变化趋势是增加的。**

由于炉气氧化气氛的作用,金属料中的**硅和锰因氧化有所烧损**。在正常熔炼条件下,酸性冲天炉硅的烧损率为 10%~15%,锰烧损率为 15%~20%;碱性冲天炉硅的烧损率

为20%~25%，锰的烧损率为10%~15%。

铁液中的硫、磷属有害成分。硫的来源有两种，一种是炉料中固有的硫成分，另一种是焦炭中含有的硫被铁液吸收。**酸性炉不具备脱硫的能力，铁液中的硫增加；碱性炉则在熔炼过程中能有效脱硫。冲天炉熔炼中，磷的质量分数基本不变，铁液的含磷量只能通过配料来控制。**

6）感应电炉熔炼

感应电炉是利用电磁感应原理，炉体设置感应线圈，当其有交流电通过时，金属炉料因电磁感应产生电流，从而产生热量使炉料熔化。感应电炉按炉体结构可分为无芯感应电炉与有芯感应电炉，前者可用于铸铁熔炼，后者多用作保温炉及浇注炉；按电流频率有工频感应电炉、中频感应电炉、高频感应电炉及变频感应电炉之分类。大容量的电炉采用工频或中频感应电炉。

感应电炉熔炼主要是炉料熔化过程，没有冲天炉铁液与焦炭、炉气之间的冶金反应，为解决石墨形核能力差的问题，推荐采用废钢+增碳工艺。增碳剂可使用优质电极碎屑或焙烧处理的石墨化油焦。

感应电炉的优点在于：①铁液质量好，表现在铁液成分准确易控、温度均匀、元素烧损少、低硫；②烟尘少、噪声低，环保；③易于实现自动化生产，劳动强度低。

3. 浇注工艺

将熔炼好的金属液浇入铸型的过程称为浇注。浇注操作不当，铸件会产生浇不足、冷隔、夹砂、缩孔和跑火等缺陷。

1）浇注前的准备工作

（1）准备浇包。浇包是用于盛装铁水进行浇注的工具。应根据铸形大小、生产批量准备合适和足够数量的浇包。常见的浇包有一人使用的端包，两人操作的抬包和用吊车装运的吊包，容量分别为20kg、50~100kg、大于200kg。

（2）清理通道。浇注时行走的通道不能有杂物挡道，更不许有积水。

2）浇注工艺

（1）浇注温度。金属液浇注温度的高低，应根据铸件材质、大小及形状来确定。**浇注温度过低时**，铁液的流动性差，**易产生浇不足、冷隔、气孔等缺陷**；而浇注温度偏高时，铸件收缩大，**易产生缩孔、裂纹、晶粒粗大及粘砂等缺陷**。铸铁件的浇注温度一般在1250~1360℃。对形状复杂的薄壁铸件浇注温度应高些，厚壁简单铸件可低些。

（2）浇注速度。浇注速度要适中，**太慢会使金属液降温过多**，**易产生浇不足、冷隔、夹渣等缺陷**；浇注速度**太快**，金属液充型过程中气体来不及逸出**易产生气孔**，同时金属液的动压力增大，**易冲坏砂型或产生抬箱、跑火等缺陷**。浇注速度应根据铸件的大小、形状来决定。浇注开始时，浇注速度应慢些，利于**减小**金属液对型腔的冲击和气体从型腔排出；随后浇注速度加快，以提高生产速度，并避免产生缺陷；结束阶段再降低浇注速度，防止发生抬箱现象。

浇注过程中应注意：浇注前进行扒渣操作，即清除金属液表面的熔渣，以免熔渣进入型腔；浇注时在砂型出气口、冒口处引火燃烧，促使气体快速排出，防止铸件气孔产生和减少有害气体污染空气；浇注过程中不能断流，应始终使外浇口保持充满，以便熔渣上浮；另外，浇注是高温作业，操作人员应注意安全。

1.2.4 铸造缺陷分析

铸件在浇注后，要经过落砂、清理，然后进行质量检验。符合质量要求的铸件才能进入下一道零件加工工序，次品根据缺陷修复在技术上和经济上的可行性酌情修补，废品则重新回炉。由于铸造生产程序繁多，所用原、辅材料种类多，铸件缺陷的种类很多，形成原因十分复杂，总体来讲在于生产程序失控，操作不当和原、辅材料差错三方面。表1-8列出了砂型铸造常见的铸件缺陷及产生原因。

表1-8 铸件常见缺陷及产生的原因

序号	缺陷名称和特征	产生的原因
1 【参考视频】	气孔：在铸件内部、表面或近于表面处，内壁光滑，形状有圆形、梨形、腰圆形或针头状，大气孔常孤立存在，小气孔成片聚集。断面直径在1mm至数毫米，长气孔长在3～10mm	1. 炉料潮湿、锈蚀、油污，金属液含有大量气体或产气物质 2. 砂型、型芯透气性差，含水分和发气物质太多；型芯未烘干，排气不畅 3. 浇注系统不合理，浇注速度过快 4. 浇注温度低，金属液除渣不良，黏度过高 5. 型砂、芯砂和涂料成分不当，与金属液发生反应
2	1. 缩孔：在铸件厚断面内部，两交界面的内及厚断面和厚断面交接处的内部或表面，形状不规则，孔内壁粗糙不平，晶粒粗大 2. 缩松：在铸件内部微小而不连贯的缩孔，聚集在一处或多处，金属晶粒间存在很小的孔眼，水压试验渗水	1. 浇注温度不当，过高易产生缩孔，过低易产生缩松 2. 合金凝固时间过长或凝固间隔过宽 3. 合金中杂质和溶解的气体过多，金属成分中缺少晶粒细化元素 4. 铸件结构设计不合理，壁厚变化大 5. 浇注系统、冒口、冷铁等设置不当，使铸件在冷缩时得不到有效补缩
3 【参考视频】	粘砂：在铸件表面上、全部或部分覆盖着金属（或金属氧化物）与砂（或涂料）的混合物或化合物，或一层烧结的型砂，致使铸件表面粗糙	1. 型砂和芯砂太粗，涂料质量差或涂层厚度不均匀 2. 砂型和型芯的紧实度低或不均匀 3. 浇注温度和外浇口高度太高，浇注过程中金属液压力大 4. 型砂和芯砂含SiO_2少，耐火度差 5. 金属液中的氧化物和低熔点化合物与型砂发生反应

（续）

序号	缺陷名称和特征	产生的原因
4	渣眼：在铸件内部或表面有形状不规则的孔眼；孔眼不光滑，里面全部或部分充塞着渣	1. 浇注时，金属液挡渣不良，熔渣随金属液一起注入型腔 2. 浇注温度过低，熔渣不易上浮 3. 金属液含有大量硫化物、氧化物和气体，浇注后在铸件内形成渣气孔
5	砂眼：在铸件内部或表面有充塞着型砂的孔眼	1. 型腔表面上的浮砂在合型前未吹扫干净 2. 在造型、下芯、合型过程中操作不当，使砂型和型芯受到损坏 3. 浇注系统设计不合理或浇注操作不当，金属液冲坏砂型和型芯 4. 砂型和型芯强度不够，涂料不良，浇注时型砂被金属液冲垮或卷入，涂层脱落
6	夹砂结疤：在铸件表面上，有金属夹杂物或片状、瘤状物，表面粗糙，边缘锐利。在金属瘤片和铸件之间夹有型砂	1. 在金属液热作用下，型腔上表面和下表面膨胀鼓起开裂 2. 型砂湿强度低，水分过多，透气性差 3. 浇注温度过高，浇注时间过长 4. 浇注系统不合理，使局部砂型烘烤严重 5. 型砂膨胀率大，退让性差
7	冷裂：在铸件凝固后冷却过程中因铸造应力大于金属强度而产生的穿透或不穿透性裂纹。裂纹呈直线或折线状，开裂处有金属光泽	1. 铸件结构设计不合理，壁厚相差太大 2. 浇冒口设置不当，铸件各部分冷却速度差别过大 3. 熔炼时金属液有害杂质成分超标，铸造合金抗拉强度低 4. 浇注温度太高，铸件开箱过早，冷却速度过快 【参考视频】
8	热裂：在铸件凝固末期或凝固后不久，因铸件固态收缩受阻而引起的穿透或不穿透性裂纹。裂纹呈曲线状，开裂处金属表皮氧化	1. 铸件壁厚相差悬殊，连接处过渡圆角太小，阻碍铸件正常收缩 2. 浇道、冒口设置位置和大小不合理，限制铸件正常收缩 3. 型砂和芯砂黏土含量太多，型、芯强度太高，退让性差 4. 铸造合金中硫、磷等杂质成分含量超标 5. 铸件开箱、落砂过早，冷却过快

（续）

序号	缺陷名称和特征	产生的原因
9	冷隔：是铸件上穿透或不穿透的缝隙，其交接边缘是圆滑的，是充型时金属液流汇合时熔合不良造成的	1. 浇注温度太低，铸造合金流动性差 2. 浇注速度过低或浇注中断 3. 铸件壁厚太小，薄壁部位处于铸型顶部或距内浇道太远 4. 浇道截面积太小，直浇道高度不够，内浇道数量少或开设位置不当 5. 铸型透气性差
10	浇不足：由于金属液未完全充满型腔而产生的铸件残缺、轮廓不完整或边角圆钝。常出现在型腔表面或远离浇道的部位	1. 浇注温度太低，浇注速度过慢或浇注过程中断流 2. 浇注系统设计不合理，直浇道高度不够，内浇道数量少或截面积小 3. 铸件壁厚太小 4. 金属液氧化严重，非金属氧化物含量大，黏度大、流动性差 5. 型砂和芯砂发气量大，型、芯排气口少或排气通道堵塞
11	错型：铸件的一部分与另一部分在分型面上错开，发生相对位移	1. 砂箱合型时错位，定位销未起作用或定位标记未对准 2. 分模的上、下半模样装备错位或配合松动 3. 合型后砂型受碰撞，造成上、下型错位
12	偏芯：在金属液充型力的作用下，型芯位置发生了变化，使铸件内孔位置偏错，铸件形状和尺寸与图样不符	1. 砂芯下偏 2. 起模不慎，使芯座尺寸发生变化 3. 芯头截面积太小，支撑面不够大，芯座处型砂紧实度低。芯砂强度低 4. 浇注系统设计不当，充型时金属静压力过大或金属液流速大直冲砂芯 5. 浇注温度、浇注速度过高，使金属液对砂芯热作用或冲击作用过于强烈

1.2.5 现代铸造技术及其发展方向

社会的高速发展对铸造的精密性、质量与可靠性、经济、环保等提出了更高的要求，而知识经济和高新技术也给铸造行业带来了深刻的影响，渗透到材料使用、工艺方法、生产过程、设备及工装等各个方面。

1. 造型制芯与特种铸造

具有成本低、污染小、效率高、质量好等特点的射压造型、气流压实造型和空气冲击造型在砂型造型中的应用比例提高，并且具有高度机械化、自动化、高密度等优点。

【参考图文】

特种铸造如熔模铸造、压力铸造、低压铸造和实型铸造等作为一种实现少余量、无余量加工的精密成形技术，将向精密化、薄壁化、轻量化、节能化方向发展。

2. 发展提高铸件质量的技术

在铸铁方面使用冲天炉-电炉双联熔炼工艺及设备，采用铁液脱硫、过滤技术来提高铁液质量；研究薄壁高强度的铸铁件制造技术；研究铸铁复合材料制造技术；采用金属型铸造及金属型覆砂铸造工艺等。

铸钢件采用精炼工艺和技术，开发新型铸钢材料，提高强韧性并使之具有特殊性能。

铝、镁合金具有密度小、比强度高、耐腐蚀的优点，在航空、航天、汽车、机械行业中应用日趋广泛。开发优质铝合金材料、加强镁合金熔炼工艺的研究和对轻合金压铸与挤压铸造工艺及相关技术的开发研究都有很好的发展前景。

3. 计算机技术在铸造工程中的应用

铸造过程计算机辅助工程分析（CAE）和铸造工艺计算机辅助设计（CAD）是计算机技术在铸造工程中的典型应用，前者通过对温度场、流动充型过程、应力场及凝固过程计算机数字模拟来预测铸件组织和缺陷，提出工艺改进措施，最终达到优化工艺的目的；后者把传统工艺设计问题转化为计算机辅助设计，其特点是计算准确、迅速，能够存储并利用大量专家的经验，可大大提高铸造工艺的科学性、可靠性。

此外，快速成型制造技术集成了CAD/CAM技术、现代数控技术、激光技术和新型材料技术，可以快速制出形状复杂的模样或用激光束直接将覆砂制成铸型以便完成铸造生产；参数检测与生产过程的计算机控制可以实现铸造过程最佳参数调节，并使铸造生产实现自动化。

4. 发展节能和环保的技术

从可持续发展战略出发，节能降耗、应用清洁铸造技术是铸造行业发展的方向。

（1）铸造生产向专业化方向发展，机械化、自动化程度提高，冲天炉大型化，节省能源消耗、减少环境污染。

（2）节约材料资源，研究开发多种铸造废弃物的再生和综合利用技术，如铸造旧砂回用新技术、熔炼炉渣的处理和综合利用技术。

（3）从材料、工艺和设备多方面入手，解决环境污染问题，如研究无毒、无味铸造辅料，开发无毒熔炼及变质技术，以及使用除尘技术等。

1.3 锻　　压

1.3.1　锻压概述

锻压是锻造与冲压的总称,隶属于压力加工范畴。

1. 锻造

锻造是在加工设备及工(模)具的作用下,通过金属体积的转移和分配,使坯料产生局部或全部的塑性变形,以获得具有一定形状、尺寸和质量的锻件的加工方法。按所用的设备和工(模)具的不同,锻造可分为自由锻造、胎模锻造和模型锻造等。根据锻造温度不同,锻造可分为热锻、温锻和冷锻三种。热锻应用最为广泛。经过锻造成形后的锻件,其内部组织得到改善,如气孔、疏松、微裂纹被压合,夹杂物被压碎,组织更为致密,从而使力学性能得到提高,因此通常作为承受重载或冲击载荷的零件,如齿轮、机床主轴、曲轴、发动机蜗轮盘、叶片、飞机起落架、起重机吊钩等都是以锻件为毛坯加工的。

用于锻造的金属必须具有良好的塑性,以便在锻造时获得所需的形状而不破裂。常用的锻压材料有各种钢、铜、铝、钛及其合金等。金属的塑性越好,变形抗力越小,其锻造性越好。因此,塑性较好的材料才能用于生产锻件,如钢和非铁金属等。低碳钢、中碳钢具有良好的塑性,是生产锻件常用的材料。受力大或要求有特殊物理、化学性能的重要零件需要用合金钢制造,而合金钢的塑性随合金元素的增多而降低,锻造高合金钢时易出现锻造缺陷。锻造用钢有钢锭和钢坯两种类型。大中型锻件一般使用钢锭,小型锻件则使用钢坯。钢坯是钢锭经轧制或锻造而成的。锻造钢坯多为圆钢和方钢。

2. 冲压

板料冲压是利用装在冲床上的冲模使金属或非金属板料产生分离或变形,从而获得冲压件的加工方法。板料冷冲压件的厚度小于6mm,冲压前不需加热,在常温下进行,故又称薄板冲压或冷冲压,简称冷冲或冷压。对于金属板料,冲压包括冲裁、拉深、弯曲、成形和胀形等,属于金属板料成形。只有板料厚度超过8~10mm时,为了减少变形抗力,才用热冲压。

板料冲压通常是用来加工具有足够塑性的金属材料(如低碳钢、铜及其合金、铝及其合金、银及其合金、镁合金及塑性高的合金钢)或非金属材料(如云母板、石棉板、胶木板、皮革等)。冲压件尺寸精确,表面光洁,一般不再进行切削加工,只需钳工稍加修整或电镀后,即可作为零件使用;而且冲压件具有质量轻、刚度好、强度高、互换性好、成本低等优点,生产过程易于实现机械自动化,生产率高。板料成形具有独到的特点,几乎在各种制造金属成品的工业部门中,都获得广泛应用,特别是在汽车、拖拉机、航空、电器、仪器、仪表、国防及日用品等工业中,板料冲压占有极其重要的地位。

1.3.2　金属的加热与锻件的冷却

用于锻造的原材料必须具有良好的塑性。除了少数具有良好塑性的金属在常温下锻造成形外,大多数金属均需通过加热来提高塑性和降低变形抗力,达到用较小的锻造力来获得较大的塑性变形,这称为热锻。热锻的工艺过程包括下料、坯料加热、锻造成形、锻件冷却和热处理等过程。

1. 锻造加热设备

在锻造生产中,根据热源的不同,分为火焰加热和电加热。火焰加热利用烟煤、重油或煤气燃烧时产生的高温火焰直接加热金属,电加热是利用电能转化为热能加热金属。

1) 火焰加热

火焰加热的加热设备是火焰炉。火焰炉包括手锻炉、反射炉、油炉和煤气炉。

(1) 手锻炉

在锻工实习中常用的是手锻炉。手锻炉常用烟煤作燃料,其结构简单,容易操作,但生产率低,加热质量不高。

(2) 反射炉。

图 1.39 所示为燃煤反射炉结构示意图。燃烧室 1 产生的高温炉气越过火墙 2 进入加热室 3 加热坯料 4,废气经烟道 7 排出。鼓风机 6 将换热器 8 中经预热的空气送入燃烧室 1。坯料 4 从炉门 5 装取。这种炉的加热室面积大,加热温度均匀一致,加热质量较好,生产率高,适用于中小批量生产。

(3) 油炉和煤气炉。

室式重油炉的结构如图 1.40 所示。重油和压缩空气分别由两个管道送入喷嘴 4,压缩空气从喷嘴 4 喷出时,所造成的负压将重油带出并喷成雾状,在炉膛 1 内燃烧。煤气炉的构造与重油炉基本相同,主要的区别是喷嘴的结构不同。

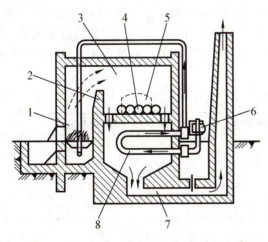

图 1.39 燃煤反射炉结构

1—燃烧室;2—火墙;3—加热室;4—坯料;
5—炉门;6—鼓风机;7—烟道;8—换热器

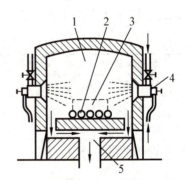

图 1.40 室式重油炉结构

1—炉膛;2—坯料;
3—炉门;4—喷嘴;5—烟道

2) 电加热

电加热包括电阻加热(如电阻炉)、接触加热和感应加热装置:①接触加热是利用大电流通过金属坯料产生的电阻热加热;具有加热速度快、金属烧损少、热效率高、耗电少等特点,但坯料端部必须规则平整,适合于模锻坯料的大批量加热。②感应加热通过交流感应线圈产生交变磁场,使置于线圈中的坯料产生涡流损失和磁滞损失热而升温加热;具有加热速度快、加热质量好、温度控制准确、易实现自动化等特点,但投资费用高。③感应器能加热的坯料尺寸小,适合于模锻或热挤压高合金钢、有色金属的大批量零件的加热。

电阻炉是常用的电加热设备,是利用电流通过加热元件时产生的电阻热加热坯料的。电阻炉分为中温电炉(加热元件为电阻丝,最高使用温度为1000℃)和高温电炉(加热元件为硅碳棒,最高使用温度为1350℃)两种。图1.41为箱式电阻加热炉,其特点是结构简单,操作方便,炉温及炉内气氛容易控制,坯料表面氧化小,加热质量好,坯料加热温度适应范围较大,但热效率较低,适合于自由锻或模锻合金钢、有色金属坯料的单件或成批件的加热。

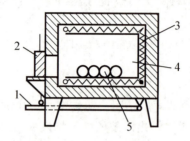

图1.41 箱式电阻加热炉

1—踏杆;2—炉门;3—电热元件;4—炉膛;5—坯料

2. 锻造温度范围的确定

锻造温度范围是指金属开始锻造的温度(称始锻温度)和终止锻造的温度(称终锻温度)之间的温度间隔。 在保证不出现加热缺陷的前提下,始锻温度应取高一些,以便有较充裕的时间锻造成形,减少加热次数,降低材料、能源消耗,提高生产率。在保证坯料还有足够塑性的前提下,终锻温度应尽量低一些,这样能使坯料在一次加热后完成较大变形,减少加热次数,提高锻件质量。金属材料的锻造温度范围一般可查阅锻造手册、国家标准或企业标准。常用钢材的锻造温度范围见表1-9。

表1-9 常用钢材的锻造温度范围

材料种类	始锻温度/℃	终锻温度/℃
低碳钢	1200~1250	800
中碳钢	1150~1200	800
碳素工具钢	1050~1150	750~800
合金结构钢	1150~1200	800~850

金属加热的温度可用仪表来测量,还可以通过观察加热毛坯的火色来判断,即用火色鉴定法。碳素钢加热温度与火色的关系见表1-10。

表1-10 钢加热到各种温度范围的颜色

热颜色	始锻温度/℃	热颜色	始锻温度/℃
暗红色	650~750	深黄色	1050~1150
樱红色	750~800	亮黄色	1150~1250
橘红色	800~900	亮白色	1250~1300
橙红色	900~1050	—	—

3. 坯料加热缺陷

在加热过程中，由于加热时间、炉内温度扩散气氛、加热方式等选择不当，坯料可能产生各种加热缺陷，影响锻件质量。**金属在加热过程中可能产生的缺陷有氧化、脱碳、过热、过烧和裂纹。**

1) 氧化

钢料表面的铁和炉气中的氧化性气体发生化学反应，生成氧化皮，这种现象称为氧化。氧化造成金属烧损，每加热一次（火次），坯料因氧化的烧损量占总质量的 2%～3%。严重的氧化会造成锻件表面质量下降，模锻时还会加剧锻模的磨损。减少氧化的措施是在保证加热质量的前提下，应尽量采用快速加热，并避免坯料在高温下停留时间过长。此外还应控制炉气中的氧化性气体，如严格控制送风量或采用中性、还原性气体加热。

2) 脱碳

加热时，金属坯料表层的碳在高温下与氧或氢产生化学反应而烧损，造成金属表层碳分的降低，这种现象称为脱碳。脱碳后，金属表层的硬度与强度会明显降低，影响锻件质量。减少脱碳的方法与减少氧化的措施相同。

3) 过热

当坯料加热温度过高或高温下保持时间过长时，其晶粒粗化，这种现象称为过热。过热组织的力学性能变差，脆性增加，锻造时易产生裂纹，所以应当避免产生。如锻后发现过热组织，可用热处理（调质或正火）方法使晶粒细化。

4) 过烧

当坯料的加热温度过高到接近熔化温度时，其内部组织间的结合力将完全失去，这时锻打坯料会碎裂成废品，这种现象称为过烧。过烧的坯料无法挽救，避免发生过烧的措施是严格控制加热温度和保温时间。

5) 裂纹

对于导热性较差的金属材料如采用过快的加热速度，将引起坯料内外的温差过大，同一时间的膨胀量不一致而产生内应力，严重时会导致坯料开裂。为防止产生裂纹，应严格制定和遵守正确的加热规范（包括入炉温度、加热速度和保温时间等）。

4. 锻件冷却

锻件锻后的冷却方式对锻件的质量有一定影响。冷却太快，会使锻件发生翘曲，表面硬度提高，内应力增大，甚至会发生裂纹，使锻件报废。采用正确的锻件冷却方法是保证锻件质量的重要环节。冷却的方法有三种：

(1) 空冷。在无风的空气中，放在干燥的地面上冷却。

(2) 坑冷。在充填有石棉灰、沙子或炉灰等绝热材料的坑中冷却。

(3) 炉冷。在 500～700℃ 的加热炉中，随炉缓慢冷却。

一般地说，**锻件中的碳元素及合金元素含量越高，锻件体积越大，形状越复杂，冷却速度越要缓慢。否则，会造成硬化、变形甚至裂纹。**

5. 锻后热处理

锻件在切削加工前，一般都要进行热处理。热处理的作用是使锻件的内部组织进一步细化和均匀化，消除锻造残余应力，降低锻件硬度，便于进行切削加工等。常用的锻后热处理方法有正火、退火和球化退火等。具体的热处理方法和工艺要根据锻件的材料种类和化学成分确定。

1.3.3 自由锻造

将加热后的坯料置于铁砧上或锻压机器的上、下砧铁之间直接进行锻造，称为自由锻造（简称自由锻）。前者称为手工自由锻（简称手锻），后者称为机器自由锻（简称机锻）。

自由锻生产率低，劳动强度大，锻件的精度低，对操作工人的技术水平要求高。但其所用的工具简单，设备通用性强，工艺灵活，所以主要用于单件、小批量零件的生产。对于制造重型锻件，自由锻则是唯一的加工方法。

1. 自由锻的主要设备

1) 自由锻常用设备

自由锻常用的设备有空气锤、蒸汽-空气锤及水压机等。

空气锤是生产小型锻件及胎模锻造的常用设备，其外形、主要结构及工作原理如图 1.42 所示。

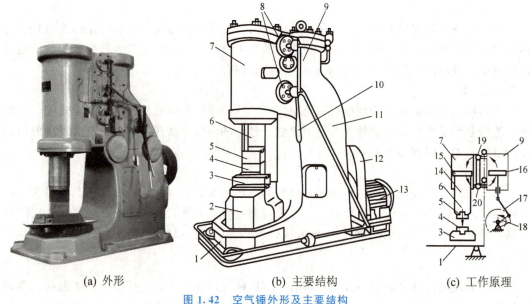

(a) 外形　　　　(b) 主要结构　　　　(c) 工作原理

图 1.42　空气锤外形及主要结构

1—踏杆；2—砧座；3—砧垫；4—下砧铁；5—上砧铁；6—锤头；7—工作缸；
8—旋阀；9—压缩缸；10—手柄；11—锤身；12—减速机构；13—电动机；14—锤杆；
15—工作活塞；16—压缩活塞；17—连杆；18—曲柄；19—上旋阀；20—下旋阀

(1) 基本结构。

空气锤由锤身、压缩缸、操纵机构、传动机构、落下部分及砧座等几个部分组成。锤身、压缩缸及工作缸铸成一体。砧座部分包括下砧铁、砧垫和砧座。传动机构包括带轮、齿轮减速装置、曲柄和连杆。操纵机构包括手柄（或踏杆）、连接杠杆、上旋阀、下旋阀。在下旋阀中还装有一个只允许空气作单向流动的单向阀（止回阀）。落下部分包括工作活塞、锤杆、锤头和上砧铁。空气锤的规格是以锤的落下部分的质量来表示。"65kg"的空气锤，就是指锤的落下部分的质量为 65kg。

(2) 工作原理。

电动机 13 通过传动机构带动压缩缸 9 内的压缩活塞 16 做往复运动,使压缩活塞 16 的上部或下部交替产生的压缩空气进入工作缸 7 的上腔或下腔,工作活塞 15 便在空气压力的作用下往复运动,并带动锤头 6 进行锻打工作。

通过踏杆 1 或手柄,操作上旋阀 19 及下旋阀 20,可使空气锤完成以下动作:

① 上悬。压缩缸 9 及工作缸 7 的上部都经上旋阀与大气相通,压缩缸 9 和工作缸 7 的下部与大气隔绝。当压缩活塞 16 下行时,压缩空气经下旋阀 20,冲开单向阀,进入工作缸 7 下部,使锤杆 14 上升;当压缩活塞 16 上行时,压缩空气经上旋阀 19 排入大气。由于下旋阀 20 内有一个单向阀,可防止工作缸 7 内的压缩空气倒流,使锤头 6 保持在上悬位置。此时,可在锻锤上进行各种辅助工作,如摆放工件及工具、检查锻件的尺寸、清除氧化皮等。

② 下压。压缩缸 9 上部和工作缸 7 下部与大气相通,压缩缸下部和工作缸上部与大气隔绝。当压缩活塞 16 下行时,压缩空气通过下旋阀 20,冲开单向阀,经中间通道向上,由上旋阀 19 进入工作缸 7 上部,作用在工作活塞 15 上,连同落下部分自重,将工件压住。当压缩活塞 16 上行时,上部气体进入大气,由于单向阀的单向作用,使工作活塞 15 仍保持有足够的压力。此时,可对工件进行弯曲、扭转等操作。

③ 连续锻打。压缩缸 9 与工作缸 7 经上、下阀连通,并全部与大气隔绝。当压缩活塞 16 往复运动时,压缩空气交替地进入工作缸的上、下部,使锤头 6 相应地做往复运动(此时单向阀不起作用),进入连续锻打。

④ 单次锻打。将踏杆 1 踩下后立即抬起,或将手柄由上悬位置推到连续锻打位置,再迅速退回到上悬位置,使锤头 6 完成单次锻打。

⑤ 空转。压缩缸 9 和工作缸 7 的上、下部分都经旋阀与大气相通,锤的落下部分靠自重停在下砧铁上。这时尽管压缩活塞 16 上下运动,但锻锤不工作。

2) 自由锻工具

自由锻工具按其功用可分为支持工具、打击工具、衬垫工具和测量工具等。

2. 自由锻的工序及其操作

自由锻的工序分为基本工序、辅助工序和精整工序三类。 基本工序是实现锻件基本成形的工序,如镦粗、拔长、冲孔、弯曲、切割等;辅助工序是为基本工序操作方便而进行的预先变形工序,如压钳口、压肩、钢锭倒棱等;修整工序是用以减少锻件表面缺陷而进行的工序,如校正、滚圆、平整等。实际生产中最常用的是镦粗、拔长、冲孔三个基本工序。

1) 镦粗

如图 1.43 所示,镦粗是使坯料高度减小而截面增大的锻造工序,有完全镦粗和局部镦粗两种。完全镦粗是将坯料直立在下砧上进行锻打,使其沿整个高度产生高度减小。局部镦粗分为端部镦粗和中间镦粗,需要借助于工具如胎模或漏盘(或称垫环)来进行。镦粗操作的工艺要点如下:

(1) 坯料的高径比,即 **坯料的高度 H_0**

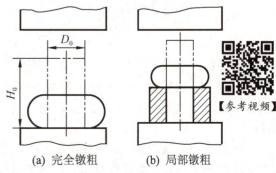

图 1.43 完全镦粗和局部镦粗

和直径 D_0 之比，应不大于 2.5～3。高径比过大的坯料容易镦弯或造成双鼓形，甚至发生折叠现象而使锻件报废。

（2）为防止镦歪，坯料的端面应平整并与坯料的中心线垂直，端面不平整或不与中心线垂直的坯料，镦粗时要用钳子夹住，使坯料中心与锤杆中心线一致。

（3）镦粗过程中如发现镦歪、镦弯或出现双鼓形应及时矫正。

（4）局部镦粗时要采用相应尺寸的漏盘或胎模等工具。

2）拔长

拔长是使坯料横截面减少而长度增加的锻造工序。操作中还可以进行局部拔长、芯轴拔长等。拔长操作的工艺要点如下：

（1）送进。锻打过程中，坯料沿砧铁宽度方向（横向）送进，每次送进量不宜过大，以砧铁宽度的 0.3～0.7 倍为宜，如图 1.44(a)所示。送进量过大，金属主要沿坯料宽度方向流动，反而降低延伸效率，如图 1.44(b)所示；送进量太小，又容易产生夹层，如图 1.44(c)所示。

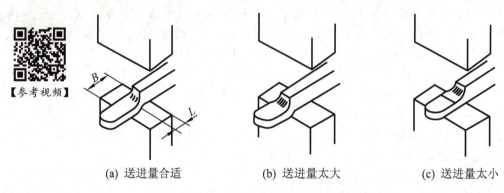

(a) 送进量合适　　　　(b) 送进量太大　　　　(c) 送进量太小

图 1.44　拔长时的送进方向和送进量

（2）翻转。拔长过程中应不断翻转坯料，除了图 1.45 所示按数字顺序进行的两种翻转方法外，还有螺旋式翻转拔长方法。为便于翻转后继续拔长，压下量要适当，应使坯料横截面的宽度与厚度之比不超过 2.5，否则易产生折叠。

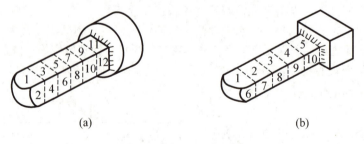

(a)　　　　(b)

图 1.45　拔长时锻件的翻转方法

（3）锻打。将圆截面的坯料拔长成直径较小的圆截面时，必须先把坯料锻成方形截面，在拔长到边长接近锻件的直径时，再锻成八角形，最后打成圆形，如图 1.46 所示。

（4）锻制台阶或凹档。要先在截面分界处压出凹槽，称为压肩。

（5）修整。拔长后要进行修整，以使截面形状规则。修整时坯料沿砧铁长度方向（纵向）送进，以增加锻件与砧铁间的接触长度和减少表面的锤痕。

3) 冲孔

在坯料上冲出通孔或不通孔的工序称为冲孔。冲孔分双面冲孔和单面冲孔，如图1.47和图1.48所示。单面冲孔适用于坯料较薄场合。冲孔操作工艺要点如下：

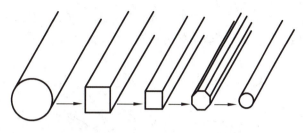

图1.46 圆截面坯料拔长时横截面的变化

(1) 冲孔前，坯料应先镦粗，以尽量减小冲孔深度。

(2) 为保证孔位正确，应先试冲，即用冲子轻轻压出凹痕，如有偏差，可加以修正。

(3) 冲孔过程中应保证冲子的轴线与锤杆中心线（即锤击方向）平行，以防将孔冲歪。

(4) 一般锻件的通孔采用双面冲孔法冲出，即先从一面将孔冲至坯料厚度2/3～3/4的深度再取出冲子[图1.47(a)]，翻转坯料，从反面将孔冲透[图1.47(b)]。

(5) 为防止冲孔过程中坯料开裂，一般冲孔孔径要小于坯料直径的1/3。大于坯料直径的1/3的孔，要先冲出一较小的孔。然后采用扩孔的方法达到所要求的孔径尺寸。常用的扩孔方法有冲头扩孔和芯轴扩孔。冲头扩孔利用扩孔冲子锥面产生的径向分力将孔扩大，芯轴扩孔实际上是将带孔坯料沿切向拔长，内外径同时增大，扩孔量几乎不受什么限制，最适于锻制大直径的薄壁圆环件。

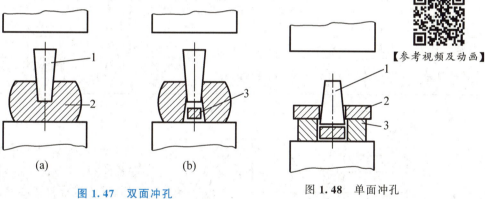

图1.47 双面冲孔
1—冲子；2—工件；3—冲孔余料

图1.48 单面冲孔
1—冲子；2—工件；3—漏盘

4) 弯曲

将坯料弯成一定角度或弧度的工序称为弯曲，如图1.49所示。

5) 切割

将锻件从坯料上分割下来或切除锻件的工序称为切割，如图1.50所示。自由锻造的基本工序还有扭转、错移等。

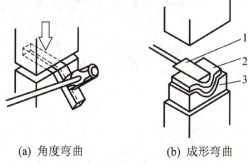

图1.49 弯曲
1—成形压铁；2—工件；3—成形垫铁

3. 自由锻件常见缺陷及产生原因

自由锻造过程中常见缺陷及产生原因的分析见表1-11，产生的缺陷有的是坯料质量不良引起的，尤其以铸锭为坯料的大型锻件更要注意铸锭有无表面或内部缺陷；有的是加热不当、锻造工艺不规范、锻后冷却和热处理不当引起的。对锻造缺陷,要根据不同情况下产生不同缺陷的特征进行综合分析,并采取相应的纠正措施。

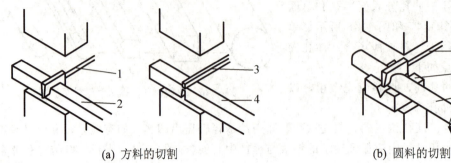

(a) 方料的切割　　　　　　　　　　　(b) 圆料的切割

图 1.50　切割

1,5—垛刀；2,4,7—工件；3—剁棍；6—垛垫

表 1-11　自由锻件常见缺陷主要特征及产生原因

缺陷名称	主要特征	产生原因
表面横向裂纹	拔长时,锻件表面及角部出现横向裂纹	原材料质量不好；拔长时进锤量过大
表面纵向裂纹	镦粗时,锻件表面出现纵向裂纹	原材料质量不好；镦粗时压下量过大
中空纵裂	拔长时,中心出现较长甚至贯穿的纵向裂纹	未加热透,内部温度过低；拔长时,变形集中于上下表面,心部出现横向拉应力
弯曲、变形	锻造、热处理后弯曲与变形	锻造矫直不够；热处理操作不当
冷硬现象	锻造后锻件内部保留冷变形组织	变形温度偏低；变形速度过快；锻后冷却过快

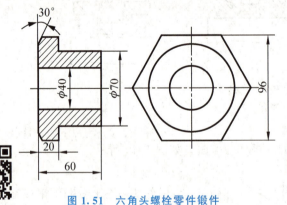

【参考视频】

图 1.51　六角头螺栓零件锻件

4. 典型自由锻件工艺举例

图 1.51 所示为六角头螺栓零件锻件图。六角头螺栓毛坯的自由锻工艺过程见表 1-12,其主要变形工序为局部镦粗和冲孔。

1.3.4　模锻

模型锻造简称模锻。模锻是在高强度模具材料上加工出与锻件形状一致的模膛(即制成锻模),然后将加热后的坯料放在模膛内受压变形,最终得到和模膛形状相符的锻件。模锻与自由锻相比有以下特点：

(1) 能锻造出形状比较复杂的锻件。

(2) 模锻件尺寸精确,表面粗糙度值较小,加工余量小。

(3) 生产率高。

(4) 模锻件比自由锻件节省金属材料,减少切削加工工时。此外,在批量足够的条件下可降低零件的成本。

(5) 劳动条件得到一定改善。

表 1-12　六角头螺栓毛坯的自由锻造工艺过程

序号	工序名称	工序简图	使用工具	操作方法
1	局部镦粗	φ70，40，20	镦粗漏盘 火钳	漏盘高度和内径尺寸要符合要求；局部镦粗高度为20mm
2	修整		火钳	将镦粗造成的鼓形修平
3	冲孔	φ40	镦粗漏盘 冲子	冲孔时套上镦粗漏盘，以防径向尺寸涨大；采用双面冲孔法冲孔，冲孔时孔位要对正，并防止冲歪
4	锻六角		冲子 火钳 平锤	冲子操作；注意轻击，随时用样板测量
5	罩圆倒角		罩圆窝子	罩圆窝子要对正，轻击
6	精整	略		检查及精整各部分尺寸

但是，模锻生产受到设备吨位的限制，模锻件的尺寸不能太大。此外，锻模制造周期长，成本高，所以模锻适合于中小型锻件的大批量生产。

按所用设备不同，模锻可分为胎模锻、锤上模锻及压力机上模锻等。

1. 胎模锻

胎模锻是在自由锻造设备上使用简单的模具(胎模)来生产模锻件的工艺。胎模锻一般采用自由锻方法制坯，然后在胎模中终锻成形。胎模不固定于设备上，锻造时根据工艺过程可随时放上或取下。胎模锻生产比较灵活，它适合于中小批量生产，在缺乏模锻设备的中小型工厂大多采用。常用的胎模结构主要有以下三种类型：

(1) 扣模。主要用于杆状非回转体锻件局部或整体成形，或为合模制坯，如图 1.52 所示。

(2) 套筒模。锻模呈套筒形，主要生产锻造齿轮、法兰盘等回转体类锻件，如图 1.53 所示。

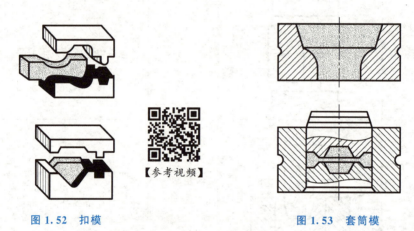

图 1.52　扣模　　　　　　　　　图 1.53　套筒模

(3) 合模。合模通常由上模和下模两部分组成，**为了使上下模吻合及避免产生错模，经常用导柱等定位**，主要用于形状较复杂的非回转体锻件的终锻成形，如图 1.54 所示。

图 1.55 所示为功率输出轴坯锻件图，锻件材料为 45 钢，锻造设备为 750kg 空气锤，其胎模锻工艺过程见表 1-13。

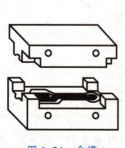

图 1.54　合模

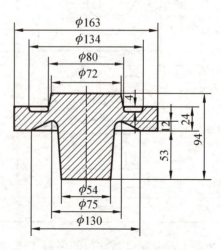

图 1.55　输出轴坯锻件

表 1-13 功率输出轴胎模锻造工艺过程

序号	工序名称	工序简图	序号	工序名称	工序简图
1	下料加热	145 × φ75	4	压出凸台	
2	拔长杆部	φ75, φ53, 110	5	加热	—
3	锻出法兰盘		6	终锻	

2. 锤上模锻

在锻锤上进行的模锻称为锤上模锻。 常用的模锻设备是蒸汽-空气模锻锤,其运动精确,砧座较重,结构刚度较高,锤头部分质量为 1~16t。

模锻锤上模锻过程如图 1.56 所示。上模 4 和下模 8 分别用斜镶条 1 紧固在锤头 3 和砧座 9 的燕尾槽内,上模 4 与锤头 3 一起做上下往复运动。上下模间的分界面为分模面 6,分模面上开有飞边槽 7。锻后取出模锻件,切去飞边和冲孔连皮,便完成模锻过程。

【参考图文】

【参考图文与动画】

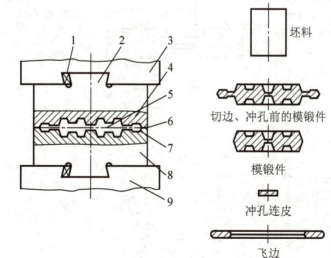

图 1.56 齿轮坯模锻过程

1—斜镶条;2—燕尾;3—锤头;4—上模;
5—模膛;6—分模面;7—飞边槽;8—下模;9—砧座

锤上模锻虽具有适应性广的特点,但振动和噪声大,能耗多,因此有逐步被机械压力机所取代的趋势。用于模锻的压力机有曲柄压力机、平锻机、螺旋压力机及水压机等。

3. 曲柄压力机上模锻

曲柄压力机上模锻具有振动及噪声小,机身刚度大,导轨与滑块间隙小(用于保证上下模对准)等特点,因此,**锻件尺寸精度高,但不适宜于拔长和滚压等工步**。曲柄压力机上模锻生产率高,每小时可生产 400~900 件;锻件尺寸精度较高,表面质量好;节省材料,材料利用率可达 85%~95%。但对非回转体及中心不对称的锻件难以锻造。

1.3.5 板料冲压

冲压生产中,对于各种不同形状的冲压件,应根据其具体的形状和尺寸,选择合适的冲压工序、冲压设备及冲模,才能得到较好的冲压效果。

1. 板料冲压的基本工序

冷冲压的工序**分为分离工序和成形工序两大类**。分离工序是使零件与母材沿一定的轮廓线相互分离的工序,有冲裁、切口等;成形工序是使板料产生局部或整体塑性变形的工序,有弯曲、拉深、翻边、胀形等。板料冲压的基本工序分类见表 1-14。

表 1-14 板料冲压的基本工序

序号	工序	定义	示意图	特点及操作注意事项	应用
1	冲裁（下料）	冲裁是使板料以封闭的轮廓分离的工序		冲头和凸凹模间隙很小,刃口锋利	制造各种形状的平板冲压件或作为变形工序的下料
2	弯曲（压弯）	将板料、型材或管材在弯矩作用下弯成具有一定曲率和角度的成形工序		1. 弯曲件有最小弯曲半径的限制 2. 凹模工作部位的边缘要有圆角,以免拉伤冲压件	制造各种弯曲形状的冲压件

(续)

序号	工序	定 义	示 意 图	特点及操作注意事项	应 用
3	拉深（拉延）	将冲裁后得到的平板坯料制成杯形或盒形冲压件，而厚度基本不变的加工工序	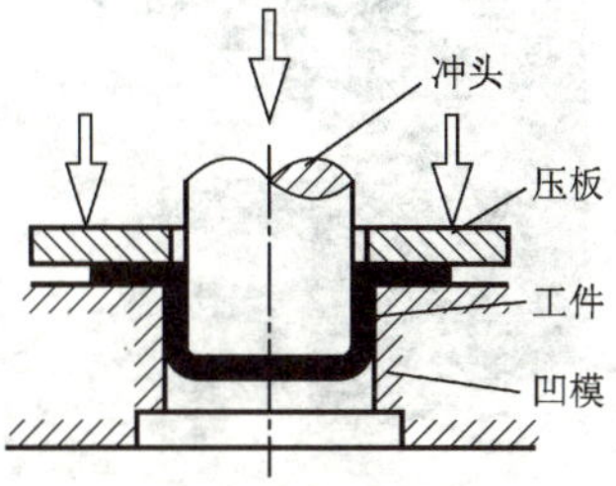	1. 凸凹模的顶角必须以圆弧过渡 2. 凸凹模的间隙较大，等于板厚的1.1~1.2倍 3. 板料和模具间应有润滑剂 4. 为防止起皱，要用压板将坯料压紧	制造各种弯曲形状的冲压件
4	翻边	在带孔的平坯料上用扩孔的方法获得凸缘或把边缘按曲线或圆弧弯成竖直的边缘的工序	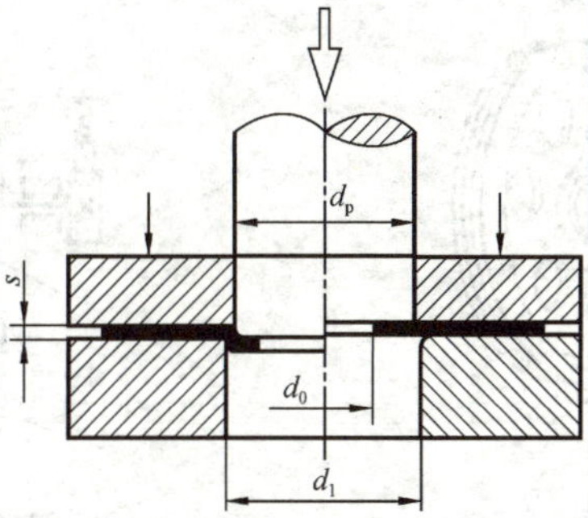	1. 如果翻边孔的直径超过允许值，会使孔的边缘造成破裂 2. 对凸缘高度较大的零件，可采用先拉深后冲孔再翻边的工艺来实现	制造带有凸缘或具有翻边的冲压件

2. 冲压设备及冲模

1）冲床

常用冲压设备主要有剪床、冲床、液压机等。冲床是进行冲压加工的基本设备，常用的有开式双柱冲床，如图1.57所示，电动机5通过V带减速系统4带动带轮转动。踩下踏板7后，离合器3闭合并带动曲轴2旋转，再经过连杆11带动滑块9沿导轨10做上下往复运动，进行冲压加工。如果将踏板踩下后立即抬起，滑块冲压一次后便在制动器1的作用下，停止在最高位置上；如果踏板不抬起，滑块就进行连续冲击。冲床的规格以额定公称压力来表示，如100kN。其他主要技术参数有滑块行程距离(mm)、滑块行程(Slide stroke)次数(str/min)和封闭高度等。

2）冲压模具

使板料分离或成形的工具称为冲压模具，简称冲模。典型的冲模结构如图1.58所示，一般分为上模和下模两部分。**上模通过模柄安装在冲床滑块上，下模则通过下模板由压板和螺栓安装在冲床工作台上。**

冲模各部分的作用如下：

（1）凸模和凹模。凸模11和凹模7是冲模的核心部分，凸模与凹模配合使板料产生分离或成形。

（2）导料板和定位销。导料板9用以控制板料的进给方向，定位销8用以控制板料的进给量。

(a) 外形

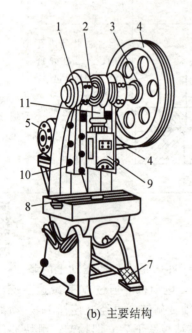

(b) 主要结构

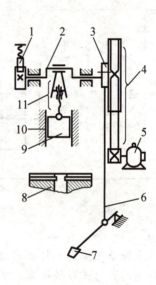

(c) 传动原理

图 1.57　开式双柱曲轴冲床

1—制动器；2—曲轴；3—离合器；4—V 带减速系统；5—电动机；
6—拉杆；7—踏板；8—工作台；9—滑块；10—导轨；11—连杆

(3) 卸料板。卸料板 10 使凸模在冲裁以后从板料中脱出。

(4) 模架。模架包括上模板 2、下模板 5 和导柱 4、导套 3。上模板 2 用以固定凸模 11 和模柄 1 等，下模板 5 用以固定凹模 7、导料板 9 和卸料板 10 等。导柱 4 和导套 3 分别固定在下、上模板上，以保证上、下模对准。

1.3.6　现代锻压技术及其发展方向

随着科学技术的进步，锻造工艺有了突破性的进展，出现了精密模锻、粉末锻造等新工艺、新技术，不但能提高锻件的精度，实现了少、无切削加工和减少污染，而且能锻造过去难以锻造的材料及新型复合材料。

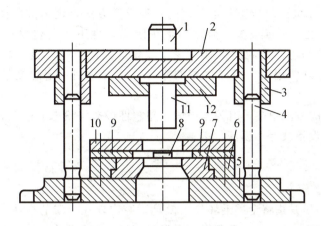

图 1.58 典型的冲模结构

1—模柄；2—上模板；3—导套；4—导柱；5—下模板；6、12—压板；
7—凹模；8—定位销；9—导料板；10—卸料板；11—凸模

1. 摆动辗压

摆动辗压是 20 世纪 60 年代才得到推广应用的一种新的压力加工方法。所谓摆动辗压，是利用一个带圆锥形的上模(又称摆头)对毛坯局部加压，并绕中心连续滚动的加工方法。如图 1.59 所示，辗压时，坯料在有摆角的上模旋转挤压下，连续局部变形，高度减小，直径增大，成为盘状或局部盘状锻件。

2. 辊锻

辊锻是毛坯在装有伞形模块的一对旋转的轧辊中通过，借助模槽，锻出锻件或锻坯。

辊锻工艺常分为制坯辊锻和成形辊锻两类。辊锻工艺兼有锻和轧的特点：产品精度高，表面粗糙度值小；锻件质量好，具有好的金属流线；锻辊连续转动，生产效率高；模具寿命长，所需设备吨位小；工艺过程简单，无冲击和振动；劳动条件好，易于实现自动化。

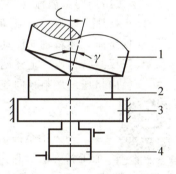

图 1.59 摆动辗压

1—摆辗上模；2—坯料；
3—摆辗机滑块；4—液压缸

辊锻成形只适用于界面减小的变形工艺，不能使坯料直径增大，即只能用于生产长轴、长杆类锻件或毛坯。

3. 精密模锻

精密模锻是在普通模锻基础上逐步发展起来的一种少无切削锻造新工艺。精密模锻件的公差、余量约为普通模锻件的 1/3，表面粗糙度 Ra 值为 3.2～1.6 μm，精度可达 IT15～IT12。

精密模锻件具有下列优点：可节省大量机械加工工时，一般不需机械加工或只需少量机械加工就可装配使用；可节约大量金属材料；生产效率高，尤其对于某些形状复杂和难以用机械加工方法成批生产的零件(如齿轮、叶片、高肋薄腹板零件等)，精密模锻件的金属流线能沿零件外形合理分布而不被切断，有利于提高零件的疲劳强度及抗应力腐蚀性能。

精密模锻是提高机械制造工业生产率的一种重要方法，也是锻压技术发展的一个重要方向。精密模锻虽然优点很多，但并不是在任何条件下都是经济的。这是因为精密模锻要求高质量的毛坯、精确的模具、少无氧化的加热条件，良好的润滑和较复杂的工序间清理等，所以使用精密模锻生产的零件，只有达到一定的批量时才能大幅度地降低零件的总成本。

实现精密模锻的方法很多，有等温模锻、超塑性锻造、粉末锻造、温锻等特种锻压工艺，并可采用专用设备及专用模具。

【参考图文】

4. 挤压

1) 定义

挤压是指将金属毛坯放入模具型腔内，在一定的挤压力和挤压速度作用下，迫使金属从型腔中挤出，从而获得所需形状、尺寸以及具有一定力学性能的挤压件。

2) 分类

(1) 按毛坯温度不同，可将挤压分为冷挤压、温挤压和热挤压，常用于制造零件的是冷挤压。冷挤压又称冷锻，属于少无切削的精密成形方法之一，其材料利用率高达90%，成形件的表面质量及尺寸精度高，工艺控制较严格，挤压力大，模具寿命较低。冷挤压适用于塑性较好的材料，广泛用于机械、仪表、电器、轻工、航空航天、船舶、军工等工业部门。

(2) 按挤压时金属流动与凸模运动方向的关系，可将挤压分为以下几种：

① 正挤压。坯料轴向流动与凸模运动方向一致。

② 反挤压。坯料轴向流动与凸模运动方向相反。

③ 正反复合挤压。上述两种挤压同时存在。

④ 径向挤压。坯料径向流动与凸模运动方向垂直。

5. 粉末冶金锻造

粉末冶金锻造又称粉末锻造，是粉末冶金与精密模锻相结合的一种金属加工新方法。它是以金属粉末为原料，经过冷压成形、烧结、热锻成形或由粉末经热等静压、等温模锻或直接由粉末热等静压及后续处理等工序制成所需形状的精密锻件。经锻造，既可显著提高粉末冶金材料的力学性能，又可保留粉末冶金的优点。

粉末锻造的毛坯为烧结体或挤压坯、或经热等静压的毛坯。与采用普通钢坯锻造相比，粉末锻造的优点如下：材料利用率高(可达90%)；尺寸精度高，表面粗糙度值低，表面质量好，容易获得形状复杂的锻件；有利于提高锻件力学性能，材质均匀无各向异性；可进行各种热处理；成本低，生产率高，易实现自动化；金属粉末合金化可改变传统的"来料加工"的锻造加工模式，可实现"产品-材料-工艺"一体化。

6. 液态模锻

液态模锻是铸锻结合的一种工艺方法。该方法采用铸造工艺将金属(也可以是非金属或复合材料)熔化，精炼，并用定量浇勺将金属液浇入模具型腔，随后利用锻造工艺的加压方式，使金属液在模具型腔中流动充型，并在较大的静压力下结晶凝固，从而获得力学性能接近纯锻造锻件而优于纯铸造件的液态铸锻件的工艺方法。所以，液态模锻适于生产形状复杂，性能、尺寸有较高要求的制件，如汽车轮毂、炮弹壳体、柴油机活塞等，是一种很有发展前途的新工艺。

7. 先进成形技术的开发和应用

不可否认在金属加工中，冲压是成形效率和材料利用率最高的加工方式之一，其具有自己独特的优势与特点。面对严重挑战，冲压加工正以新的姿态，向铸造、锻压、焊接和机械加工等领域开拓，已经并正在生产出许多具有时代特点的产品，展现了冲压加工广阔的天地。例如，冲压摇臂、冲压摇臂座、冲压焊接成形的离心泵、冲压焊接成形的汽车后轿壳、冲压离合器壳体、冲压变速器箱体、冲压皮带轮等，所有这些不仅一改过去工件由铸造、焊接生产而呈现的粗笨外表，许多冲压件的精度也毫不逊色于机械加工的产品，其结构合理性甚至要超过某些机械加工产品，尤其是其生产率又远非机械加工所能比拟。而复合冲压、微细冲压、智能化冲压、绿色冲压等高新技术又向我们展示了冲压加工极具魅力的新领域，可以说冲压加工不论从深度，还是从广度上都大有作为，前景美好。

【参考图文】

1）复合冲压

本文所涉及的复合冲压，并不是指落料、拉深、冲孔等冲压工序的复合，而是指冲压工艺同其他加工工艺的复合，如冲压与电磁成形的复合、冲压与冷锻的结合、冲压与机械加工复合等。

【参考图文】

2）微细冲压

现在所谈论的微细加工指的是微零件加工技术。用该技术制作的微型机器人、微型飞机、微型卫星、卫星陀螺、微型泵、微型仪器仪表、微型传感器、集成电路等，在现代科学技术许多领域都有着出色的应用，它能给许多领域带来新的拓展和突破，无疑将对我国未来的科技和国防事业有着深远的影响，对世界科技发展的推动作用也是难以估量的。例如，微型机器人可完成光导纤维的引线、粘接、对接等复杂操作和细小管道、电路的检测，还可以进行集成芯片生产、装配等，仅此就不难窥见微细加工诱人的魅力。

微冲压成形技术作为一种新兴的加工工艺，是一种重要的介观尺度（介观尺度是指介于宏观和微观之间的尺度，一般认为它的尺度在纳米和毫米之间）下微成形技术。介观尺度下的金属成形技术，主要是指成形那些在二维方向上尺寸在毫米级以下的一些金属类零件的成形方法。这种技术是伴随着产品微型化的趋势，对结构零件的微细化的要求，而得到研究和发展的。目前，微细塑性成形技术还处于探索和实验研究阶段，还没有形成一套完整、系统的加工理论体系。要提高微冲压工艺水平，就必须对介观尺度下材料模型、摩擦模型、微冲压仿真建模和装备模具等方面展开深入详细的研究，完善工艺设计基础理论。

3）智能化冲压

所谓智能化冲压，是指控制论、信息论、数理逻辑、优化理论、计算机科学与板料成形理论有机相结合而产生的综合性技术。板料冲压智能化是冲压成形过程自动化及柔性化加工系统等新技术的更高阶段。其令人赞叹之处是能根据被加工对象的特性，利用易于监控的物理量，在线识别材料的性能参数和预测最优的工艺参数，并自动以最优的工艺参数完成板料的冲压。这就是典型的板料成形智能化控制的四要素：实时监控、在线识别、在线预测、实时控制加工。智能冲压从某种意义上说，是人们对冲压本质认识的一次革命。

8. 数值模拟技术在塑性成形中的应用

近年来，数值模拟技术得到了迅猛的发展，已应用到国民经济各个领域。通过数值模拟，可以回答经验设计时无法回答的问题，了解金属塑性成形的全过程，包括金属成形过程中各阶段材料的填充情况、材料变形趋势、材料内部的应力、应变、应变速率、成形载荷及速度矢量场。这对金属塑性成形工艺设计、模具设计及成形质量的控制等具有很大的现实意义。一般情况下,数值模拟的分析结果都需要通过物理实验来进一步验证。将物理实验和数值模拟两种方法结合起来分析,是塑性成形及其理论研究的有力手段。

9. 注重环境保护是当今世界性的潮流

许多国内外锻压设备越来越重视环保问题,如在数控转塔压力机上,工作台普遍采用柔性的尼龙刷支撑代替传统的滚珠支撑,以减少噪声污染;变速压机实现快速下降,慢速冲裁工件,快速回程,使振动和噪声大大降低。模具与压力机是决定冲压质量、精度和生产效率的两个关键因素。先进的压力机只有配备先进的模具,才能充分发挥作用,取得良好效益。

1.4 焊 接

1.4.1 焊接概述

焊接是指通过适当的物理化学过程如加热、加压等使两个分离的物体产生原子(分子)间的结合力而连接成一体的连接方法,是金属加工的一种重要工艺,广泛应用于机械制造、造船业、石油化工、汽车制造、桥梁、锅炉、航空航天、原子能、电子电力、建筑等领域。

到目前为止,<u>焊接的基本方法分为三大类,即熔焊、压焊和钎焊,有二十多种</u>,如图1.60所示。

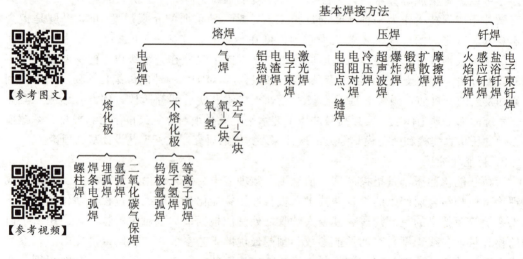

图1.60 基本焊接方法

(1) 熔焊是通过将需连接的两构件的接合面加热熔化成液体,然后冷却结晶连成一体的焊接方法。

(2) 压焊是在焊接过程中,对焊件施加一定的压力,同时采取加热或不加热的方式,完成焊件连接的焊接方法。

（3）钎焊是利用熔点低于被焊金属的钎料，经加热熔化后，利用钎料润湿母材，填充接头间隙并与母材相互溶解和扩散而实现连接的方法。其特点是加热时仅钎料熔化，而焊件不熔化。

1.4.2　电弧焊

电弧焊是利用电弧热源加热焊件实现熔化焊接的方法。焊接过程中电弧把电能转化成热能和机械能，加热焊件，使焊丝或焊条熔化并过渡到焊缝熔池中去，熔池冷却后形成一个完整的焊接接头。**电弧焊应用广泛，可以焊接板厚从 0.1mm 以下到数百毫米的金属结构件**，在焊接领域中占有十分重要的地位。

【参考图文】

1. 焊接电弧

电弧是电弧焊接的热源，电弧燃烧的稳定性对焊接质量有重要影响。

1）焊接电弧

焊接电弧是一种气体放电现象，如图 1.61 所示。当电源两端分别与被焊件和焊枪相连时，在电场的作用下，电弧阴极产生电子发射，阳极接受电子，电弧区的中性气体粒子在接受外界能量后电离成正离子和电子，正负带电粒子相向运动，形成两电极之间的气体空间导电过程，借助电弧将电能转换成热能、机械能和光能。

焊接电弧具有以下特点：

（1）温度高，电弧弧柱温度范围为 5000～30000K。

（2）电弧电压低，范围为 10～80V。

（3）电弧电流大，范围为 10～1000A。

（4）弧光强度高，因此需要避免弧光直接照射到眼睛。

图 1.61　焊接电弧示意

2）电源极性

采用直流电流焊接时，弧焊电源正负输出端与焊件和焊枪的连接方式，称极性。当焊件接电源输出正极，焊枪接电源输出负极时，称直流正接或正极性；反之，焊件、焊枪分别与电源负、正输出端相连时，则为直流反接或反极性。交流焊接无电源极性问题，如图 1.62 所示。

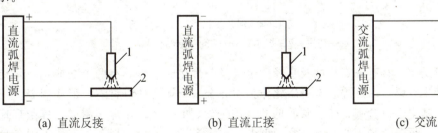

(a) 直流反接　　(b) 直流正接　　(c) 交流

图 1.62　焊接电源极性示意

1—焊枪；2—焊件

2. 焊条电弧焊

焊条电弧焊是用手工操纵焊条进行焊接的一种焊接方法,应用非常普遍。

1) 焊条电弧焊的原理

焊条电弧焊的方法如图 1.63 所示,焊机电源两输出端通过电缆、焊钳和地线夹头分别与焊条和被焊件相连。焊接过程中,产生在焊条和焊件之间的电弧将焊条和焊件局部熔化,受电弧力作用,焊条端部熔化形成熔滴过渡到母材,和熔化的母材融合在一起形成熔池,随着焊工操纵电弧向前移动,熔池液态金属逐渐冷却结晶,形成焊缝。

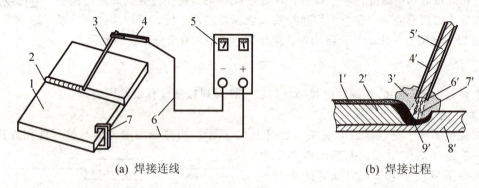

(a) 焊接连线　　　　　　　　　　(b) 焊接过程

图 1.63　焊条电弧焊过程

1—焊件；2—焊缝；3—焊条；4—焊钳；5—焊接电源；6—电缆；7—地线夹头；
1′—焊渣；2′—焊缝；3′—保护气体；4′—药皮；5′—焊芯；6′—熔滴；7′—电弧；8′—母材；9′—熔池

焊条电弧焊使用设备简单,适应性强,可用于焊接板厚 1.5mm 以上的各种焊接结构件,并能灵活应用在空间位置不规则焊缝的焊接,适用于碳钢、低合金钢、不锈钢、铜及铜合金等金属材料的焊接。由于手工操作,焊条电弧焊也存在缺点,如生产率低、产品质量一定程度上取决于焊工操作技术、焊工劳动强度大等,现在多用于焊接单件、小批量产品和难以实现自动化作业的焊缝。

2) 焊条

焊条电弧焊所用的焊接材料是焊条,焊条主要由焊芯和药皮两部分组成,如图 1.64 所示。

【参考视频】

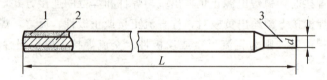

图 1.64　焊条结构

1—药皮；2—焊芯；3—焊条夹持部分

焊芯一般是一个具有一定长度及直径的金属丝。焊接时,焊芯有两个功能：一是传导焊接电流,产生电弧；二是焊芯本身熔化作为填充金属与熔化的母材熔合形成焊缝。我国生产的焊条,基本上以含碳、硫、磷较低的专用钢丝(如 H08A)作焊芯制成。**焊条规格用焊芯直径代表**,焊条直径为 2.0mm 时,即焊芯的直径为 2.0mm。焊条长度根据焊条种类和规格,有多种尺寸,见表 1-15。

表 1-15 焊条规格

焊条直径 d/mm	焊条长度 L/mm			
2.0	250	300		
2.5	250	300		
3.2	350	400	450	
4.0	350	400	450	
5.0	400	450	700	
5.8	400	450	700	

焊条药皮又称涂料，在焊接过程中起着极为重要的作用。首先，它可以起到积极保护作用，利用药皮熔化放出的气体和形成的熔渣，起机械隔离空气作用，防止有害气体侵入熔化金属；其次可以通过熔渣，与熔化金属冶金反应，去除有害杂质，添加有益的合金元素，起到冶金处理作用，使焊缝获得合乎要求的力学性能；最后，还可以改善焊接工艺性能，使电弧稳定、飞溅小、焊缝成形好、易脱渣和熔敷效率高等。

焊条药皮的组成主要有稳弧剂、造气剂、造渣剂、脱氧剂、合金剂、粘接剂和增塑剂等，其主要成分有矿物类、铁合金、有机物和化工产品。

焊条分结构钢焊条、耐热钢焊条、不锈钢焊条、铸铁焊条等十大类。根据其药皮组成又分为酸性焊条和碱性焊条。 酸性焊条电弧稳定，工艺性能好，焊缝成形美观，可用交流或直流电源施焊，但焊接接头的冲击韧度较低，可用于普通碳钢和低合金钢的焊接。碱性焊条多为低氢型焊条，力学性能好，所得焊缝冲击韧度高，但电弧稳定性比酸性焊条差，要采用直流电源施焊，反极性接法，多用于重要的结构钢、合金钢的焊接。

3）焊条电弧焊操作技术

（1）引弧方法。

焊接电弧的建立称引弧，**焊条电弧焊有两种引弧方式：划擦法和直击法。**【参考视频】

划擦法操作是在焊机电源开启后，将焊条末端对准焊缝，并保持两者的距离在 15mm 以内，依靠手腕的转动，使焊条在焊件表面轻划一下，并立即提起 2～4mm，使电弧引燃，然后开始正常焊接。

直击法是在焊机开启后，先将焊条末端对准焊缝，然后稍点一下手腕，使焊条轻轻撞击焊件，随即提起 2～4mm，就能使电弧引燃，开始焊接。

（2）焊条的运动操作。

焊条电弧焊是依靠人手工操作焊条运动实现焊接的，此种操作也称运条。运条包括控制焊条角度、焊条送进、焊条摆动和焊条前移，如图 1.65 所示。运条技术的具体运用根据焊件材质、接头形式、焊接位置、焊件厚度等因素决定。常见的焊条电弧焊运条方法如图 1.66 所示，直线形运条方法适用于板厚 3～5mm 的不开坡口对接平焊；锯齿形运条法多用于厚板的焊接；月牙形运条法对熔池加热时间长，容易使熔池中的气体和熔渣浮出，有利于得到高质量焊缝；正三角形运条法适合于不开坡口的对

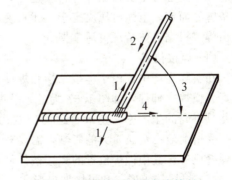

图 1.65 焊条运动和角度控制
1—横向摆动；2—送进；
3—焊条与焊件夹角为 70°～80°；4—焊条前移

接接头和 T 字接头的立焊；正圆圈形运条法适合于焊接较厚焊件的平焊缝。

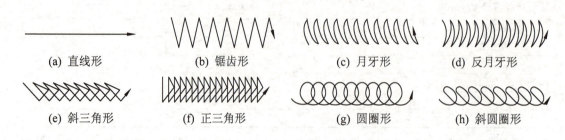

图 1.66　常见焊条电弧焊运条方法

（3）焊缝的起头、接头和收尾。

焊缝的起头是指焊缝起焊时的操作，由于此时焊件温度低、电弧稳定性差，焊缝容易出现气孔、未焊透等缺陷。为避免此现象，应该在引弧后将电弧稍微拉长，对焊件起焊部位进行适当预热，并且多次往复运条，达到所需要的熔深和熔宽后再调到正常的弧长进行焊接。

在完成一条长焊缝焊接时，往往要消耗多根焊条，这里就有前后焊条更换时焊缝接头的问题。为不影响焊缝成形，保证接头处焊接质量，更换焊条的动作越快越好，并在接头弧坑前约 15mm 处起弧，然后移到原来弧坑位置进行焊接。

焊缝的收尾是指焊缝结束时的操作。焊条电弧焊一般熄弧时都会留下弧坑，过深的弧坑会导致焊缝收尾处缩孔、产生弧坑应力裂纹。焊缝的收尾操作时，应保持正常的熔池温度，做无直线运动的横摆点焊动作，逐渐填满熔池后再将电弧拉向一侧熄灭。此外还有三种焊缝收尾的操作方法，即划圈收尾法、反复断弧收尾法和回焊收尾法，也在实践中常用。

4）焊条电弧焊工艺参数

选择合适的焊接工艺参数是获得优良焊缝的前提，并直接影响劳动生产率。焊条电弧焊工艺参数是根据焊接接头形式、焊件材料、板材厚度、焊缝焊接位置等具体情况制订，包括焊条牌号、焊条直径、电源种类和极性、焊接电流、电弧电压、焊接速度、焊接坡口形式和焊接层数等内容。

焊条型号应主要根据焊件材质选择，并参考焊接位置情况决定。电源种类和极性又由焊条牌号而定。电弧电压决定于电弧长度，它和焊接速度对焊缝成形有重要影响作用，一般由焊工根据具体情况灵活掌握。

（1）焊接位置。

在实际生产中，由于焊接结构和焊件移动的限制，焊缝在空间的位置除平焊外，还有立焊、横焊、仰焊，如图 1.67 所示。平焊操作方便，焊缝成形条件好，容易获得优质焊缝并具有高的生产率，是最合适的位置；其他三种又称空间位置焊，焊工操作较平焊困难，受熔池液态金属重力的影响，需要对焊接工艺参数控制并采取一定的操作方法才能保证焊缝成形，其中仰焊位置的焊接条件最差，立焊、横焊次之。

（2）焊接接头形式和焊接坡口形式。

焊接接头是指用焊接的方法连接的接头，它由焊缝、熔合区、热影响区及其邻近的母材组成。根据接头的构造形式不同，可分为对接接头[图 1.68（a）～图 1.68（d）]、T 形接头[图1.68(i)和图1.68(j)]、搭接接头[图1.68(k)和图1.68(l)]、角接接头[图1.68(e)～图1.68(h)]、卷边接头五种类型。前四类如图1.68所示，**卷边接头用于薄板焊接**。

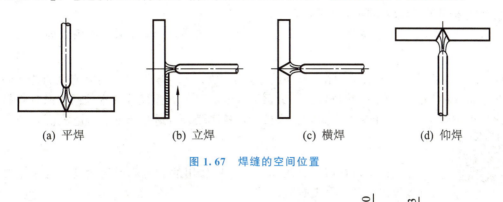

图 1.67　焊缝的空间位置

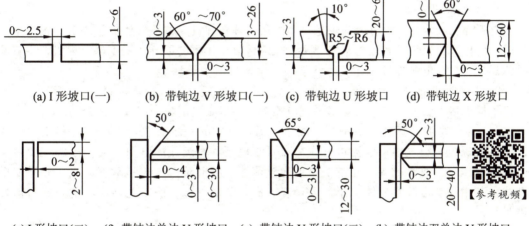

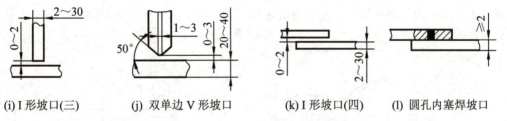

图 1.68　焊条电弧焊接头形式和坡口形式

熔焊接头焊前加工坡口，其目的在于使焊接容易进行，电弧能沿板厚熔敷一定的深度，保证接头根部焊透，并获得良好的焊缝成形。 焊接坡口形式有 I 形坡口、V 形坡口、U 形坡口、X 形坡口、J 形坡口等多种。常见焊条电弧焊接头的坡口形状和尺寸如图 1.68 所示。对焊件厚度小于 6mm 的焊缝，可以不开坡口或开 I 形坡口；中厚度和大厚度板对接焊，为保证熔透，必须开坡口。V 形坡口便于加工，但焊件焊后易发生变形；X 形坡口可以避免 V 形坡口的一些缺点，同时可减少填充材料；U 形及双 U 形坡口，其焊缝填充金属量更小，焊后变形也小，但坡口加工困难，一般用于重要焊接结构。

（3）焊条直径、焊接电流。

一般焊件的厚度越大，选用的焊条直径 d 应越大，同时可选择较大的焊接电流，以提高工作效率。板厚在 3mm 以下时，焊条 d 取值小于或等于板厚；板厚在 4~8mm 时，d 取 3.2~4mm；板厚在 8~12mm 时，d 取 4~5mm。此外，在中厚板焊件的焊接过程中，焊缝往往采用多层焊或多层多道焊完成。

低碳钢平焊时，焊条直径 d 和焊接电流 I 的对应关系有经验公式 的参考，即

$$I = kd \tag{1-8}$$

式中：k 为经验系数，取值范围在 30~50；电流单位为 A。当然，焊接电流值的选择还应综合考虑各种具体因素。空间位置焊，为保证焊缝成形，应选择较细直径的焊条，焊接电流比平焊位置小。在使用碱性焊条时，为减少焊接飞溅，可适当降低焊接电流值。

3. 焊接设备

【参考视频】

焊接设备包括熔焊、压焊和钎焊所使用的焊机和专用设备，这里主要介绍电弧焊用设备即电弧焊机。

1) 电弧焊机分类

电弧焊机按焊接方法可分为焊条电弧焊机、埋弧焊机、CO_2 气体保护焊机、钨极氩弧焊机、熔化极氩弧焊机和等离子弧焊机；按焊接自动化程度可分为手工电弧焊机、半自动电弧焊机和自动电弧焊机。

2) 电弧焊机的组成及功能

根据焊接方法和生产自动化水平，电弧焊机可以是以下一个或数个部分的组成。

（1）弧焊电源。弧焊电源是对焊接电弧提供电能的一种装置，为电弧焊机主要组成部分。弧焊电源根据输出电流可分成交流弧焊电源和直流弧焊电源。交流电源主要种类是弧焊变压器。直流电源现在主要是弧焊整流器，有硅整流式、晶闸管整流式和逆变电源式。其中逆变电源具有体积小、质量轻、高效节能、优良的工艺性能等优点，目前发展最快。

（2）送丝系统。送丝系统是在熔化极自动焊和半自动焊中提供焊丝自动送进的装置。为满足大范围的均匀调速和送丝速度的快速响应，一般采用直流伺服电动机驱动。送丝系统有推丝式和拉丝式两种送丝方式，如图 1.69 所示。

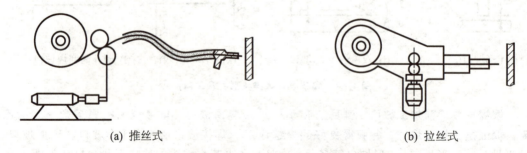

(a) 推丝式　　　　　　　　　　　(b) 拉丝式

图 1.69　熔化极半自动焊送丝方式

（3）行走机构。行走机构是使焊接机头和焊件之间产生一定速度的相对运动，以完成自动焊接过程的机械装置。若行走机构是为焊接某些特定的焊缝或结构件而设计，则其焊机称专用焊接机。通用的自动焊机可广泛用于各种结构的对接、角接、环焊缝和圆筒纵缝的焊接，在埋弧焊方法中最为常见，其行走机构有小车式、门架式、悬臂式三类，如图 1.70 所示。

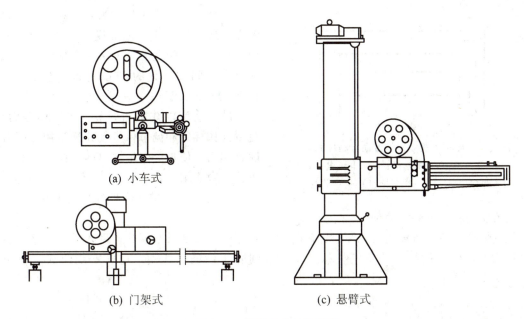

(a) 小车式

(b) 门架式

(c) 悬臂式

图 1.70　常见行走机构形式

（4）控制系统。**控制系统是实现熔化极自动电弧焊焊接参数自动调节和焊接程序自动控制的电气装置。**

为了获得稳定的焊接过程，需要合理选择焊接工艺参数，如电流、电压及焊接速度等，并且保证参数在焊接过程中稳定。由于在实际生产中往往发生焊件与焊枪之间距离波动、送丝阻力变化等干扰，引起弧长的变化，造成焊接参数不稳定。焊条电弧焊是利用焊工眼睛、脑、手配合，适时调整弧长，电弧焊自动调节系统则应用闭环控制系统进行调节，如图 1.71 所示。目前常用的自动调节系统有电弧电压反馈调节系统和等速送丝调节系统。

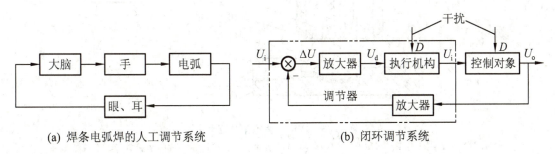

(a) 焊条电弧焊的人工调节系统

(b) 闭环调节系统

图 1.71　电弧焊调节系统

焊接程序自动控制是指以合理的次序使自动弧焊机各个工作部件进入特定的工作状态。其工作内容主要是在焊接引弧和熄弧过程中，对控制对象包括弧焊电源、送丝机构、行走机构、电磁气阀、引弧器、焊接工装夹具的状态和参数进行控制。图 1.72 为熔化极气体保护自动电弧焊的典型程序循环图。

（5）送气系统。送气系统在气体保护焊中使用，一般包括储气瓶、减压表、流量计、电磁气阀、软管。

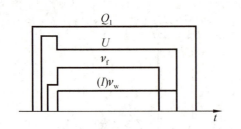

图 1.72　熔化极气体保护自动焊程序循环示意
Q_1—保护气体流量；U—电弧电压；
I—焊接电流；v_f—送丝速度；v_w—焊接速度

气体保护焊常用气体为氩气和 CO_2。氩气瓶内装高压氩气，满瓶压力为 15.2MPa；CO_2 气瓶灌入的是液态 CO_2，在室温下，瓶内剩余空间被气化的 CO_2 充满，饱和压力达到 5MPa 以上。

减压表用以减压和调节保护气体压力，流量计作标定和调节保护气体流量用，两者联合使用，使最终焊枪输出的气体符合焊接工艺参数要求。

电磁气阀是控制保护气体通断的元件，有交流驱动和直流驱动两种。

气体从气瓶减压输出后，流过电磁气阀，通过橡胶或塑料制软管，进入焊枪，最后由喷嘴输出，把电弧区域的空气机械排开，起到防止污染的作用。送气系统组成可参见图 1.73。

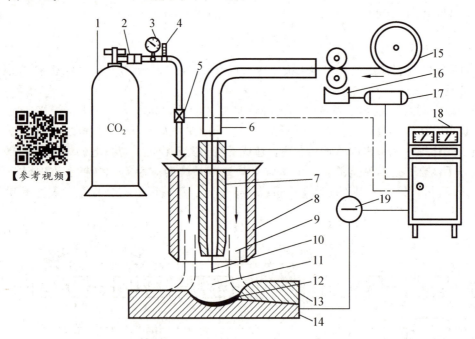

图 1.73　CO_2 气体保护焊示意
1—CO_2 气瓶；2—干燥预热器；3—压力表；4—流量计；5—电磁气阀；6—软管；7—导电嘴；
8—喷嘴；9—CO_2 保护气体；10—焊丝；11—电弧；12—熔池；13—焊缝；14—焊件；
15—焊丝盘；16—送丝机构；17—送丝电动机；18—控制箱；19—直流电源

4. 常用电弧焊方法

除焊条电弧焊外，常用电弧焊方法还有埋弧焊、CO_2 气体保护焊、钨极氩弧焊、熔化极氩弧焊和等离子弧焊。

1) CO_2 气体保护焊

CO_2 气体保护焊是一种用 CO_2 气体作为保护气的熔化极气体电弧焊方法。工作原理如图1.73所示,弧焊电源采用直流电源,电极的一端与焊件相连,另一端通过导电嘴将电馈送给焊丝,这样焊丝端部与焊件熔池之间建立电弧,焊丝在送丝机滚轮驱动下不断送进,焊件和焊丝在电弧热作用下熔化并最后形成焊缝。

CO_2气体保护焊工艺具有生产率高、焊接成本低、适用范围广、焊缝含氢量低质量好等优点。其缺点是焊接过程中飞溅较大,焊缝成形不够美观,目前人们正通过改善电源动特性或采用药芯焊丝的方法来解决此问题。

CO_2气体保护焊设备可分为半自动焊和自动焊两种类型,其工艺适用范围广,粗丝($\phi \geqslant 2.4mm$)较大的电流可以焊接厚板,中细丝用于焊接中厚板、薄板及全位置焊缝。

【参考视频】

CO_2气体保护焊主要用于焊接低碳钢及低合金高强度钢,也可以用于焊接耐热钢和不锈钢,可进行自动焊及半自动焊,目前广泛用于汽车、机车车辆制造、船舶制造、航空航天、石油化工机械等诸多领域。

2) 氩弧焊

以惰性气体氩气作保护气的电弧焊方法有钨极氩弧焊和熔化极氩弧焊两种。

(1) 钨极氩弧焊。钨极氩弧焊是以钨棒作为电弧的一极的电弧焊方法,钨棒在电弧焊中是不熔化的,故又称不熔化极氩弧焊,简称TIG焊。焊接过程中可以用从旁送丝的方式为焊缝填充金属,也可以不加填丝;可以手工焊也可以进行自动焊;钨极氩弧焊可以使用直流、交流和脉冲电流进行焊接。钨极氩弧焊工作原理如图1.74所示。

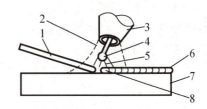

图1.74 钨极氩弧焊示意

1—填充焊丝;2—保护气体;3—喷嘴;
4—钨极;5—电弧;6—焊缝;
7—焊件;8—熔池

由于被惰性气体隔离,焊接区的熔化金属不会受到空气的侵害,所以钨极氩弧焊可用于焊接易氧化的有色金属如铝、镁及其合金,也用于不锈钢、铜合金及其他难熔金属的焊接。因钨极氩弧焊电弧非常稳定,还可以用于焊薄板及全位置焊缝。钨极氩弧焊在航空航天、原子能、石油化工、电站锅炉等行业应用较多。

钨极氩弧焊的缺点是钨棒的电流负载能力有限,焊接电流和电流密度比熔化极弧焊低,焊缝熔深浅,焊接速度低,厚板焊接要采用多道焊和加填充焊丝,生产效率受到影响。

(2) 熔化极氩弧焊。熔化极氩弧焊又称MIG焊,用焊丝本身作电极,相比钨极氩弧焊而言,电流及电流密度大大提高,因而母材熔深大,焊丝熔敷速度快,提高了生产效率,特别适用于中厚板铝及铝合金,铜及铜合金、不锈钢及钛合金焊接。脉冲熔化极氩弧焊用于碳钢的全位置焊。

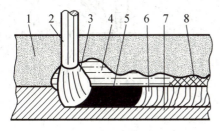

图1.75 埋弧焊示意

1—焊剂;2—焊丝;3—电弧;4—熔渣;
5—熔池;6—焊缝;7—焊件;8—渣壳

3) 埋弧焊

埋弧焊电弧产生于堆敷了一层焊剂下的焊丝与焊件之间,受到熔化的焊剂——熔渣及金属蒸气形成的气泡所包围。**气泡壁是一层液体熔渣薄膜,外层有未熔化的焊剂,电弧区得到良好的保护,电弧光也散发不出去,故被称为埋弧焊,**如图1.75所示。

相比焊条电弧焊,埋弧焊有三个主要优点:
(1) 焊接电流和电流密度大,生产效率高,是焊条电弧焊生产率的5~10倍;
(2) 焊缝含氮、氧等杂质低,成分稳定,质量高。
(3) 自动化水平高,没有弧光辐射,工人劳动条件较好。

【参考视频】

埋弧焊的局限在于受到焊剂敷设限制,不能用在空间位置焊缝的焊接; 由于埋弧焊焊剂的成分主要是 MnO 和 SiO_2 等金属及非金属氧化物,不适合焊铝、钛等易氧化的金属及其合金;另外薄板、短及不规则的焊缝一般不采用埋弧焊。

可用埋弧焊方法焊接的材料有碳素结构钢、低合金钢、不锈钢、耐热钢、镍基合金和铜合金等。埋弧焊在中、厚板对接及角接接头中有广泛应用,14mm以下板材对接可以不开坡口。埋弧焊也可用于合金材料的堆焊上。

【参考动画】

4) 等离子弧焊接

等离子弧是一种压缩电弧,通过焊枪特殊设计将钨电极缩入焊枪喷嘴内部,在喷嘴中通以等离子气,强迫电弧通过喷嘴的孔道,借助水冷喷嘴的外部拘束条件,**利用机械压缩作用、热收缩作用和电磁收缩作用,使电弧的弧柱横截面受到限制**,产生温度达 24000~50000K,能量密度达 10^5~10^6 W/cm² 的高温、高能量密度的压缩电弧。

等离子弧按电源供电方式不同,分为三种形式。

(1) 非转移型等离子弧,如图1.76(a)所示。电极接电源负极,喷嘴接正极,而焊件不参与导电。电弧是在电极和喷嘴之间产生。

(2) 转移型等离子弧,如图1.76(b)所示。钨极接电源负极,焊件接正极,等离子弧在钨极与焊件之间产生。

(3) 联合型(又称混合型)等离子弧,如图1.76(c)所示。这种弧是转移弧和非转移同时存在,需要两个电源独立供电。电极接两个电源的负极,喷嘴及焊件分别接各个电源的正极。

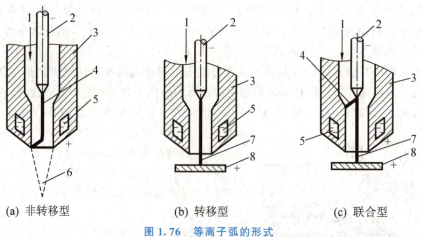

图 1.76 等离子弧的形式

1—离子气;2—钨极;3—喷嘴;4—非转移弧;
5—冷却水;6—弧焰;7—转移弧;8—焊件

等离子弧在焊接领域有多方面的应用,等离子弧焊接可用于从超薄材料到中、厚板材的焊接,一般离子气和保护气采用氩气、氮气等惰性气体,可以用于低碳钢、低合金钢、不锈钢、铜、镍合金及活性金属的焊接。等离子弧也可用于各种金属和非金属材料的切割，粉末等离子弧堆焊可用于零件制造和修复时堆焊硬质耐磨合金。

1.4.3　气焊与气割

气焊和气割是利用气体火焰热量进行金属焊接和切割的方法，在金属结构件的生产中大量应用。

1. 基本原理

气焊和气割所使用的气体火焰是由可燃性气体和助燃气体混合燃烧而形成，根据其用途，气体火焰的性质有所不同。

1) 气焊及其应用

气焊是利用气体火焰加热并熔化母体材料和焊丝的焊接方法。与电弧焊相比，其优点如下：

(1) 气焊不需要电源，设备简单。

(2) 气体火焰温度比较低，熔池容易控制，易实现单面焊双面成形，并可以焊接很薄的焊件。

(3) 在焊接铸铁、铝及铝合金、铜及铜合金时焊缝质量好。

气焊也存在热量分散，接头变形大，不易自动化，生产效率低，焊缝组织粗大，性能较差等缺陷。

气焊常用于薄板的低碳钢、低合金钢、不锈钢的对接及端接，在熔点较低的铜、铝及其合金的焊接中仍有应用，焊接需要预热和缓冷的工具钢、铸铁也比较适合。

2) 气割

气割是利用气体火焰将金属加热到燃点，由高压氧气流使金属燃烧成熔渣且被排开以实现材料切割的方法。气割工艺是一个金属加热—燃烧—吹除的循环过程。

气割的金属必须满足下列条件：

(1) 金属的燃点低于熔点。

(2) 金属燃烧放出较多的热量，且本身导热性较差。

(3) 金属氧化物的熔点低于金属的熔点。

完全满足这些条件的金属有纯铁、低碳钢、低合金钢、中碳钢，而其他常用金属如高碳钢、铸铁、不锈钢、铜、铝及其合金一般不能进行气割。

3) 气体火焰

气焊和气割用于加热及燃烧金属的气体火焰是由可燃性气体和助燃气体混合燃烧而形成。助燃气体使用氧气，可燃性气体种类很多，最常用的是乙炔和液化石油气。

乙炔的分子式为 C_2H_2，在常温和 1 个标准大气压（1atm＝101.325kPa）下为无色气体，能溶解于水、丙酮等液体，属于易燃易爆危险气体，其火焰温度为 3200℃，工业用乙炔主要由水分解电石得到。

液化石油气主要成分是丙烷（C_3H_8）和丁烷（C_4H_{10}），价格比乙炔低且安全，但用于切割时需要较大的耗氧量。

气焊主要采用氧乙炔火焰，在两者的混合比不同时，可得到以下三种不同性质的火焰。

（1）中性焰。如图1.77(a)所示，当氧气与乙炔的混合比为1～1.2时，燃烧充分，燃烧过后无剩余氧或乙炔，热量集中，温度可达3050～3150℃。它由焰心、内焰、外焰三部分组成，焰心是呈亮白色的圆锥体，温度较低；内焰呈暗紫色，温度最高，适用于焊接；外焰颜色从淡紫色逐渐向橙黄色变化，温度下降，热量分散。中性焰应用最广，低碳钢、中碳钢、铸铁、低合金钢、不锈钢、纯铜、锡青铜、铝及铝合金、镁合金等气焊都使用中性焰。

（2）碳化焰。如图1.77(b)所示，当氧气与乙炔的混合比小于1时，部分乙炔未曾燃烧，焰心较长，呈蓝白色，温度最高达2700～3000℃。由于过剩的乙炔分解的碳粒和氢气的原因，有还原性，焊缝含氢增加，焊低碳钢时有渗碳现象，适用于气焊高碳钢、铸铁、高速钢、硬质合金、铝青铜等。

（3）氧化焰。如图1.77(c)所示，当氧气与乙炔的混合比大于1.2时，燃烧过后的气体仍有过剩的氧气，焰心短而尖，内焰区氧化反应剧烈，火焰挺直并发出"嘶嘶"声，温度可达3100～3300℃。由于火焰具有氧化性，焊接碳钢时易产生气体，并出现熔池沸腾现象，很少用于焊接碳钢。轻微氧化的氧化焰适用于气焊黄铜、锰黄铜、镀锌铁皮等。

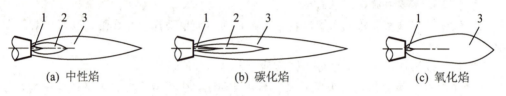

图1.77 氧乙炔火焰形态

1—焰心；2—内焰；3—外焰

2. 气焊工艺

气焊工艺包括气焊设备使用、气焊工艺参数制定、气焊操作技术、气焊焊接材料选择等方面的内容。

1）气焊设备

气焊设备包括氧气瓶、氧气减压器、乙炔瓶（或乙炔发生器和回火防止器）、乙炔减压器、焊炬和气管组成，如图1.78所示。

【参考视频】

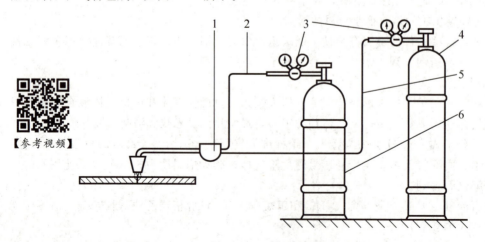

图1.78 气焊设备的组成

1—焊炬；2—乙炔胶管；3—减压器；4—氧气瓶；5—氧气胶管；6—乙炔瓶

(1) 氧气瓶。氧气瓶是储存和运输高压氧气的容器，一般容量为 40L，额定工作压力是 15MPa。

(2) 减压器。减压器用于将气瓶中的高压氧气或乙炔气降低到工作所需要的低压，并能保证在气焊过程中气体压力基本稳定。

(3) 乙炔瓶。乙炔瓶是储存和运输乙炔的容器，其外表涂白色漆，并用红漆标注"乙炔"字样。瓶内装有浸透丙酮的多孔性填料，使乙炔得以安全而稳定地储存于瓶中，多孔性填料通常由活性炭、木屑、浮石和硅藻土合制而成。乙炔瓶额定工作压力是 1.5MPa，一般容量为 40L。

乙炔发生器是使水与电石进行化学反应产生一定压力的乙炔气体的装置。我国主要应用的是中压式(0.045~0.15MPa)乙炔发生器，结构形式有排水式和联合式两种。

(4) 回火防止器。在气焊或气割过程中，当气体压力不足、焊嘴堵塞、焊嘴太热或焊嘴离焊件太近时，会发生火焰沿着焊嘴回烧到输气管的现象，被称为回火。回火防止器是防止火焰向输气管路或气源回烧而引起爆炸的一种保险装置。它有水封式和干式两种，如图 1.79 所示为水封式回火防止器。

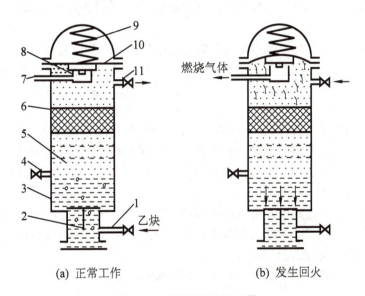

(a) 正常工作　　　　(b) 发生回火

图 1.79　水封式回火防止器

1—进气口；2—单向阀；3—筒体；4—水位阀；5—挡板；6—过滤器；
7—放气阀；8—放气活门；9—弹簧；10—橡皮膜；11—出气口

(5) 焊炬。焊炬的功用是将氧气和乙炔按一定比例混合，以确定的速度由焊嘴喷出，进行燃烧，以形成具有一定能率和性质稳定的焊接火焰。按乙炔气进入混合室的方式不同，焊炬可分成射吸式和等压式两种。最常用的焊炬是射吸式焊炬，其构造如图 1.80 所示。工作时，氧气从喷嘴以很高速度射入射吸管，将低压乙炔吸入射吸管，使两者在混合管充分混合后，由焊嘴喷出，点燃即成焊接火焰。

(6) 气管。氧气橡皮管为黑色，内径为 8mm，工作压力是 1.5MPa；乙炔橡皮管为红色，内径为 10mm，工作压力是 0.5MPa 或 1.0MPa。橡皮管长一般 10~15m。

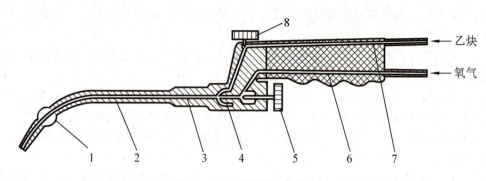

图 1.80 射吸式焊炬的构造

1—焊嘴；2—混合管；3—射吸管；4—喷嘴；
5—氧气阀；6—氧气导管；7—乙炔导管；8—乙炔阀

2) 气焊工艺参数

气焊工艺参数包括火焰性质、火焰能率、焊嘴的倾斜角度、焊接速度、焊丝直径等。

(1) 火焰性质。火焰性质根据被焊件材料确定，见 1.4.3 节"基本原理"中气体火焰部分。

(2) 火焰能率。火焰能率是指单位时间内可燃气体所提供的能量，主要根据单位时间乙炔消耗量来确定。在焊件较厚、材料熔点高、导热性好、焊缝为平焊位置时，应采用较大的火焰能率，以保证焊件熔透，提高劳动生产率。焊炬规格、焊嘴号的选择、氧气压力的调节根据火焰能率调整。

(3) 焊嘴的倾斜角度(也称焊嘴倾角)。焊嘴的倾斜角度是指焊嘴与焊件之间的夹角。焊嘴倾角要根据焊件的厚度、焊嘴的大小及焊接位置等因素决定。在焊接厚度大、熔点高的材料时，焊嘴倾角要大些，以使火焰集中、升温快；反之，在焊接厚度小、熔点低的材料时，焊嘴倾角要小些，防止焊穿。

(4) 焊接速度。焊接速度过快易造成焊缝熔合不良、未焊透等缺陷；焊接速度过慢则易产生过热、焊穿等问题。焊接速度应根据焊件厚度，在适当选择火焰能率的前提下，通过观察和判断熔池的熔化程度来掌握。

(5) 焊丝直径。焊丝直径主要根据焊件厚度确定，见表 1-16。

表 1-16 焊丝直径的选择　　　　　　　　　　　　　　　　(单位：mm)

焊件厚度	焊丝直径	焊件厚度	焊丝直径
1~2	1~2 或不加焊丝	5~10	3.2~4
2~3	2~3	10~15	4~5
3~5	3~3.2		

3) 气焊操作技术

(1) 焊接火焰的点燃与熄灭。在火焰点燃时，先微开氧气调节阀，再打开乙炔调节阀，用明火点燃气体火焰，这时的火焰为碳化焰，然后按焊接要求调节好火焰的性质和能率即可进行正常焊接作业了。火焰熄灭时，首先关闭乙炔调节阀，然后关闭氧气调节阀即可将气体火焰熄灭。若顺序颠倒先关闭氧气调节阀，则会冒黑烟或产生回火。

(2)左向焊和右向焊。左向焊如图1.81(a)所示,焊接方向是自右向左进行,由于焊接火焰与焊件有一定的倾斜角度,所以溶池较浅,适用于焊接薄板,因左向焊接操作简单,应用普通。右向焊如图1.81(b)所示,焊接方向是自左向右进行,火焰热量较集中,并对熔池起到保护作用,适用于焊接厚度大、熔点较高的焊件,但操作难度大,一般采用较少。气焊低碳钢时,左向焊焊嘴与焊件夹角为30°~50°,右向焊焊嘴与焊件夹角为50°~60°。

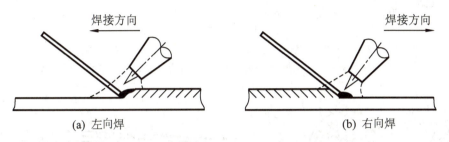

图1.81 左向焊与右向焊

(3)焊炬运走形式。气焊操作一般左手拿焊丝,右手持焊炬。焊接过程中,焊炬除沿焊接方向前进外,还应根据焊缝宽度做一定幅度的横向运动,如在焊薄板卷边接头时做小锯齿形或小斜圆形运动、不开坡口对接接头焊接时做圆圈运动等。

(4)焊丝运走形式。焊丝运走除随焊炬运动外,还有焊丝的送进。平焊位焊丝与焊炬的夹角可在90°左右,焊丝要送到熔池中,与母材同时熔化。至于焊丝送进速度、摆动形式或点动送进方式须根据焊接接头形式、母材熔化等具体情况决定。

4)气焊焊接材料选择

气焊材料主要有焊丝和焊剂。焊丝有碳钢焊丝、低合金钢焊丝、不锈钢焊丝、铸铁焊丝、铜及铜合金焊丝、铝及铝合金焊丝等种类,焊接时根据焊件材料相应选择,达到焊缝金属的性能与母材匹配的效果。在焊接不锈钢、铸铁、铜及铜合金、铝及铝合金时,为防止因氧化物而产生的夹杂物和熔合困难,应加焊剂。一般将焊剂直接撒在焊件坡口上或蘸在气焊丝上。在高温下,焊剂与金属熔池内的金属氧化物或非金属夹杂物相互作用生成焊渣,覆盖在熔池表面,以隔绝空气,防止熔池金属继续氧化。

3. 气割

气割是低碳钢和低合金钢切割中使用最普遍、最简单的一种方法。

1)割炬

割炬的作用是使可燃性气体与氧气混合,形成一定热能和形状的预热火焰,同时在预热火焰中心喷射出切割氧气流,进行金属气割。和焊炬相似,割炬也分为射吸式割炬和等压式割炬两种。

(1)射吸式割炬。其结构如图1.82所示,预热火焰的产生原理同射吸式焊炬,另外切割氧气流经切割氧气管,由割嘴的中心通道喷出,进行气割。割嘴形式最常用的是环形和梅花形,其构造如图1.83所示。

(2)等压式割炬。其构造如图1.84所示,靠调节乙炔的压力实现它与预热氧气的混合,产生预热火焰,要求乙炔源压力在中压以上。切割氧气流也是由单独的管道进入割嘴并喷出。

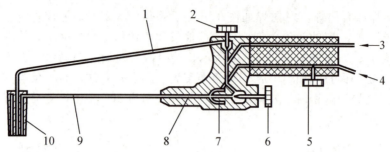

图 1.82　射吸式割炬结构

1—切割氧气管；2—切割氧气阀；3—氧气；4—乙炔；5—乙炔阀；
6—预热氧气阀；7—喷嘴；8—射吸管；9—混合气管；10—割嘴

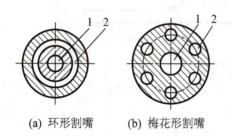

(a) 环形割嘴　　(b) 梅花形割嘴

图 1.83　割嘴构造

1—切割氧孔道；2—混合气孔道

图 1.84　等压式割炬构造

1—割嘴；2—切割氧阀；3—预热氧阀；4—乙炔阀

2) 气割工艺

(1) 手工气割操作注意事项。

切割开始前，清除焊件切割线附近的油污、铁锈等杂物，焊件下面留出一定的空间，以利于氧化渣的吹出。**切割时，先点燃预热火焰**，调整其性质成中性焰或轻微氧化焰，将起割处金属加热到接近熔点温度，**再打开切割氧进行气割**；切割临近结束时，将割炬后倾，使钢板下部先割透，然后割断钢板；**切割结束后，先关闭切割氧，再关闭乙炔，最后关闭预热氧，将火焰熄灭。**

(2) 切割工艺参数。

切割工艺参数包括切割氧气压力、切割速度、预热火焰能率、切割倾角、割嘴与焊件表面间距等。当焊件厚度增加时，应增大切割氧压力和预热火焰能率，适当减小切割速度；而氧气纯度提高时，可适当降低切割氧压力，提高切割速度。切割氧气压力、切割速度、预热火焰能率三者的选择适合保证切口整齐。切割倾角如图 1.85 所示，其选择根据具体情况而定，机械切割和手工曲线切割时，割嘴与焊件表面垂直；在手工切割 30mm 以下焊件时，采用 20°~30°的后倾角；切割 30mm 以上焊件时，先采用 5°~10°的前倾角，割穿后，割嘴垂直于焊件表面，快结束时，采用 5°~10°的后倾角。控制割嘴与焊件的距离，使火焰焰心与焊件表面的距离为 3~5mm。

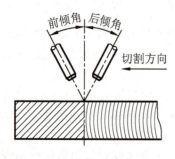

图 1.85　割嘴倾角

1.4.4 电阻焊及其他焊接方法

除了电弧焊和气焊外,电阻焊、电渣焊、高能束焊及钎焊等焊接方法在金属材料连接作业中也有着重要的应用。

1. 电阻焊

电阻焊是将焊件组合后通过电极施加压力,利用电流通过焊件的接触面及临近区域产生的电阻热将其加热到熔化或塑性状态,使之形成金属结合的方法。根据接头形式,电阻焊可分成点焊、缝焊、凸焊和对焊四种,如图 1.86 所示。

与其他焊接方法相比,电阻焊具有以下优点:

(1) 不需要填充金属,冶金过程简单,焊接应力及应变小,接头质量高。
(2) 操作简单,易实现机械化和自动化,生产效率高。

电阻焊的缺点是接头质量难以用无损检测方法检验,焊接设备较复杂,一次性投资较高。

电阻焊目前广泛应用于汽车、拖拉机、航空航天、电子技术、家用电器、轻工业等行业。

1) 点焊

点焊是指将焊件装配成搭接形式,用电极将焊件夹紧并通以电流,在电阻热作用下,电极之间焊件接触处被加热熔化形成焊点。如图 1.86(a)所示,焊件的连接可以由多个焊点实现。**点焊大量应用在小于 3mm 并且不要求气密的薄板冲压件、轧制件接头**,如汽车车身焊装、电器箱板组焊。一个点焊过程主要由预压—焊接—维持—休止四个阶段组成,如图 1.87(a)所示。电阻点焊低碳钢、普通低合金钢、不锈钢、钛及合金材料时可以获得优良的焊接接头。

2) 缝焊

缝焊工作原理与点焊相同,但用滚轮电极代替了点焊的圆柱状电极,滚轮电极施压于焊件并旋转,两者相对运动,在连续或断续通电下,焊件形成一个个熔核相互重叠的密封焊缝,如图 1.86(b)所示。其焊接循环如图 1.87(b)所示。**缝焊一般应用在有密封性要求的接头制造上,适用材料板厚为 0.1~2mm**,如汽车油箱、暖气片、罐头盒的生产。

3) 凸焊

凸焊是指在一焊件接触面上预先加工出一个或多个突起点,在电极加压下与另一焊件接触,通电加热后突起点被压塌,形成焊接点的电阻焊方法,如图 1.86(c)所示。**凸焊的突起点可以是凸点、凸环或环形锐边等形式**。凸焊焊接循环与点焊一样。凸焊主要应用于低碳钢、低合金钢冲压件的焊接,另外螺母与板焊接、线材交叉焊也多采用凸焊的方法及原理。

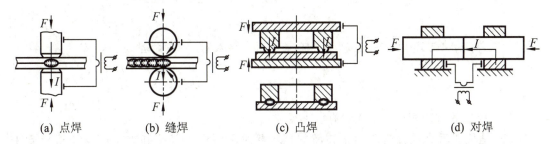

(a) 点焊　　(b) 缝焊　　(c) 凸焊　　(d) 对焊

图 1.86 电阻焊基本方法

4) 对焊

对焊主要用于断面小于 250mm² 的丝材、棒材、板条和厚壁管材的连接。

工作原理如图 1.86(d) 所示,将两焊件端部相对放置,加压使其端面紧密接触,通电后利用电阻热加热焊件接触面至塑性状态,然后迅速施加大的顶锻力完成焊接。电阻对接焊接循环如图 1.87(d) 所示,特点是在焊接后期施加了比预压大的顶锻力。

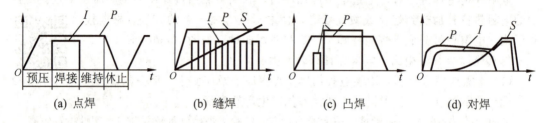

图 1.87 电阻焊焊接循环

I—电流;P—压力;S—位移

2. 电渣焊

电渣焊是一种利用电流通过液体熔渣所产生的电阻热加热熔化填充金属和母材,以实现金属焊接的熔焊方法。如图 1.88 所示,被焊两焊件垂直放置,中间留有 20～40mm 间隙,电流流过焊丝与焊件之间熔化的焊剂形成的渣池,其电阻热又加热熔化焊丝和焊件边缘,在渣池下部形成金属熔池。在焊接过程中,焊丝以一定速度熔化,金属熔池和渣池逐渐上升,远离热源的底部液体金属则渐渐冷却凝固结晶形成焊缝。同时,渣池保护金属熔池不被空气污染,水冷成形滑块与焊件端面构成空腔挡住熔池和渣池,保证熔池金属凝固成形。

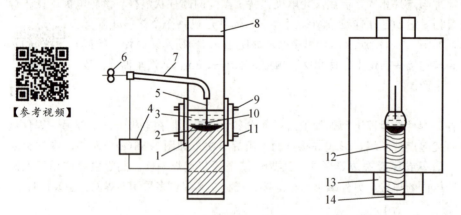

图 1.88 电渣焊过程示意

1—水冷成形滑块;2—金属熔池;3—渣池;4—焊接电源;5—焊丝;6—送丝轮;
7—导电杆;8—引出板;9—出水管;10—金属熔滴;11—进水管;
12—焊缝;13—起焊槽;14—引弧板

与其他熔焊方法相比,电渣焊有以下特点:

(1) 适用于垂直或接近垂直的位置焊接,此时不易产生气孔和夹渣,焊缝成形条件最好。

(2) 厚、大焊件能一次焊接完成,生产率高,与开坡口的电弧焊相比,节省焊接材料。

(3) 由于渣池对焊件有预热作用,焊接碳的质量分数高的金属时冷裂倾向小,但焊缝组织晶粒粗大易造成接头韧度变差,一般焊后应进行正火和回火热处理。

电渣焊适用于厚板、大断面、曲面结构的焊接,如火力发电站数百吨的汽轮机转子、锅炉大厚壁高压汽包等。

3. 电子束焊

电子束焊是以汇聚的高速电子束轰击焊件接缝处产生的热能进行焊接的方法。**电子束焊时,电子的产生、加速和汇聚成束是由电子枪完成的。**电子束焊接如图 1.89 所示,阴极在加热后发射电子,在强电场的作用下电子加速从阴极向阳极运动,通常在发射极到阳极之间加上 30～150kV 的高电压,电子以很高速度穿过阳极孔,并在聚焦线圈会聚作用下聚焦于焊件,电子束动能转换成热能后,使焊件熔化焊接。为了减小电子束流的散射及能量损失,电子枪内要保持 10^{-2} Pa 以上的真空度。

电子束焊按被焊焊件所处环境的真空度可分成三种,即真空电子束焊($10^{-4} \sim 10^{-1}$ Pa)、低真空电子束焊($10^{-1} \sim 25$ Pa)和非真空电子束焊(不设真空室)。

电子束焊与电弧焊相比,其主要特点是:

(1) 功率密度大,可达 $10^6 \sim 10^9 \text{W/cm}^2$。焊缝熔深大、熔宽小,既可以进行很薄材料(0.1mm)的精密焊接,又可以用于很厚(最厚达 300mm)构件的焊接。

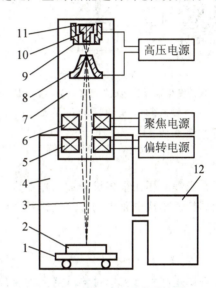

图 1.89 真空电子束焊接示意

1—焊接台;2—焊件;3—电子束;
4—真空室;5—偏转线圈;6—聚焦线圈;
7—电子枪;8—阳极;9—聚束极;
10—阴极;11—灯丝;12—真空泵系统

(2) 焊缝金属纯度高,所有用其他焊接方法能进行熔焊的金属及合金都可以用电子束焊接。还能用于异种金属、易氧化金属及难熔金属的焊接。

(3) 设备较为昂贵,焊件接头加工和装配要求高,另外电子束焊接时应对操作人员加以防护,避免受到 X 射线的伤害。

电子束焊接已经应用于很多领域,如汽车制造中的齿轮组合体、核能工业的反应堆壳体、航空航天部门的飞机发动机等。

4. 激光焊

激光焊是利用大功率相干单色光子流聚集而成的激光束为热源进行焊接的方法。激光的产生是利用了原子受激辐射的原理,当粒子(原子、分子等)吸收外来能量时,从低能级跃升至高能级,此时若受到外来一定频率的光子的激励,又跃迁到相应的低能级,同时发出一个和外来光子完全相同的光子。如果利用装置(激光器)使这种受激辐射产生的光子去激励其他粒子,将导致光放大作用,产生更多的光子,在聚光器的作用下,最终形成一束单色的、方向一致和亮度极高的激光输出。再通过光学聚焦系统,可以使焦点上的激光能

量密度达到 $10^6 \sim 10^{12} \text{W/cm}^2$，然后以此激光用于焊接。激光焊接装置如图 1.90 所示。

激光焊和电子束焊同属高能束焊范畴，与一般焊接方法相比具有以下优点：

（1）激光功率密度高，加热范围小（小于 1mm），焊接速度高，焊接应力和变形小。

（2）可以焊接一般焊接方法难以焊接的材料，实现异种金属的焊接，甚至用于一些非金属材料的焊接。

（3）激光可以通过光学系统在空间传播相当长距离而衰减很小，能进行远距离施焊或对难接近部位焊接。

（4）相对电子束焊而言，激光焊不需要真空室，激光不受电磁场的影响。

激光焊的缺点是焊机价格较贵，激光的电光转换效率低，焊前对工件的加工和装配要求高，焊接厚度比电子束焊低。

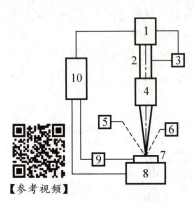

【参考视频】

图 1.90 激光焊接装置示意

1—激光发生器；2—激光光束；3—信号器；
4—光学系统；5—观测瞄准系统；
6—辅助能源；7—焊件；8—工作台；
9—控制系统一；10—控制系统二

激光焊应用在很多机械加工作业中，如汽车车身拼焊、仪器仪表零件的连接、变速箱齿轮焊接、集成电路中的金属箔焊接等。

5. 钎焊

1）定义

钎焊是利用比被焊材料熔点低的金属作钎料，经过加热使钎料熔化，靠毛细管作用将钎料吸入到接头接触面的间隙内，润湿被焊金属表面，使液相与固相之间相互扩散而形成钎焊接头的焊接方法。

钎焊材料包括钎料和钎剂。

钎料是钎焊用的填充材料，在钎焊温度下具有良好的湿润性，能充分填充接头间隙，能与焊件材料发生一定的溶解、扩散作用，保证和焊件形成牢固地结合。**在钎料的液相线温度高于 450℃ 时，接头强度高，称为硬钎焊；低于 450℃ 时，接头强度低，称为软钎焊。** 钎料按化学成分可分为锡基、铅基、锌基、银基、铜基、镍基、铝基、镓基等多种类型钎料。

钎剂的主要作用是去除钎焊焊件和液态钎料表面的氧化膜，保护母材和钎料在钎焊过程中不进一步氧化，并改善钎料对焊件表面的湿润性。钎剂种类很多，软钎剂有氯化锌溶液、氯化锌-氯化铵溶液、盐酸、松香等，硬钎剂有硼砂、硼酸、氯化物等。

2）分类

根据热源和加热方法的不同，钎焊也可分为火焰钎焊、感应钎焊、炉中钎焊、浸沾钎焊、电阻钎焊等。

3）特点

钎焊具有以下优点：

（1）钎焊时由于加热温度低，对焊件材料的性能影响较小，焊接的应力变形比较小。

（2）可以用于焊接碳钢、不锈钢、高合金钢、铝、铜等金属材料，也可以用于连接异种金属、金属与非金属。

(3) 可以一次完成多个焊件的钎焊,生产率高。

钎焊的缺点是接头的强度一般比较低,耐热能力较差,适于焊接承受载荷不大和常温下工作的接头。另外,钎焊之前对焊件表面的清理和装配要求比较高。

1.4.5 现代焊接技术及其发展方向

焊接作为一种传统的工业技术,在新材料不断涌现、新技术迅速发展的今天既面临着挑战,也展现出广阔的发展机遇。

1. 先进材料的连接

现代制造业的发展使得材料应用有从黑色金属向有色金属、从金属材料向非金属材料、从结构材料向功能材料、从单一材料向复合材料变化的趋势。金属材料中超高强度钢、超低温钢、钛合金、高强度轻质铝(或镁)合金等应用越来越多,高性能工程塑料、新型陶瓷因其特殊的性能在现代工程中起着极为重要的作用,而复合材料则是材料发展中的一个重要方向。这些先进的材料往往具有特殊组织结构和性能,其焊接性通常很差,必须研究和开发一些相应的特殊的连接方法以满足先进材料的连接的要求。

2. 焊接方法与电源技术的发展

自 20 世纪 90 年代以来,出现了许多新的焊接方法。例如,A-TIG 焊利用在坡口表面涂敷活化剂使钨极氩弧焊焊接熔深大幅度提高;双丝及多丝埋弧焊可用于中厚板的高速焊接;搅拌摩擦焊技术的发明大大改变并简化了高强度铝合金结构的制造;而采用两种热源叠加的激光-MIG 复合焊接用于汽车制造业,则能增强能量密度并提高生产率。另外作为高能束焊的激光焊接和等离子弧焊接,通过提高输入功率和自动化水平,不仅可以实现大型厚壁焊件的焊接,而且在应用领域也有扩展。

在焊接电源技术方面,一方面作为新型电源的弧焊逆变器,经历了开关器件从晶闸管式到晶体管式、场效应管式、IGBT 式的发展,主电路从硬开关型到软开关型的改进,使逆变电源的节能、轻量、性能优异的特点更突出;另一方面电源控制技术也有从集成电路到单片机控制系统,再到 DSP 控制系统发展过程,电源可以实现最佳焊接工艺参数输出,并能控制熔滴短路过渡过程的电流波形,电源控制有智能化趋势。

3. 焊接自动化水平的提高

焊接自动化水平的提高体现在以下几个方面:

(1) 熔化极气体保护焊逐渐取代焊条电弧焊,成为焊接工艺的主流,焊丝占焊材消耗量的比例逐年增加,从而使焊接机械化和自动化水平提高,对稳定和保证焊接质量、提高生产率发挥着积极作用。

(2) 焊接机器人的出现突破了传统的刚性自动化,为建立柔性焊接生产线提供了技术基础,可以实现小批量产品的焊接自动化,也可以替代人完成恶劣条件下的焊接工作。目前焊接机器人主要应用在汽车、摩托车、工程机械、铁路机车等行业。

【参考视频】

(3) 焊接装备如焊接操作机、变位器、滚轮架在采用微机控制后运动精度提高,另外人工智能如模糊控制、人工神经网络等用于焊缝熔透控制、焊缝跟踪,结合焊接机器人的使用,使空间曲线焊缝也能实现自动焊接。

小 结

设计某种零件时，选何种材料是至关重要的。选择的材料必须满足使用性能（主要是力学性能）、工艺性能和经济性能的要求。能否满足使用性能、工艺性能，可以选用适当的热处理方法来试验。通过热处理过程的加热、保温和冷却改变其整体或表层的组织，从而获得所需要的组织结构与性能。

本章讲述了金属材料的三种成形方法。

1. 铸造分砂型铸造和特种铸造，砂型铸造应用最为广泛

（1）砂型铸造主要加工工艺有制模、造型（制芯）、熔炼、浇注、落砂、清理和检验。

（2）造型分手工造型和机器造型两大类，应用较多的手工造型方法有两箱造型、挖砂造型、假箱造型、活块造型和刮板造型。

（3）金属熔炼是提供铸造用铁液的关键工艺，冲天炉熔炼是通过炉料的组成及金属炉料与焦炭之间的冶金反应得到化学成分合乎规范要求的铁液。

（4）铸造生产工艺繁多，如果原、辅材料使用出现差错，操作程序设计或执行不当，则铸件易产生各种缺陷。

2. 锻压包括锻造和冲压两大类

（1）锻造是将金属坯料放在砧铁或模具之间，使坯料、铸锭产生局部或全部的塑形变形，以获得一定形状、尺寸和质量的锻件的加工方法。锻件的生产过程主要包括下料—加热—锻打成形—冷却—热处理等。锻造可分为自由锻造、胎模锻造和模型锻造等。

（2）冲压是利用装在冲床上的冲模，使金属板料产生塑性分离或变形，以获得零件的方法。冲压包括冲裁、拉深、弯曲、成形和胀形等，属于金属板料成形。

3. 焊接是一种用于金属连接的加工工艺，它有多种方法

（1）电弧焊利用电弧热熔化母材和填充材料实现焊接。该方法应用普遍，适合于各种板厚的黑色金属和有色金属的焊接。

（2）电阻焊采取对焊件接头部位施加压力和电阻热的方式实现焊接。在薄板焊接中应用广泛，有很高的生产效率。

（3）气焊和气割是利用气体火焰热量进行金属焊接和切割的方法，在金属结构件的生产中有大量的应用。

（4）钎焊、高能密束焊、电渣焊等焊接方法采用了多种热源对焊件加热以完成金属的连接，它们的应用各有特点。

复习思考题

[参考答案]

1.1 工程材料及成形技术自测题

一、填空题（每空1分，共20分）

1. 金属材料可分为_____金属材料和_____金属材料。
2. 金属材料中使用最多的是_____。
3. 常用钢件退火可分为_____、_____和_____。
4. 非金属材料可分为_____、_____和_____。
5. 常用的钢的表面热处理有_____和_____两大类。
6. 新型陶瓷按化学成分分为_____、_____和_____。
7. 常用的硬度有_____、_____和_____等。
8. 按磨损的破坏机理，磨损可分为_____、_____和_____。

二、选择题（每小题2分，共40分）

1. 下面所给的4种材料属于碳素钢的是（　　）。
   A. 65Mn　　　B. T1　　　C. H62　　　D. 45
2. 碳素钢的碳的质量分数是（　　）。
   A. <2.11%　　B. 2.11%～3%　　C. 3%～4%　　D. >4%
3. 下面哪个牌号是碳素结构钢（　　）。
   A. Q215A　　B. 15　　　C. ZG200-400　　D. 40Cr
4. H62中的"62"代表的意思是（　　）。
   A. 碳的质量分数　B. 铜的质量分数　C. 铝的质量分数　D. 铁的质量分数
5. 下面哪种性能属于金属材料的物理性能（　　）。
   A. 强度　　　B. 密度　　　C. 硬度　　　D. 塑性
6. 属于金属材料的工艺性能的是（　　）。
   A. 熔点　　　B. 导电性　　C. 焊接性能　　D. 磁性
7. 塑料以（　　）为主要成分。
   A. 橡胶　　　B. 碳化硅　　C. 木头　　　D. 树脂
8. 下面属于黑色金属材料的是（　　）。
   A. 铝　　　　B. 水泥　　　C. 铸铁　　　D. 铜
9. 下面属于有色金属的是（　　）。
   A. 镁　　　　B. 陶瓷　　　C. 合金钢　　D. 玻璃
10. 下面属于结构材料的是（　　）。
    A. 建筑材料　B. 能源材料　C. 金属材料　D. 光学材料
11. 哪种化学成分不属于氧化物陶瓷（　　）。
    A. 氧化铝　　B. 氧化钙　　C. 氧化镁　　D. 氧化钛
12. 哪种化学成分不属于氮化物陶瓷（　　）。
    A. 氮化硅　　B. 氮化硼　　C. 氮化铝　　D. 氮化镁

13. 下面不是用来衡量材料软硬程度的是（   ）。
   A. 布氏硬度　　　　B. 洛氏硬度　　　　C. 强度　　　　D. 维氏硬度
14. 黄铜主要应用在下面哪个方面（   ）。
   A. 电缆　　　　　　B. 电线　　　　　　C. 冷凝器　　　D. 垫圈
15 属于弹簧钢的是（   ）。
   A. 65Mn　　　　　　B. GCr15　　　　　　C. 40Cr　　　　D. 16Mn
16. 钢材退火的温度范围是（   ）。
   A. 740～880℃　　　B. 760～920℃　　　C. 770～870℃　D. 500～620℃
17. 钢材正火的温度范围是（   ）。
   A. 740～880℃　　　B. 760～920℃　　　C. 770～870℃　D. 500～620℃
18. 碳钢中碳的质量分数为（   ）。
   A. 0%～0.021%　　　B. 2.11%～4.3%　　C. 4.3%～6.9%　D. 0.021%～2.11%
19. 下面属于工程材料的工艺性能的是（   ）。
   A. 力学性能　　　　B. 化学性能　　　　C. 焊接性能　　D. 物理性能
20. 低温回火钢的组织是（   ）。
   A. 马氏体　　　　　B. 贝氏体　　　　　C. 索氏体　　　D. 贝氏体和索氏体

三、名词解释（每小题4分，共20分）

1. 热处理
2. 化学热处理
3. 退火
4. 表面淬火
5. 复合材料

四、简答题（每小题10分，共20分）

1. 淬火的目的是什么？
2. 热处理分为哪几种？其目的各是什么？

1.2　铸造自测题

一、填空题（每空1分，共34分）

1. 型（芯）砂应具备的性能是＿＿＿＿、＿＿＿＿、＿＿＿＿、＿＿＿＿和＿＿＿＿等。
2. 芯型主要用于形成铸件的＿＿＿＿、＿＿＿＿和＿＿＿＿等部分。
3. 冲天炉炉料由＿＿＿＿、＿＿＿＿和＿＿＿＿等组成。
4. 手工造型方法很多，有＿＿＿＿造型、＿＿＿＿造型、＿＿＿＿造型、＿＿＿＿造型和＿＿＿＿造型等。
5. 浇注系统一般由外浇口、＿＿＿＿浇道、＿＿＿＿浇道和＿＿＿＿浇道四部分组成。
6. 制芯方法分＿＿＿＿和＿＿＿＿两大类。
7. 铸件在浇注后，要经过＿＿＿＿、＿＿＿＿，然后进行＿＿＿＿。
8. 对铸铁熔炼的基本要求可概括为＿＿＿＿、＿＿＿＿、＿＿＿＿与＿＿＿＿。
9. 机器起模有＿＿＿＿和＿＿＿＿两种。
10. ＿＿＿＿、＿＿＿＿与＿＿＿＿是砂型铸造造型时使用的主要工艺设备。

二、选择题（每小题1分，共11分）

1. 铸造工艺适用范围广，可以铸造壁厚（   ）mm～m，质量从几克到300t的各种金属铸件。

A. 0.01~0.05　　B. 0.05~0.1　　C. 0.1~0.3　　D. 0.3~1

2. 不属于特种铸造的是（　　）。

A. 砂型铸造　　B. 压力铸造　　C. 低压铸造　　D. 离心铸造

3. 压力铸造使用的压力范围是（　　）MPa。

A. 0.1~2　　B. 2~5　　C. 5~150　　D. 150 以上

4. 离心铸造常用旋转速度范围是（　　）r/min。

A. 10~100　　B. 100~250　　C. 250~1500　　D. 1500 以上

5. 属于砂型铸造的工艺设备是（　　）。

A. 模样、芯盒、砂箱　　B. 模样　　C. 芯盒　　D. 砂箱

6. 芯盒按材料分为4类，不属于的是（　　）。

A. 金属芯盒　　B. 木制芯盒　　C. 塑料芯盒　　D. 敞开整体式芯盒

7. 下面属于砂箱造型的是（　　）。

A. 脱箱造型　　B. 三箱造型　　C. 刮板造型　　D. 组芯造型

8. 震压造型的频率为（　　）Hz。

A. 100　　B. 200　　C. 300　　D. 400

9. 震压造型的振幅范围是（　　）mm。

A. 1~2　　B. 2~3　　C. 4~5　　D. 5~10

10. 抛砂造型的抛砂速度范围是（　　）m/s。

A. 10~20　　B. 20~30　　C. 30~50　　D. 50~100

11. 制芯方法中属于手工制芯的是（　　）。

A. 整体式芯盒制芯、分式芯盒制芯、脱落式芯盒制芯
B. 整体式芯盒制芯
C. 分式芯盒制芯
D. 脱落式芯盒制芯

三、名词解释（每小题5分，共25分）

1. 模样
2. 铸造工艺
3. 灰铸铁
4. 气孔
5. 离心铸造

四、简答题（每小题10分，共30分）

1. 浇注系统的类型分为哪几类？
2. 浇注系统的基本要求是什么？
3. 离心铸造的特点是什么？

1.3　锻压自测题

一、填空题（每空1分，共42分）

1. 按所用的设备和工具不同，锻造可分为＿＿＿＿、＿＿＿＿和＿＿＿＿等。
2. 根据锻造温度的不同，锻造可分为＿＿＿＿、＿＿＿＿和＿＿＿＿三种。

3. _____、_____具有良好的塑性，是生产锻件常用的材料。
4. 锻造用钢有_____和_____两种类型。
5. 冲压包括_____、_____、_____、_____和_____等，属于金属板材料成形。
6. 热锻的工艺过程包括_____、_____、_____、_____和_____等过程。
7. 火焰炉包括_____、_____和_____。
8. 在锻造过程中，根据热源的不同，可分为_____和_____。
9. 电加热包括_____、_____和_____。
10. 锻造的温度是指金属_____和_____之间的温度间隔。
11. 按挤压时金属流动与凸模运动方向的关系可分为_____、_____、_____和_____。
12. 常用胎膜结构类型有_____、_____和_____。
13. 金属在加热过程中可能产生的缺陷有_____、_____、_____、_____和_____。

二、选择题（每小题1分，共7分）

1. 低碳钢终止锻造的温度是（　　）℃。
   A. 600　　　　　B. 700　　　　　C. 800　　　　　D. 900
2. 用于锻造的原材料必须具有良好的（　　）。
   A. 强度　　　　B. 硬度　　　　C. 韧性　　　　D. 塑性
3. （　　）属于锻件冷却的方法。
   A. 空冷、坑冷、炉冷　　B. 空冷　　C. 坑冷　　D. 炉冷
4. 为防止冲孔的过程中坯料断裂，一般冲孔孔径要小于坯料直径的（　　）。
   A. 1/2　　　　　B. 1/3　　　　　C. 1/4　　　　　D. 1/5
5. 下面属于常用胎膜结构类型的是（　　）。
   A. 扣模、套筒模、合模　　B. 扣模　　C. 套筒模　　D. 合模
6. 板料的冲压件的厚度一般都不超过（　　）mm，冲压前不需要加热，故又称冷冲压。
   A. 1　　　　　B. 2　　　　　C. 3　　　　　D. 4
7. 摆动碾压是20世纪（　　）年代才得到推广应用的一种新的压力加工方法。
   A. 30　　　　　B. 40　　　　　C. 50　　　　　D. 60

三、名词解释（每小题5分，共40分）

1. 锻造
2. 冷冲压
3. 热锻
4. 自由锻造
5. 模锻
6. 精密模锻
7. 冲压
8. 过烧

四、简答题（每小题11分，共11分）

1. 与模锻相比自由锻有什么特点？

1.4　焊接自测题

一、填空题（每空1分，共29分）

1. 焊接的基本方法分为三大类，即_____焊、_____焊和_____焊。

2. 电弧焊应用广，可以焊接板厚从0.1mm以下到＿＿＿＿＿＿＿的金属结构件。
3. ＿＿＿＿＿＿＿是电弧焊接的热源，电弧燃烧的稳定性对焊接质量有重要影响。
4. 交流焊接＿＿＿＿＿＿电源极性问题。
5. 焊条主要由＿＿＿＿＿和＿＿＿＿＿两部分组成。
6. 焊条药皮组成的主要成分有＿＿＿＿、＿＿＿＿、＿＿＿＿和＿＿＿＿等。
7. 焊条分＿＿＿＿、＿＿＿＿、＿＿＿＿、＿＿＿＿等十大类。
8. 焊条电弧焊有＿＿＿＿＿和＿＿＿＿＿这两种引弧方式。
9. 运条包括控制＿＿＿＿、＿＿＿＿、＿＿＿＿和＿＿＿＿。
10. 焊条型号应主要根据＿＿＿＿＿选择。
11. 焊接电压决定于＿＿＿＿＿。
12. 焊接接头是指用焊接的方法连接的接头，它由＿＿、＿＿、＿＿及其＿＿组成。
13. ＿＿＿＿＿＿是低碳钢和低合金钢切割中使用最普遍、最简单的一种方法。

二、选择题（每小题2分，共6分）

1. 用于锻造的原材料必须具有良好的（　　）。
A. 强度　　　B. 硬度　　　C. 刚度　　　D. 塑性
2. 点焊大量用于小于（　　）mm不要求气密的薄板冲压件、轧制件接头。
A. 3　　　　B. 4　　　　C. 5　　　　D. 6
3. 软钎焊的焊接温度小于（　　）℃。
A. 400　　　B. 850　　　C. 450　　　D. 550

三、判断题（每小题2分，共10分）

1. 当零件接电源输出正极，焊枪接电源输出负极时，简称直流正接。（　　）
2. 划擦法操作是在焊机电源开启后，将焊条末端对准焊缝，并保持两者的距离在15mm以外。（　　）
3. 气体保护焊常用气体为氩气。（　　）
4. CO_2气体保护焊主要用于低碳钢及低合金钢。（　　）
5. 对焊方法主要用于断面小于350mm²的丝材、棒材、板条和厚壁管材的连接。（　　）

四、名词解释（每小题5分，共35分）

1. 熔焊
2. 压焊
3. 电弧焊
4. 极性
5. 气割
6. 电阻焊
7. 激光焊

五、简答题（每小题10分，共20分）

1. 气割的金属必须满足什么条件？
2. 焊接时，焊芯的功能是什么？

第 2 章
切削加工技术

教学提示

本章主要内容：切削加工的两大内容，即机械加工和钳工。目前在各类型的机械制造中，为了获得高的精度和低的表面粗糙度，除极少数采用精密铸造或精密模锻等少屑或无屑加工外，绝大多数需进行切削加工。

本章主要知识点：各种机床的型号、主要结构及操作方法；常用刀具的组成、主要角度及作用；常用附件的作用及应用场合；切削加工常用方法所能达到的尺寸公差等级、表面粗糙度 Ra 值的范围；钳工常用设备、工具和量具的使用方法；钳工主要工序。

教学要求

本章教学要求：熟悉切削加工操作中的切削运动及切削用量三要素，熟悉车刀的组成、主要角度及作用，掌握工件切削加工的步骤安排；熟悉卧式车床的名称、主要组成部分及作用，掌握外圆、端面、内孔的加工操作方法，并能正确选择简单零件的车削加工顺序，要求从工艺角度熟悉零件加工的技术要求，希望从制图标准的认识转化为制造生产的应用；了解刨削、铣削和磨削加工的基本知识，熟悉工件在机用平口钳中的装夹及校正方法，熟悉牛头刨床、卧式万能铣床主要组成部分的名称、运动及作用，掌握在牛头刨床、卧式铣床、立式铣床上加工水平面、垂直面及沟槽的操作；了解钳工在机械制造和维修中的作用、特点；了解钳工操作的各种注意事项，熟悉学习环境中具有的各项有关钳工训练的设施，掌握划线、锯割、锉削、钻孔、攻螺纹及简单的装配技能，能够正确使用工具、量具、独立完成钳工的基本操作。

2.1 切削加工的基础知识

2.1.1 切削加工概述

切削加工是利用切削刀具或工具从毛坯(或型材)上切去多余金属,以获得符合图样要求的形状、尺寸、位置精度和表面粗糙度的零件的加工方法。切削加工分为机械加工(简称机加工)和钳工(2.4节)两类。机械加工主要是工人操作机床对工件进行切削加工。加工时工件和刀具分别夹持在机床的相应装置上,依靠机床提供的动力和其内部传动关系,由刀具对工件进行切削加工。机械加工的主要加工方式有车削、铣削、刨削、磨削、镗削等,使用的机床分别称为车床、铣床、刨床、磨床、镗床等。由于机械加工劳动强度低,自动化程度高,加工质量好,所以已成为切削加工的主要方式。

1. 切削运动

机器零件大部分由一些简单几何表面组成,如各种平面、回转面、沟槽等。机床对这些表面切削加工时,刀具与工件之间需有特定的相对运动,这种相对运动称为切削运动。根据在切削过程中所起的作用不同,切削运动可分为主运动和进给运动两种。

1) 主运动

主运动是能够提供切削加工可能性的运动。没有主运动,就无法对工件进行切削加工。在切削过程中主运动速度最高,消耗机床的动力最多。车削中工件的旋转运动,铣削中铣刀的旋转运动,刨削中牛头刨床上刨刀的往复直线移动,以及钻削中钻头的旋转运动等都是主运动,如图2.1所示。

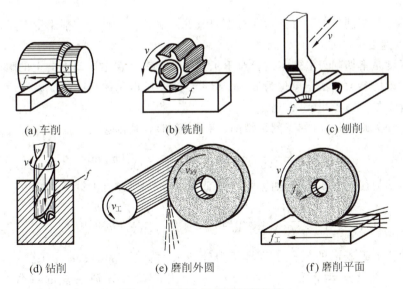

(a) 车削 (b) 铣削 (c) 刨削
(d) 钻削 (e) 磨削外圆 (f) 磨削平面

图 2.1 机械加工时的切削运动

2) 进给运动

进给运动是指能够提供连续切削可能性的运动。没有这个运动就不可能加工成完整零件的形面。进给运动速度相对低,消耗机床的动力相对少。如图 2.1 所示,车削中车刀的纵、横向移动,铣削和刨削中工件的横、纵向移动,钻削中钻头的轴线移动等都是进给运动。

主运动一般只有一个,而进给运动可能有一个或几个。在图 2.1(e)所示外圆磨削中,工件的旋转运动和工件的轴向移动都是进给运动。

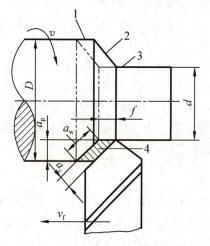

图 2.2　车削时的切削要素

1—待加工表面;2—过渡表面;
3—已加工表面;4—切削层

2. 工件加工的三个表面

在切削过程中,工件上同时形成三个不同的变化着的表面,如图 2.2 所示。

1) 待加工表面

工件上有待切除的表面称待加工表面。

2) 已加工表面

工件上经刀具切削后形成的表面称为已加工表面。

3) 过渡表面(曾称为加工表面)

在工件需加工的表面上,被主切削刃切削形成的轨迹表面称为过渡表面。由于过渡表面是待加工表面与已加工表面间的过渡面,所以得此称谓。

2.1.2　切削要素

切削要素包括切削用量和切削层几何参数。现以车削外圆面(图 2.2)为例,介绍如下。

1. 切削用量三要素

切削用量是切削速度、进给量和背吃刀量的总称,三者称为切削用量三要素。

1) 切削速度

切削速度是指切削刃上选定点相对于工件待加工表面在主运动方向上的瞬时速度。它是描述主运动的参数,法定单位为 m/s,但**在生产中除磨削的切削速度单位用 m/s 外,其他切削速度单位习惯上用 m/min**。

当主运动为旋转运动(如车削、铣削、磨削等)时,切削速度 v 的计算公式为

$$v=\frac{\pi Dn}{1000\times 60}(\text{m/s}) \quad \text{或} \quad v=\frac{\pi Dn}{1000}(\text{m/min})$$

当主运动为往复直线运动(如刨削、插削等)时,切削速度的计算公式为

$$v=\frac{2Ln_r}{1000\times 60}(\text{m/s}) \quad \text{或} \quad v=\frac{2Ln_r}{1000}(\text{m/min})$$

式中:D 为待加工表面的直径或刀具切削处的最大直径(mm);n 为工件或刀具的转速(r/min);L 为往复运动行程长度(mm);n_r 为主运动每分钟往复的次数(行程次数)(str/min)。

提高切削速度,则生产率和加工质量都有所提高。但切削速度的提高受机床动力和刀具耐用度的限制。

2)进给量

进给量是指主运动在一个工作循环内,刀具与工件在进给运动方向上的相对位移量,用 f 表示。**当主运动为旋转运动时,进给量 f 的单位为 mm/r,称为每转进给量。当主运动为往复直线运动时,进给量 f 的单位为 mm/str,称为每行程(往复一次)进给量。**

对于铰刀、铣刀等多齿刀具,进给量是指每齿进给量,即 $f_z = f/z$。

单位时间进给量称为进给速度 v_f,单位为 mm/s 或 mm/min。进给量越大,生产率一般越高,但是,工件表面的加工质量也越低。

3)背吃刀量

背吃刀量一般是指工件待加工表面与已加工表面间的垂直距离。铣削的背吃刀量 a_p 为沿铣刀轴线方向上测量的切削层尺寸。

车削外圆时背吃刀量计算公式为

$$a_p = (D-d)/2$$

式中:D、d 分别为工件上待加工表面和已加工表面的直径(mm)。

背吃刀量 a_p 增加,生产效率提高,但切削力也随之增加,故容易引起工件振动,使加工质量下降。

2. 切削层几何参数

切削层是指工件上相邻两个加工表面之间的一层金属(图 2.2),即工件上正被切削刃切削着的那层金属。车外圆时

$$A_c = a_w a_c = a_p f$$

式中:a_w 为切削宽度,即沿主切削刃方向度量的切削层尺寸;a_c 为切削厚度,即相邻两加工表面间的垂直距离;A_c 为切削面积,即切削层垂直于切削速度截面内的面积。

2.1.3　刀具材料及刀具的几何角度

在金属切削加工中,刀具直接参与切削,为使刀具具有良好的切削性能,必须选择合适的刀具材料、合理的角度及适当的结构。

1. 刀具材料

刀具切削部分的材料必须满足切削条件的要求,即其材料硬度要大于工件硬度,一般应在 60HRC 以上;要有一定的强度和韧性,以承受切削力和振动;要有一定的热硬性,即高温下仍具备良好的强度、韧性、硬度和耐磨性;要具有良好的工艺性能等。其角度既要使刀具锋利,又要使刀具坚固。

刀具材料有工具钢(碳素工具钢、合金工具钢、高速工具钢)、硬质合金、陶瓷和超硬刀具材料四大类。 碳素工具钢用于锉刀、锯条等手动工具,合金工具钢用于手动或低速机动工具,使用最多的为高速工具钢和硬质合金。目前机械加工中除砂轮是由磨料加结合剂用烧结方法制成的多孔物体外,其他刀具大多是由高速工具钢、硬质合金等材料制成的。

1)高速工具钢

高速工具钢是指含有钨、铬、钒等元素的高合金工具钢,热处理后硬度可达 62~65HRC。当切削温度为 500~600℃时,高速工具钢能保持其良好的切削性能。高速工具钢适用于各种刀具,尤其是各种复杂刀具,如钻头、铣刀、拉刀、齿轮刀具、丝锥、板牙、铰刀等。

2) 硬质合金

硬质合金是指用碳化钨(WC)、碳化钛(TiC)和钴(Co)等材料用粉末冶金方法制成的刀具材料。硬质合金的特点是硬度高(相当于 74～82HRC)、耐磨性好，且在 800～1000℃的高温下仍能保持其良好的热硬性。因此，使用硬质合金刀具，可达到较大的切削用量，能显著提高生产率。但硬质合金刀具韧度差，不耐冲击，所以大都制成刀片形式焊接或机械夹固在中碳钢的刀杆体上使用。普通硬质合金按 ISO 标准可分为 P、K、M 三类，见表 2-1。

表 2-1 常用硬质合金牌号及应用范围

分类	旧标准代号	主要成分	颜色	粗加工选用牌号	半精加工选用牌号	精加工选用牌号	应用范围
P	YT 类	TiC+WC+Co	蓝色	P30、P40、P50	P10、P20	P01	主要用于加工碳素钢、合金钢等材料
K	YG 类	WC+Co	红色	K30、K40	K10、K20	K01	主要用于加工铸铁、有色金属及非金属材料
M	YW 类	TiC+WC+TaC(NbC)+Co	黄色	M30、M40	M20	M10	主要用于加工钢(包括难加工钢)、铸铁及有色金属

2. 刀具的几何角度

切削刀具的种类很多，但它们的结构要素和几何角度有许多共同的特征。各种切削刀具中，车刀最为简单。在图 2.3 所示刀具中的任何一齿都可以看成是车刀切削部分的演变及组合，因此从车刀入手进行切削角度的研究就更具有实际意义。

1) 车刀的组成

车刀是由刀头和刀杆两部分组成。刀头是车刀的切削部分，刀杆是车刀的夹持部分。切削部分由三面、二刃、一尖组成，如图 2.4 所示。

(1) 前刀面。刀具上切屑流过的表面。

(2) 后刀面。与工件加工表面相对的表面。

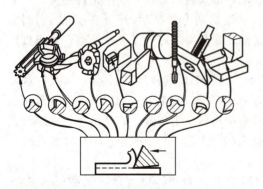

图 2.3 各种刀具切削部分的形状

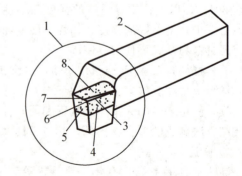

图 2.4 车刀的组成

1—刀头；2—刀杆；3—主切削刃；4—后刀面；
5—副后刀面；6—刀尖；7—副切削刃；8—前刀面

(3) 副后刀面。与工件已加工表面相对的表面。

(4) 主切削刃。前刀面与后刀面相交的切削刃,它承担着主要的切削任务,用以形成工件的过渡表面。

(5) 副切削刃。前刀面与副后刀面相交的切削刃,它承担着微量的切削任务,以最终形成工件的已加工表面。

(6) 刀尖。主切削刃与副切削刃的交接处。为了强化刀尖,常将其磨成小圆弧形。

2) 车刀角度

图 2.5 所示为车刀的主要角度及辅助平面。

(1) 前角 γ_o。前角是指前刀面与基面的夹角,在正交平面中测量。其作用是使切削刃锋利。但前角也不能太大,否则会削弱刀头的强度,使切削刃易磨损甚至崩坏。加工塑性材料时,前角应选大些,加工脆性材料时,前角要选小些。另外,粗加工时前角选较小值,精加工时前角选较大值。前角取值范围为 $-5°\sim25°$。

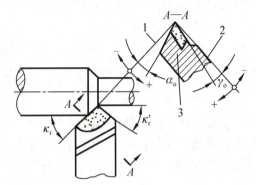

图 2.5 车刀的主要角度及辅助平面
1—切削平面;2—基面;3—正交平面

(2) 主后角 α_o。主后角是指后刀面与切削平面间的夹角,在正交平面中测量。其作用是减少后刀面与工件的摩擦。主后角取值范围为 $3°\sim12°$。粗加工时主后角选较小值,精加工时主后角选较大值。

(3) 主偏角 κ_r。主偏角是指主切削刃在基面上的投影与进给运动方向之间的夹角,在基面中测量。减小主偏角,使切削负荷减轻,同时加强了刀尖强度,改善散热条件,提高刀具寿命。但减小主偏角,会使刀具对工件的径向切削力增大,影响加工精度。因此,工件刚性较差时,应选用较大的主偏角。

(4) 副偏角 κ_r'。副偏角是指副切削刃在基面上的投影与进给反方向之间的夹角,在基面中测量。减小副偏角,有利于降低加工表面粗糙度数值。但是副偏角太小,切削过程中会引起工件振动,影响加工质量。副偏角取值范围为 $5°\sim15°$,粗加工时副偏角选较大值,精加工时副偏角选较小值。

2.1.4 零件切削加工步骤安排

切削加工步骤安排是否合理,对零件加工质量、生产率及加工成本影响很大。但是,因零件的材料、批量、形状、尺寸大小、加工精度及表面质量等要求不同,切削加工步骤的安排也不尽相同。在单件小批生产小型零件的切削加工中,通常按以下步骤进行。

1. 阅读零件图

零件图是技术文件,是制造零件的依据。切削加工人员只有在完全读懂图样要求的情况下,才可能加工出合格的零件。

通过阅读零件图,要了解被加工零件是什么材料,零件上哪些表面要进行切削加工,各加工表面的尺寸、形状、位置精度及表面粗糙度要求,据此进行工艺分析,确定加工方案,为加工出合格的零件做好技术准备。

2. 零件的预加工

加工前，要对毛坯进行检查，有些零件还需要进行预加工，常见的预加工有划线和钻中心孔。

（1）毛坯划线。零件的毛坯很多是由铸造、锻压和焊接方法制成的。由于毛坯有制造误差，且制造过程中加热和冷却不均匀，会产生很大内应力，进而产生变形。为便于切削加工，加工前要对这些毛坯划线。通过划线确定加工余量、加工位置界线，合理分配各加工面的加工余量，使加工余量不均匀的毛坯免于报废。但在大批量生产中，由于零件毛坯使用专用夹具装夹，则不用划线。

（2）钻中心孔。在加工较长轴类零件时，多采用锻压棒料做毛坯，并在车床上加工。由于轴类零件加工过程中，需多次掉头装夹，为保证各外圆面间同轴度要求，必须建立同一定位基准。同一基准的建立是在棒料两端用中心钻钻出中心孔，工件通过双顶尖装夹进行加工。

3. 选择加工机床及刀具

根据零件被加工部位的形状和尺寸，选择合适类型的机床，这是既能保证加工精度和表面质量，又能提高生产率的必要条件之一。一般零件的加工表面为回转面、回转体端面和螺旋面，遇有这样的加工表面时，多选用车床加工，并根据工序的要求选择刀具。

4. 安装工件

工件在切削加工之前，必须牢固地安装在机床上，并使其相对机床和刀具有一个正确位置。工件安装是否正确，对工件加工质量及生产率有很大影响。工件安装方法主要有以下两种。

（1）直接安装。工件直接安装在机床工作台或通用夹具（如三爪自定心卡盘、四爪单动卡盘等）上。这种安装方法简单、方便，通常用于单件小批量生产。

（2）专用夹具安装。工件安装在为其专门设计和制造的夹具中。用这种方法安装工件时，无须找正，而且定位精度高，夹紧迅速可靠，通常用于大批量生产。

5. 工件的切削加工

一个零件往往有多个表面需要加工，而各表面的质量要求又不相同。为了高效率、高质量、低成本地完成各零件表面的切削加工，要视零件的具体情况，合理地安排加工顺序和划分加工阶段。

1）加工阶段的划分

（1）**粗加工阶段**。即用较大的背吃刀量和进给量、较小的切削速度进行切削。这样既可以用较少的时间切除工件上大部分加工余量，提高生产效率，又可为精加工打下良好的基础，同时还能及时发现毛坯缺陷，及时报废或予以修补。

（2）**精加工阶段**。因该阶段工件加工余量较小，可用较小的背吃刀量和进给量、较大的切削速度进行切削。这样加工产生的切削力和切削热较小，很容易达到工件的尺寸精度、形位精度和表面粗糙度要求。

划分加工阶段除有利于保证加工质量外，还能合理地使用设备。但是，**当毛坯质量**

高、加工余量小、刚性好、加工精度要求不很高时,可不用划分加工阶段,而在一道工序中完成粗、精加工。

2) 工艺顺序的安排

影响加工顺序安排的因素很多,通常考虑以下原则:

(1) 基准先行。应在一开始就确定好加工精基准面,再以精基准面为基准加工其他表面。一般工件上较大的平面多作为精基准面。

(2) 先粗后精。先进行粗加工,后进行精加工,有利于保证加工精度和提高生产率。

(3) 先主后次。主要表面是指零件上的工作表面、装配基准面等,它们的技术要求较高,加工工作量较大,故应先安排加工。次要表面(如非工作面、键槽、螺栓孔等)因加工工作量较小,对零件变形影响小,而又多与主要表面有相互位置要求,所以应在主要表面加工之后或穿插其间安排加工。

(4) 先面后孔。有利于保证孔和平面间的位置精度。

(5) "一刀活"。指一次装夹中加工出有位置精度要求的各表面。

6. 零件检测

经过切削加工后的零件是否符合零件图要求,要通过用测量工具测量的结果来判断。

以上是从理论上学习安排零件切削加工步骤,如何在生产中具体应用这些理论呢?请参见本书的 2.2 节中关于"车削综合工艺举例"、2.3 节中关于"铣削综合工艺举例""刨削综合工艺举例"及"磨削综合工艺举例",这些都是单工种的综合工艺,另外还可参见 4.3 节中多工种的综合工艺讲解。

2.2 车　　削

2.2.1　车削概述

车削加工既适合于单件小批量零件的加工生产,又适合于大批量零件的加工生产。车削加工所能完成的工作,如图 2.6 所示。

车床在机械加工设备中占总数的 50%以上,是金属切削机床中数量最多的一种,适于加工各种回转体表面,在现代机械加工中占有重要的地位。车削加工可以在卧式车床、立式车床、转塔车床、仿形车床、自动车床、数控车床及各种专用车床上进行,以满足不同尺寸、形状零件的加工及提高劳动生产率,其中卧式车床应用最广。

1. 车削加工的特点

车削加工与其他切削加工方法比较,具有如下特点。

(1) 车削适应范围广。它是加工不同材质、不同精度的各种具有回转表面零件不可缺少的工序。

(2) 容易保证零件各加工表面的位置精度。例如,在一次安装过程中加工工件各回转面时,可保证各加工表面的同轴度、平行度、垂直度等位置精度的要求。

(3) 生产成本低。车刀是刀具中最简单的一种,制造、刃磨和安装较方便。车床附件较多,生产准备时间短。

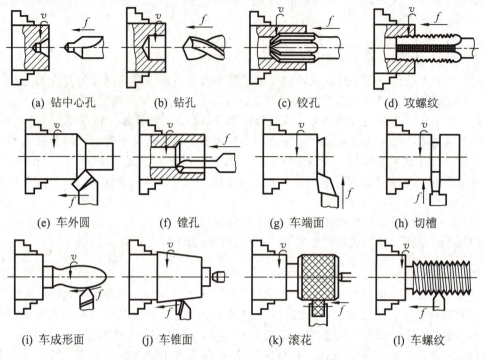

图 2.6 车削加工可完成的主要工作

(4) 生产率较高。车削加工一般是等截面连续切削。因此，切削力变化小，较刨、铣等切削过程平稳。可选用较大的切削用量，生产率较高。

车削的尺寸公差等级一般可达 IT8～IT7，表面粗糙度 Ra 值为 $3.2～1.6\mu m$。尤其是**对不宜磨削的有色金属进行精车加工，可获得更高的尺寸精度和更小的表面粗糙度 Ra 值。**

2. 卧式车床的组成

机床均用汉语拼音字母和数字按一定规律组合进行编号，以表示机床的类型和主要规格。车工实习中常用的车床型号为 C6132、C6136，在 C6132 车床编号中，C 是"车"字汉语拼音的首字母，读作"车"；6 和 1 分别为机床的组别和系别代号，表示卧式车床；32 为主参数代号，表示最大车削直径的 1/10，即最大车削直径为 320mm。

卧式车床有各种型号，其结构大致相似。图 2.7 所示为 C6132 型卧式车床外形及主要结构，其主要组成部分如下。

1) 床身

床身用以连接机床各主要部件，并保证各部件间有正确的相对位置。床身上的导轨，用以引导刀架和尾座相对于主轴的正确移动。

2) 变速箱

主轴的变速主要通过变速箱完成。变速箱内有变速齿轮，通过改变变速箱上的变速手柄的位置可以改变主轴的转速，变速箱远离主轴可减少由变速箱的振动和发热对主轴产生的影响。

3) 主轴箱

内装主轴和主轴的变速机构，可使主轴获得多种转速。**主轴是由前后轴承精密支承着**

的空心结构,以便穿过长棒料进行安装,主轴前端的内锥面用来安装顶尖,外锥面可安装卡盘等车床附件。

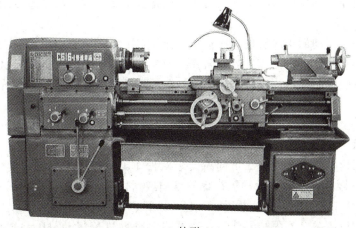

(a) 外形

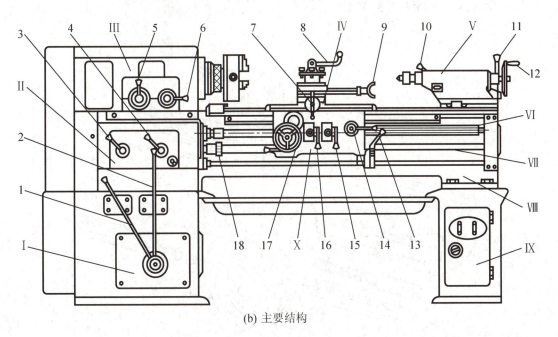

(b) 主要结构

图 2.7　C6132 型卧式车床

Ⅰ—变速箱;Ⅱ—进给箱;Ⅲ—主轴箱;Ⅳ—刀架;Ⅴ—尾座;
Ⅵ—丝杠;Ⅶ—光杠;Ⅷ—床身;Ⅸ—床腿;Ⅹ—溜板箱

1,2,6—主运动变速手柄;3,4—进给运动变速手柄;5—刀架纵向移动变速手柄;
7—刀架横向运动手柄;8—方刀架锁紧手柄;9—小滑板移动手柄;10—尾座套筒锁紧手柄;
11—尾座锁紧手柄;12—尾座套筒移动手轮;13—主轴正反转及停止手柄;14—开合螺母开合手柄;
15—横向进给自动手柄;16—纵向进给自动手柄;17—纵向进给手动手柄;
18—光杠、丝杠更换使用的离合器

4）进给箱

进给箱是传递进给运动并改变进给速度的变速机构。传入进给箱的运动,通过进给箱的变速齿轮可使光杠和丝杠获得不同的转速,以得到加工所需的进给量或螺距。

5）溜板箱

溜板箱是进给运动的操纵机构。溜板箱与床鞍(图2.8中序号7,也称大刀架)连接在一起,将光杠的旋转运动变为车刀的横向或纵向移动,用以车削端面或外圆,将丝杠的旋转运动变为车刀的纵向移动,用以车削螺纹。溜板箱内设有互锁机构,使光杠、丝杠两者不能同时使用。

6）刀架

图2.8所示为C6132型车床刀架。刀架用来装夹车刀并使其作纵向、横向和斜向运动。它是多层结构,其中方刀架2可同时安装四把车刀,以供车削时选用。小滑板(小刀架)4受其行程的限制,一般做手动短行程的纵向或斜向进给运动,车削圆柱面或圆锥面。转盘3用螺栓与中滑板(中刀架)1紧固在一起,松开螺母6,转盘3可在水平面内旋转任意角度。中滑板1沿床鞍7上面的导轨做手动或自动横向进给运动。床鞍7与溜板箱连接,带动车刀沿床身导轨做手动或自动纵向移动。

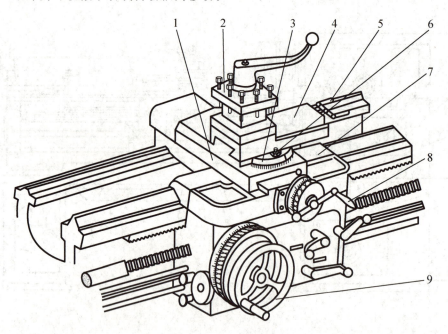

图 2.8 C6132型车床刀架结构

1—中滑板;2—方刀架;3—转盘;4—小滑板;5—小滑板手柄;
6—螺母;7—床鞍;8—中滑板手柄;9—床鞍手轮

7）尾座

尾座套筒内装入顶尖用来支承长轴类工件的另一端,也可装上钻头、铰刀等刀具,进行钻孔、铰孔等工作。当尾座在床身导轨上移到某一所需位置后,便可通过压板和固定螺钉将其固定在床身上。松开尾座底板的紧固螺母,拧动两个调节螺钉,可调整尾座的横向位置,以便顶尖中心对准主轴中心,或偏离一定距离车削长圆锥面。松开套筒锁紧手柄,转动手轮带动丝杠,能使螺母及与它相连的套筒相对尾座体移动一定距离。如将套筒退缩到最后位置,即可自行卸出带锥度的顶尖或钻头等工具。

3. 车床传动

车床的传动系统由两部分组成,主运动传动系统和进给运动传动系统。图 2.9 所示为 C6132 型车床的传动系统简图。

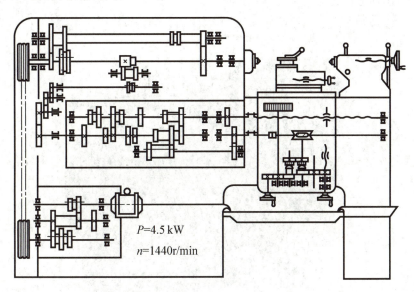

图 2.9　C6132 型车床传动系统简化示意图

1) 主运动传动系统

从电动机经变速箱和主轴箱使主轴旋转,称为主运动传动系统。电动机的转速是不变的,为 1440r/min。通过变速箱后可获得 6 种不同的转速。这 6 种转速通过带轮可直接传给主轴,也可再经主轴箱内的减速机构获得另外 6 种较低的转速。因此,C6132 型车床的主轴共有 12 种不同的转速。另外,**通过电动机的反转,主轴还有与正转相适应的 12 种反转转速**。

2) 进给运动传动系统

主轴的转动经进给箱和溜板箱使刀架移动,称为进给运动传动系统。车刀的进给速度是与主轴的转速配合的,主轴转速一定,通过进给箱的变速机构可使光杠获得不同的转速,再通过溜板箱又能使车刀获得不同的纵向或横向进给量;也可使丝杠获得不同的转速,加工出不同螺距的螺纹。另外,**调节正反向走刀手柄可获得与正转相适应的反向进给量**。

4. 其他车床

除上述卧式车床外,还有如下几种常见的车床。

1) 立式车床

立式车床可用于加工内外圆柱面、圆锥面、端面等,适用于加工长度短而直径大的重型零件,如大型带轮、轮圈、大型电动机零件等。立式车床的主轴回转轴线处于垂直位置,圆形工作台在水平面内,工件安装调整较安全和方便。它的立柱和横梁上都装有刀架,刀架上的刀具可同时切削并快速换刀。

2) 转塔车床

转塔车床曾称六角车床，用于加工外形复杂且大多数中心有孔的零件，如图2.10所示。转塔车床在结构上没有丝杠和尾座，代替卧式车床尾座的是一个可旋转换位的转塔刀架。该刀架可按加工顺序同时安装钻头、铰刀、丝锥及装在特殊刀夹中的各种车刀共6把。还有一个与卧式车床相似的四方刀架，两个刀架配合使用，可同时对工件进行加工。另外，机床上还有定程装置，可控制加工尺寸。

(a) 外形

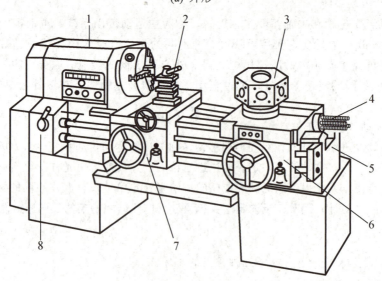

(b) 主要结构

图2.10 转塔车床

1—主轴箱；2—四方刀架；3—转塔刀架；4—定程装置；5—床身；
6—转塔刀架溜板箱；7—四方刀架溜板箱；8—进给箱

2.2.2 工件的安装及车床附件

安装工件时应使被加工表面的回转中心和车床主轴的轴线重合,以保证工件在加工之前在机床或夹具中占有一个正确的位置,即定位。工件定位后还要夹紧,以承受切削力、重力等。所以工件在机床(或夹具)上的安装一般经过定位和夹紧两个过程。按零件的形状、大小和加工批量不同,安装的方法及所用附件也不同。在普通车床上常用的附件有三爪自定心卡盘、四爪单动卡盘、顶尖、跟刀架、中心架、心轴、花盘弯板等。这些附件是通用的车床夹具,一般由专业厂家生产作为车床附件配套供应。当工件定位面较复杂或有其他特殊要求时,应设计专用车床夹具。

1. 三爪自定心卡盘

三爪自定心卡盘的外形如图 2.11(a)所示,内部构造如图 2.11(b)所示。使用时,用卡盘扳手转动小锥齿轮 1,可使与其相啮合的大锥齿轮 2 随之转动,大锥齿轮 2 背面的平面螺纹就使三个卡爪 3 同时做向心或离心移动,以夹紧或松开工件。当工件直径较大时,可换上反爪进行装夹,如图 2.11(c)所示。**三爪自定心卡盘的定心精度不高,一般为 0.05～0.15mm**,其夹紧力较小,仅适于夹持表面光滑的圆柱形或六角形等零件,而不适于单独安装质量重或形状复杂的零件。但由于三个卡爪是同时移动的,装夹工件时**能自动定心**、可省去许多校正工件的时间。因此,三爪自定心卡盘仍然是车床最常用的通用夹具。

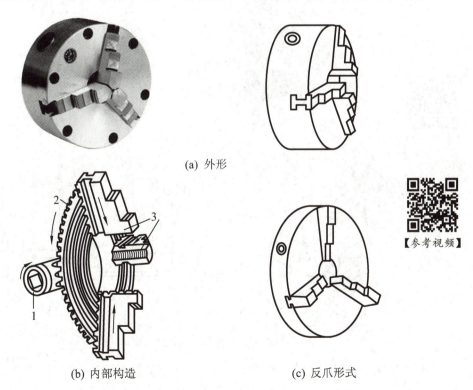

(a) 外形

(b) 内部构造

(c) 反爪形式

【参考视频】

图 2.11 三爪自定心卡盘
1—小锥齿轮;2—大锥齿轮;3—卡爪

三爪自定心卡盘安装工件的步骤如下：

（1）工件在卡爪间必须放正，夹持长度至少 10mm，轻轻夹紧后，随即取下扳手，以免开车时工件飞出，砸伤人或机床。

（2）开动机床，使主轴低速旋转，检查工件有无偏摆，若有偏摆应停车，用小锤轻敲校正，然后紧固工件，取下扳手。

（3）移动车刀至车削行程的左端，用手旋转卡盘，检查刀架等是否与卡盘或工件碰撞。

2. 四爪单动卡盘

四爪单动卡盘也是常见的通用夹具，其外形如图 2.12(a)所示。它的四个卡爪的径向位移由四个螺杆单独调整，不能自动定心，因此在安装工件时找正时间较长，要求技术水平高。用四爪单动卡盘安装工件时卡紧力大，既适于装夹圆形零件，还可装夹方形、长方形、椭圆形、内外圆偏心的零件或其他形状不规则的零件。四爪单动卡盘只适用于单件小批量零件的生产。

四爪单动卡盘安装工件时，一般用划线盘按工件外圆或内孔进行找正。**当要求定位精度达到 0.02～0.05mm 时，可以按事先划出的加工界线用划线盘进行划线找正**，如图 2.12(b)所示。**当要求定位精度达到 0.01mm 时，可用百分表找正**，如图 2.12(c)所示。

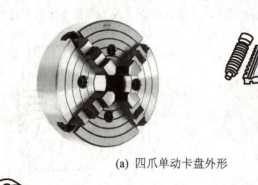

(a) 四爪单动卡盘外形

【参考视频】

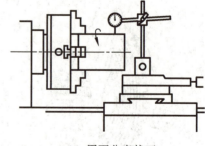

(b) 划线找正　　　　　　　(c) 用百分表找正

图 2.12　四爪单动卡盘及其找正

当按事先划出的加工界线用划线盘找正时，先使划针靠近被轻轻夹紧的工件上划出的加工界线，慢慢转动卡盘，先校正端面，在离针尖最近的工件端面上用小锤轻轻敲击至各处距离相等。将划针针尖靠近外圆，转动卡盘，校正中心，将离开针尖最远处的一个卡爪松开，拧紧其对面的一个卡爪，反复调整几次，直至校正为止，最后紧固工件。

3. 顶尖、跟刀架及中心架

在顶尖上安装轴类工件,由于两端都是锥面定位,其定位精度较高,即使是多次装卸与掉头,也能保证各外圆面有较高的同轴度。当车细长轴(长度与直径之比大于20)时,由于工件本身的刚性不足,为防止工件在切削力作用下产生弯曲变形而影响加工精度,除了用顶尖安装工件外,还常用中心架或跟刀架作附加的辅助支承。

1) 顶尖

常用的顶尖有死顶尖和活顶尖两种。较长或加工工序较多的轴类零件,常采用前后两顶尖安装,如图2.13所示,由拨盘带动卡箍(又称鸡心夹头),卡箍带动工件旋转。前顶尖装在主轴上采用死顶尖,和主轴一起旋转;后顶尖装在尾座上固定不转,易磨损,在高速切削时常采用活顶尖。当不需要掉头安装即可在车床上保证工件的加工精度时,也可用三爪自定心卡盘代替拨盘。用顶尖安装工件的步骤如下。

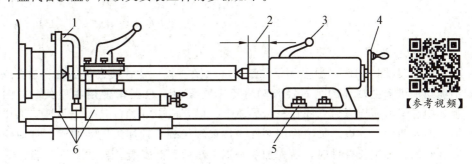

图 2.13 用双顶尖安装工件

1—卡箍夹紧工件;2—调整套筒伸出长度;3—锁紧套筒;4—调整工件在顶尖间的松紧度;
5—将尾座固定;6—刀架移至车削行程左侧,用手转动拨盘,检查是否碰撞

(1) 安装工件前,车两端面,用中心钻在两端面上加工出中心孔。A型中心孔的60°锥面和顶尖的锥面相配合,前端的小圆柱孔是为保证顶尖与锥面紧密接触,并可储存润滑油。B型中心孔有双锥面,中心孔前端的120°锥面,用于防止60°定位锥面被碰坏。

(2) 在工件一端安装卡箍,用手稍微拧紧卡箍螺钉,在工件的另一端中心孔里涂上润滑油。

(3) 擦净与顶尖配合的各锥面,并检查中心孔是否平滑,再将顶尖用力装入锥孔内,调整尾座横向位置,直至前后顶尖轴线重合。将工件置于两顶尖间,视工件长短调整尾座位置,保证能让刀架移至车削行程的最右端,同时又要尽量使尾座套筒伸出最短,然后将尾座固定。

(4) 转动尾座手轮,调节工件在顶尖间的松紧度,使之既能自由旋转,又无轴向松动,最后紧固尾座套筒。

(5) 将刀架移至车削行程最左端。用手转动拨盘及卡箍,检查是否与刀架等碰撞。

(6) 拧紧卡箍螺钉。

(7) 当切削用量较大时,工件因发热而伸长,在加工过程中还需将顶尖位置做及时调整。

2) 跟刀架

跟刀架主要用于精车或半精车细长光轴类零件,如丝杠和光杠等。如图2.14(b)所示,跟刀架被固定在车床床鞍上,与刀架一起移动,使用时,先在工件上靠后顶尖的一端车出一小段外圆,根据它调节跟刀架的两支承,然后车出全轴长。使用跟刀架可以抵消径向切削力,从而提高精度和表面质量。

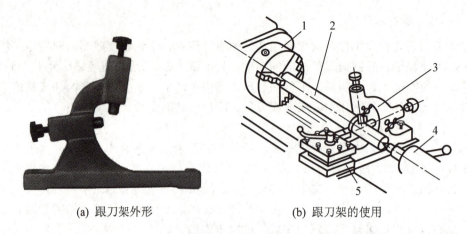

(a) 跟刀架外形　　　　　　(b) 跟刀架的使用

图 2.14　跟刀架

1—三爪自定心卡盘；2—工件；3—跟刀架；4—尾座；5—刀架

3）中心架

中心架（图 2.15）一般多用于加工阶梯轴及在长杆件端面进行钻孔、镗孔或攻螺纹。对**不能通过机床主轴孔的大直径长轴进行车端面时，也经常使用中心架**。如图 2.15(b)所示，中心架由压板螺钉紧固在车床导轨上，以互成120°角的三个支承爪支承在工件经预先加工的外圆面上，以增加工件的刚性。**如果细长轴不宜加工出外圆面，可使用过渡套筒安装细长轴**。加工长杆件时，需先加工一端，然后调头安装，再加工另一端。

应用跟刀架或中心架时，工件被支承部位即加工过的外圆表面，要加机油润滑。工件的转速不能过高且支承爪与工件的接触压力不能过大，以免工件与支承爪之间摩擦过热而烧坏或磨损支承。但支承爪与工件的接触压力也不能过小，否则起不到辅助支承的作用。另外，支承爪磨损后应及时调整支承爪的位置。

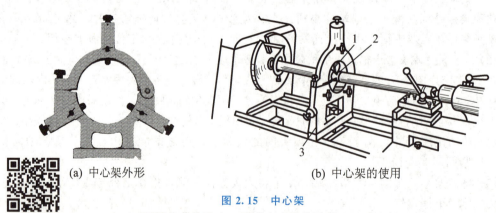

(a) 中心架外形　　　　　　(b) 中心架的使用

图 2.15　中心架

1—可调节支承爪；2—预先车出的外圆面；3—中心架

4. 心轴

形状复杂或同轴度要求较高的盘套类零件，常用心轴安装加工，以保证工件外圆与内孔的同轴度及端面与内孔轴线的垂直度的要求。

用心轴安装工件，应先对工件的孔进行精加工（达 IT8～IT7），然后以孔定位。心轴用双顶尖安装在车床上,以加工端面和外圆。安装时,根据零件的形状、尺寸、精度要求和加工数量的不同,采用不同结构的心轴。

1) 圆柱心轴

当零件长径比小于1时,应使用带螺母压紧的圆柱心轴,如图 2.16 所示。工件左端靠紧心轴的台阶,由螺母及垫圈将工件压紧在心轴上。为保证内外圆同心,孔与心轴之间的配合间隙应尽可能小些,否则其定心精度将随之降低。一般情况下,当工件孔与心轴采用 H7/h6 配合时,同轴度误差不超过 $\phi 0.02 \sim \phi 0.03$ mm。

2) 小锥度心轴

当零件长径比大于1时,可采用带有小锥度(1/5000~1/1000)的心轴,如图 2.17 所示。工件孔与心轴配合时,靠接触面产生弹性变形来夹紧工件,故切削力不能太大,以防工件在心轴上滑动而影响正常切削。小锥度心轴定心精度较高,同轴度误差不超过 $\phi 0.005 \sim \phi 0.01$ mm,多用于磨削或精车,但轴向定位不确定。

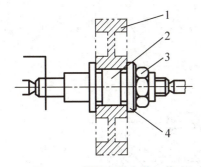

图 2.16 圆柱心轴安装工件

1—工件;2—心轴;3—螺母;4—垫圈

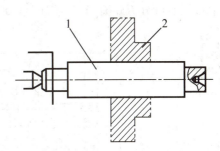

图 2.17 圆锥心轴安装工件

1—心轴;2—工件

3) 胀力心轴

胀力心轴是通过调整锥形螺杆使心轴一端作微量的径向扩张,以将工件孔胀紧的一种快速装卸的心轴,适用于安装中小型零件。

4) 螺纹伞形心轴

螺纹伞形心轴适于安装以毛坯孔为基准车削外圆的带有锥孔或阶梯孔的零件。其特点是:装卸迅速,装夹牢固,能装夹一定尺寸范围内不同孔径的零件。

此外,还有弹簧心轴和离心力夹紧心轴等。

【参考图文】

【参考图文】

5. 花盘及弯板

如图 2.18(a)所示,花盘端面上的 T 形槽用来穿压紧螺栓,中心的内螺孔可直接安装在车床主轴上。安装时花盘端面应与主轴轴线垂直,花盘本身形状精度要求高。工件通过压板、螺栓、垫铁等固定在花盘上。花盘用于安装大、扁、形状不规则的并且三爪自定心卡盘和四爪单动卡盘无法装卡的大型零件,可确保所加工的平面与安装平面平行及所加工的孔或外圆的轴线与安装平

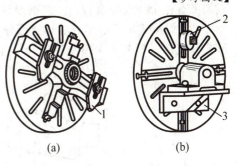

图 2.18 用花盘或用花盘弯板安装工件

1—压板;2—配重;3—弯板

面垂直。

弯板多为90°角铁，两平面上开有槽形孔用于穿紧固螺钉。先将弯板用螺钉固定在花盘上，再将工件用螺钉固定在弯板上，如图2.18(b)所示。当要求待加工的孔（或外圆）的轴线与安装平面平行或要求两孔的中心线相互垂直时，可用花盘弯板安装工件。

用花盘或花盘弯板安装工件时，应在重心偏置的对应部位加配重进行平衡，以防加工时因工件的重心偏离旋转中心而引起振动和冲击。

2.2.3 车刀

虽然车刀的种类及形状多种多样。但其材料、结构、角度、刃磨及安装基本相似。

1. 车刀的分类

车刀是一种单刃刀具，其种类很多。

1）按用途分

车刀按用途可分为外圆车刀、端面车刀、镗刀、切断刀等，如图2.19所示。

【参考视频】

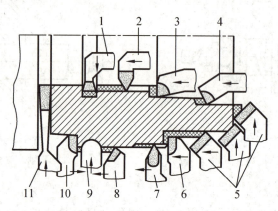

图 2.19 车刀种类

1—车槽镗刀；2—内螺纹车刀；3—盲孔镗刀；4—通孔镗刀；5—弯头外圆车刀；6—右偏刀；
7—外螺纹车刀；8—直头外圆车刀；9—成形车刀；10—左偏刀；11—切断刀

2）按结构形式分

车刀按结构形式分以下几种：

（1）整体式车刀。车刀的切削部分与夹持部分材料相同，用于在小型车床上加工工件或加工有色金属及非金属，高速钢刀具即属此类，如图2.20所示。

（2）焊接式车刀。车刀的切削部分与夹持部分材料完全不同。切削部分材料多以刀片形式焊接在刀杆上，常用的硬质合金车刀即属此类。适用于各类车刀，特别是较小的刀具，如图2.21所示。

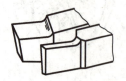

图 2.20 整体式车刀

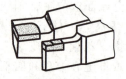

图 2.21 焊接式车刀

（3）机夹式车刀。分为机械夹固重磨式和不重磨式，前者用钝可集中重磨，后者切削刃用钝后可快速转位再用，又称机夹可转位式刀具，特别适用于自动生产线和数控车床。机夹式车刀避免了刀片因焊接产生的应力、变形等缺陷，刀杆利用率高，如图2.22所示。

 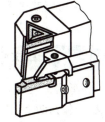

(a) 机夹重磨式车刀　　(b) 机夹可转位车刀

图 2.22　机夹式车刀

2. 车刀的安装

车刀使用时必须正确安装。车刀安装的基本要求如下：

（1）刀尖应与车床主轴轴线等高且与尾座顶尖对齐，刀杆应与工件的轴线垂直，其底面应平放在方刀架上。

（2）刀头伸出长度应小于刀杆厚度的1.5~2倍，以防切削时产生振动，影响加工质量。

（3）刀具应垫平、放正、夹牢。垫片数量不宜过多，以1~3片为宜，一般用两个螺钉交替锁紧车刀。

（4）锁紧方刀架。

（5）装好工件和刀具后，检查加工极限位置是否会干涉、碰撞。

3. 车刀的刃磨

车刀在使用前，一般要经过刃磨；当车刀用钝后，也必须刃磨，以恢复其原来的形状、角度和刀刃的锋利。车刀通常是在砂轮机上刃磨，如图2.23所示。磨高速钢刀具要用氧化铝砂轮（一般为白色），磨硬质合金刀具要用碳化硅砂轮（一般为绿色）。车刀在砂轮机上刃磨后，还要用油石加机油将各面研磨抛光，以提高车刀的耐用度和被加工工件的表面质量。刃磨车刀时的注意事项如下：

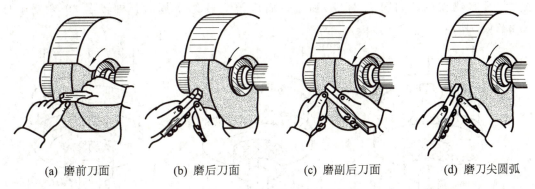

(a) 磨前刀面　　(b) 磨后刀面　　(c) 磨副后刀面　　(d) 磨刀尖圆弧

图 2.23　刃磨外圆车刀的一般步骤

（1）启动砂轮或磨刀时，人应站在砂轮侧面，防止砂轮破碎伤人。

（2）刃磨时，双手拿稳车刀，并让受磨面轻贴砂轮。倾斜角度要合适，用力应均匀，以免挤碎砂轮，造成事故。

（3）刃磨时，车刀应在砂轮圆周面上左右移动，使砂轮磨耗均匀，不出沟槽，不要在砂轮两侧面用力刃磨车刀，以免砂轮受力偏摆、跳动，甚至破碎。

(4) **刃磨高速钢车刀，刀头磨热时，应放入水中冷却**，以免刀具因温升过高而软化。**刃磨硬质合金车刀，刀头磨热后应将刀杆置于水内冷却，刀头不能蘸水**，防止产生裂纹。

2.2.4 车床操作要点

在车削工件时，要准确、迅速地调整背吃刀量，必须熟练地使用中滑板和小滑板的刻度盘，同时在加工中必须按照操作步骤进行。

1. 刻度盘及其手柄的使用

中滑板的刻度盘紧固在横向丝杠的轴头上，中滑板和丝杠螺母紧固在一起。当中滑板手柄带着刻度盘转一周时，丝杠也转一周，这时螺母带动中滑板移动一个螺距。所以中滑板移动的距离可根据刻度盘上的格数来计算。其计算式为

$$刻度盘每转一格中滑板带动刀架横向移动距离 = \frac{丝杠螺距}{刻度盘格数}(\text{mm})$$

例如，C6132 型车床中滑板丝杠螺距为 4mm，中滑板刻度盘等分为 200 格，故每转一格中滑板移动的距离为 $4 \div 200 = 0.02$mm。刻度盘转一格，滑板带着车刀移动 0.02mm，即径向背吃刀量为 0.02mm，工件直径减少了 0.04mm。

小滑板刻度盘主要用于控制工件长度方向的尺寸，其刻度原理及使用方法与中滑板相同。

加工外圆时，车刀向工件中心移动为进刀，远离中心为退刀。而加工内孔时则与其相反。进刀时，必须慢慢转动刻度盘手柄使刻线转到所需要的格数。**当手柄转过了头或试切后发现直径太小需退刀时**，由于丝杠与螺母之间存在间隙，会产生空行程（即刻度盘转动而溜板并未移动），因此**不能将刻度盘直接退回到所需的刻度**，此时一定要向相反方向全部退回，以消除空行程，然后再转到所需要的格数。如图 2.24(a) 所示，要求手柄转至 30 刻度，但摇过头成 40 刻度，此时不能将刻度盘直接退回到 30 刻度。如果直接退回到 30 刻度，则是错误的，如图 2.24(b) 所示。而应该反转约半周后，再转至 30 刻度，如图 2.24(c) 所示。

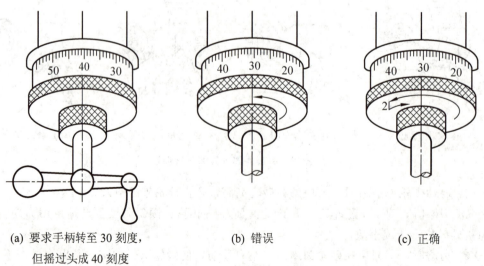

(a) 要求手柄转至 30 刻度，但摇过头成 40 刻度　　(b) 错误　　(c) 正确

图 2.24　手柄摇过头后的纠正方法

2. 车削步骤

在正确安装工件和刀具之后，通常按以下步骤进行车削。

1）试切

试切是精车的关键，为了控制背吃刀量，保证工件径向的尺寸精度，开始车削时，应先进行试切。试切的方法与步骤如下：

第一步[图2.25(a)、(b)]，**开车对刀，使刀尖与工件表面轻微接触**，确定刀具与工件的接触点，作为进切深的起点，然后向右纵向退刀，记下中滑板刻度盘上的数值。注意对刀时必须开车，因为**这样可以找到刀具与工件最高处的接触点，也不容易损坏车刀。**

第二步[图2.25(c)、(d)、(e)]，按背吃刀量或工件直径的要求，根据中滑板刻度盘上的数值进切深，并手动纵向切进1～3mm，然后向右纵向退刀。

第三步[图2.25(f)]，进行测量。如果尺寸合格了，就按该切深将整个表面加工完；如果尺寸偏大或偏小，就重新进行试切，直到尺寸合格。试切调整过程中，为了迅速而准确地控制尺寸，背吃刀量需按中滑板丝杠上的刻度盘来调整。

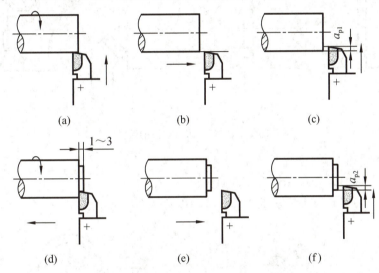

图2.25 试切方法

2）切削

经试切获得合格尺寸后，就可以扳动自动走刀手柄使之自动走刀。每当车刀纵向进给至末端距离3～5mm时，应将自动进给改为手动进给，以避免行程走刀超长或切削卡盘爪。如需再切削，可将车刀沿进给反方向移出，再进切深进行车削。如不再切削，则应先将车刀沿切深反方向退出，脱离工件已加工表面，再沿进给反方向退出车刀，然后停车。

3. 检验

工件加工完后要进行测量检验，以确保零件的质量。

2.2.5 车削工艺

利用车床各种附件，选用不同的车刀，可以加工外圆、端面及螺纹面等各种回转面。

【参考图文】

【参考视频】

1. 车端面

端面常作为轴类、套盘类零件的轴向定位基准，因此，车削时常将作为基准的端面先车出。

1) 车刀的选择

车端面时如选用右偏刀由外向中心车端面，如图2.26(a)所示，此时由副切削刃切削，车到中心时，凸台突然车掉，刀头易损坏，切削深度大时，易扎刀；如图2.26(b)所示，如选用左偏刀由外向中心车端面，主切削刃切削，切削条件有所改善；如图2.26(c)所示，如果用弯头车刀由外向中心车端面，主切削刃切削，凸台逐渐车掉，切削条件较好，加工质量较高；精车中心不带孔或带孔的端面时，可选用右偏刀由中心向外进给，由主切削刃切削，切削条件较好，能提高切削质量。如图2.26(d)所示为用右偏刀车中心带孔的端面。

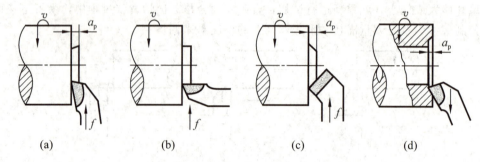

图 2.26　车端面时车刀的选择

2) 车端面操作

(1) 安装工件时，要对其外圆及端面找正。

(2) 安装车刀时，刀尖应对准工件中心，以免端面出现凸台(图2.27)。

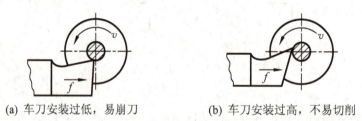

(a) 车刀安装过低，易崩刀　　　(b) 车刀安装过高，不易切削

图 2.27　车端面时车刀的安装

(3) 端面质量要求较高时，最后一刀应由中心向外切削。

(4) 车大端面时，为了车刀能准确地横向进给，应将床鞍板紧固在床身上，用小滑板调整背吃刀量。

2. 车圆柱面

【参考图文】

【参考视频】

车床上可以车外圆，还可以用钻头、扩孔钻、铰刀、镗刀进行钻孔、扩孔、铰孔和镗孔。下面仅介绍车外圆、钻孔和镗孔。

1) 车外圆

如图2.19所示，直头外圆车刀可以车无台阶的光滑轴和盘套类的外圆。弯头外圆车刀不仅可用来车削外圆,且可车端面和倒角。偏刀可用于加工有台阶的外圆和细长轴。此外直头和弯头车刀的刀头部分强度好,一般用于粗加工和半精加工,而90°偏刀常用于精加工。

(1) 粗车铸、锻件毛坯时,为保护刀尖,应先车端面或倒角,且背吃刀量应大于或等于工件硬皮厚度,然后纵向走刀车外圆。

(2) 精车外圆时,必须合理选择刀具角度及切削用量,用油石修磨切削刃,正确使用切削液。特别要注意试切,以保证尺寸精度。

2) 钻孔

在车床上钻孔,大都将麻花钻头[图 2.6(b)]装在尾座套筒锥孔中进行。钻削时,工件旋转运动为主运动,钻头的纵向移动为进给运动,钻孔操作步骤如下。

【参考视频与图文】

(1) 车平端面。为防止钻头引偏,先将工件端面车平,且在端面中心预钻锥形定心坑。

(2) 装夹钻头。锥柄钻头可直接装在尾座套筒锥孔中,直柄钻头用钻夹头夹持。

(3) 调整尾座位置。调整尾座位置,使钻头能达到所需长度,为防止振动应使套筒伸出距离尽量短。位置调好后,固定尾座。

(4) 开车钻削。钻削时速度不宜过高,以免钻头剧烈磨损,通常取速度 v 为 0.3~0.6m/s。钻削时先慢后快,将要钻通时,应降低进给速度,以防折断钻头。孔钻通后,先退出钻头再停车。钻削过程中,须经常退出钻头进行排屑和冷却。钻削碳素钢时,须加切削液。

3) 镗孔

钻出的孔或铸孔、锻孔,若需进一步加工,可进行镗孔。镗孔可作为孔的粗加工、半精加工或精加工,加工范围很广。镗孔能较好地纠正孔原来的轴线歪斜,提高孔的位置精度。

【参考视频】

(1) 镗刀的选择。

镗通孔、盲孔及内孔切槽所用的镗刀,如图 2.28 所示。为了避免由于切削力而造成的"扎刀"或"抬刀"现象,镗刀伸出长度应尽可能短,以减少振动,但应不小于镗孔深度。安装通孔镗刀时,主偏角可小于90°,如图 2.28(a)所示;安装盲孔镗刀时,主偏角需大于90°,如图 2.28(b)所示,否则内孔底平面不能镗平,镗孔在纵向进给至孔的末端时,再转为横向进给,即可镗出内端面与孔壁垂直良好的衔接表面。镗刀安装后,在开车前,应先检查镗刀杆装得是否正确,以防止镗孔时由于镗刀刀杆装得歪斜而使镗杆碰到已加工的内孔表面。

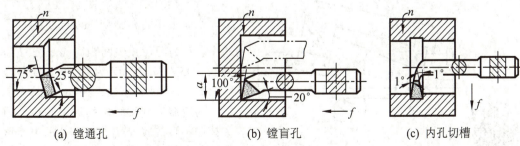

图 2.28 在车床上车孔

(2) 镗孔操作。

① 由于镗刀杆刚性较差，切削条件不好，因此，切削用量应比车外圆时小。

② 粗镗时，应先进行试切，调整切削深度，然后自动或手动走刀。调整切深时，必须注意镗刀横向进退方向与车外圆相反。

③ 精镗时，背吃刀量和进给量应更小，调整背吃刀量时应利用刻度盘，并用游标卡尺检查工件孔径。当孔径接近最后尺寸时，应以很小的切深镗削，以保证镗孔精度。

3. 车圆锥面及成形面

在机械制造业中，除采用内外圆柱面作为配合表面外，还广泛采用内外圆锥面作为配合表面，如车床主轴的锥孔、尾座的套筒、钻头的锥柄等。这是因为圆锥面配合紧密，拆卸方便，而且多次拆卸仍能准确定心。

车削圆锥面的方法有四种：宽刀法、小刀架转位法、偏移尾座法和靠模法。

(1) 宽刀法。如图2.29所示，车刀的主切削刃与工件轴线间的夹角等于零件的半锥角α。宽刀法的特点是加工迅速，能车削任意角度的内外圆锥面，但不能车削太长的圆锥面，并要求机床与工件系统有较好的刚性。

(2) 小刀架转位法。如图2.30所示，转动小刀架，使其导轨与主轴轴线成半锥角α后再紧固转盘，摇小刀架进给手柄车出锥面。此法调整方便，操作简单，加工质量较好，适于车削任意角度的内外圆锥面。但受小刀架行程限制，只能手动车削长度较短的圆锥面。

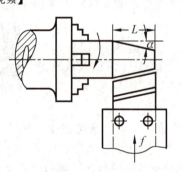

图 2.29 宽刀法

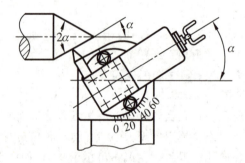

图 2.30 小刀架转位法

(3) 偏移尾座法。如图2.31所示，将工件置于前、后顶尖之间，调整尾座横向位置，使工件轴线与纵向走刀方向成半锥角α。

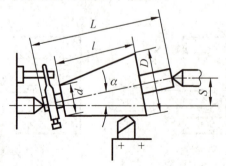

图 2.31 偏移尾座法

尾座偏移量：$S = L\sin\alpha$

当α很小时：$S = L\tan\alpha = L\dfrac{D-d}{2l}$

式中，L 为前后顶尖间距离（mm）；l 为圆锥长度（mm）；D 为锥面大端直径（mm）；d 为锥面小端直径（mm）。

为克服工件轴线偏移后中心孔与顶尖接触不良的状况，生产中可采用球形头顶尖。偏移尾座法能自动进给车削较长的圆锥面，但由于受尾座偏移量的限

制只能加工半锥角 α 小于 8°的外锥面，且精确调整尾座偏移量较费时。

(4) 靠模法。如图 2.32 所示，靠模板装置的底座固定在床身的后面，底座上装有带锥度的靠模板 4，它可绕中心轴 3 旋转到与工件轴线成半锥角 α，靠模板上装有可自由滑动的滑块 2。车锥面时，首先，须将中滑板 1 上的丝杠与螺母脱开，以使中滑板能自由移动。其次，为了便于调整背吃刀量，把小滑板转过 90°，并把中滑板 1 与滑块 2 用固定螺钉连接在一起。然后调整靠模板 4 的角度，使其与工件的半锥角 α 相同。于是，当床鞍做纵向自动进给时，滑块 2 就沿着靠模板 4 滑动，从而使车刀的运动平行于靠模板 4，车出所需的圆锥面。对于某些半锥角小于 12°的锥面较长的内外圆锥面，当其精度要求较高且批量较大时常采用靠模法。

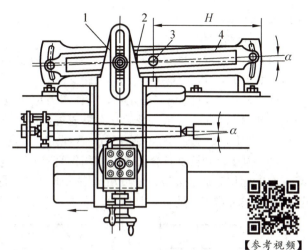

图 2.32 靠模法

1—中滑板；2—滑块；3—中心轴；4—靠模板

【参考视频】

【参考视频】【参考图文】

4. 车成形面

在车床上加工成形面一般有四种方法：

(1) 用普通车刀车削成形面。此法是手动控制成形。如图 2.6(i)所示，双手操纵中、小滑板手柄，使刀尖的运动轨迹与回转成形面的母线相符。此法加工成形面需要较高的技艺，工件成形后，还需进行锉修，生产率较低。

(2) 用成形车刀车削成形面。如图 2.33 所示，此法要求切削刃形状与零件表面相吻合，装刀时刃口要与工件轴线等高，加工精度取决于刀具。由于车刀和工件接触面积大，容易引起振动，因此，需采用小切削用量，只做横向进给，且要有良好的润滑条件。此法操作方便，生产率高，且能获得精确的表面形状。但由于受零件表面形状和尺寸的限制，且刀具制造、刃磨较困难，因此，只在成批生产较短成形面的零件时采用。

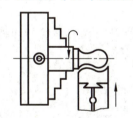

图 2.33 用成形车刀车削成形面

(3) 用靠模车削成形面。用靠模车削成形面的原理和靠模法车削圆锥面相同。此法加工零件尺寸不受限制，可采用机动进给，生产效率较高，加工精度较高，广泛用于成批大量生产中。

(4) 用数控车床加工成形面。由于数控车床刚性好，制造和对刀精度高，以及能方便地进行人工补偿和自动补偿，所以能加工尺寸精度要求较高的零件，在有些场合可以以车代磨，可以利用数控车床的直线和圆弧插补功能，车削由任意直线和曲线组成的形状复杂的回转体零件(详见本书第 3 章)。

5. 车台阶面

台阶面是常见的零件结构，它由一段圆柱面和端面组成。

1) 车刀的选择与安装

车轴上的台阶面应使用偏刀。安装时应使车刀主切削刃垂直于工件的轴线或与工件轴线约成 95°。

2) 车台阶操作

(1) 车台阶的高度小于 5mm 时，应使车刀主切削刃垂直于工件的轴线，台阶可一次车出。装刀时可用 90°角尺对刀，如图 2.34(a)所示。

(2) 车台阶高度大于 5mm 时，应使车刀主切削刃与工件轴线约成 95°，分层纵向进给切削，如图 2.34(b)所示。最后一次纵向进给时，车刀刀尖应紧贴台阶端面横向退出，以车出 90°台阶，如图 2.34(c)所示。

(3) 为使台阶长度符合要求，可用钢直尺直接在工件上确定台阶位置，并用刀尖刻出线痕，以此作为加工界线；也可用卡钳从钢直尺上量取尺寸，直接在工件上划出线痕。上述方法都不够准确，为此，划线痕应留出一定的余量。

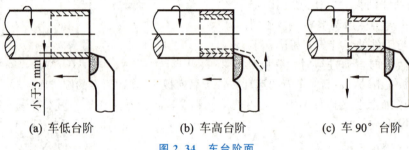

(a) 车低台阶　　　(b) 车高台阶　　　(c) 车 90°台阶

图 2.34　车台阶面

6. 车槽及切断

【参考图文】

回转体表面常有退刀槽、砂轮越程槽等沟槽，在回转体表面上车出沟槽的方法称车槽。切断是将坯料或工件从夹持端上分离出来，主要用于圆棒料按尺寸要求下料，或把加工完毕的工件从坯料下切下来。

1) 切槽刀与切断刀

切槽刀(图 2.35)前端为主切削刃，两侧为副切削刃。切断刀的刀头形状与切槽刀相似，但其主切削刃较窄，刀头较长，切槽与切断都是以横向进刀为主。

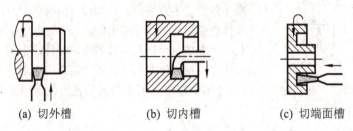

(a) 切外槽　　　(b) 切内槽　　　(c) 切端面槽

图 2.35　切槽刀及切断刀

2) 刀具安装

应使切槽刀或切断刀的主切削刃平行于工件轴线，两副偏角相等，刀尖与工件轴线等高。切断刀安装时刀尖必须严格对准工件中心。若刀尖装得过高或过低，切断处均将剩有凸起部分，且刀头容易折断或不易切削。此外，还应注意切断时车刀伸出刀架的长度不要过长。

3) 切槽操作

(1) 切窄槽时，主切削刃宽度等于槽宽，在横向进刀中一次切出。

(2) 切宽槽时，主切削刃宽度可小于槽宽，在横向进刀中分多次切出。

4) 切断操作

(1) 切断处应靠近卡盘，以免引起工件振动。

(2) 注意正确安装切断刀。

(3) 切削速度应低些，主轴和刀架各部分配合间隙要小。

(4) 手动进给要均匀。快切断时，应放慢进给速度，以防刀头折断。

7. 车螺纹

【参考图文】

螺纹种类有很多，按牙型分有三角形、梯形、方牙螺纹等数种。按标准分有米制和英制螺纹。米制三角形螺纹牙型角为60°，用螺距或导程来表示；英制三角形螺纹牙型角为55°，用每英寸牙数作为主要规格。各种螺纹都有左旋、右旋、单线、多线之分，其中以米制三角形螺纹即普通螺纹应用最广。普通螺纹以大径、中径、螺距、牙型角和旋向为基本要素，是螺纹加工时必须控制的部分。在车床上能车削各种螺纹，现以车削普通螺纹为例予以说明。

1) 螺纹车刀及安装

车刀的刀尖角度必须与螺纹牙型角相等，车刀前角等于零度。车刀刃磨时按样板刃磨，刃磨后用油石修光。安装车刀时，刀尖必须与工件中心等高。调整时，用对刀样板对刀，保证刀尖角的等分线严格地垂直于工件的轴线。

2) 车削螺纹操作

在车床上车削单头螺纹的实质就是使车刀的纵向进给量等于零件的螺距。为保证螺距的精度，应使用丝杠与开合螺母的传动来完成刀架的进给运动。车螺纹要经过多次走刀才能完成。**当丝杠的螺距 P_s 是零件螺距 P 的整数倍时，在多次走刀过程中，可任意打开合上开合螺母**，车刀总会落入原来已切出的螺纹槽内，**不会"乱扣"。若不为整数倍时，多次走刀和退刀时，均不能打开开合螺母，否则，将发生"乱扣"**。车外螺纹操作步骤如下：

(1) 开车对刀，使车刀与工件轻微接触，记下刻度盘读数，向右退出车刀，如图 2.36(a) 所示。

(2) 合上开合螺母，在工件表面上车出一条螺旋线，横向退出车刀，停车，如图 2.36(b) 所示。

(3) 开反车使车刀退到工件右端，停车，用钢直尺检查螺距是否正确，如图 2.36(c) 所示。

(4) 利用刻度盘调整背吃刀量，开车切削，如图 2.36(d) 所示。

(5) 将要车至行程终了时，应做好退刀停车准备，先快速退出车刀，然后停车，开反车退回刀架，如图 2.36(e) 所示。

(6) 再次横向切入，继续切削，一直车至螺纹成形，并用螺纹量规检验合格为止，如图 2.36(f) 所示。

3) 车螺纹的进刀方法

【参考视频】

(1) 直进刀法。用中滑板横向进刀，两切削刃和刀尖同时参加切削。直进刀法操作方便，能保证螺纹牙型精度，但车刀受力大，散热差，排屑难，刀尖易磨损。此法适用于车削脆性材料、小螺距螺纹或精车螺纹。

(2) 斜进刀法。用中滑板横向进刀和小滑板纵向进刀相配合，使车刀基本上只有一个切削刃参加切削，车刀受力小，散热、排屑有改善，可提高生

【参考图文】

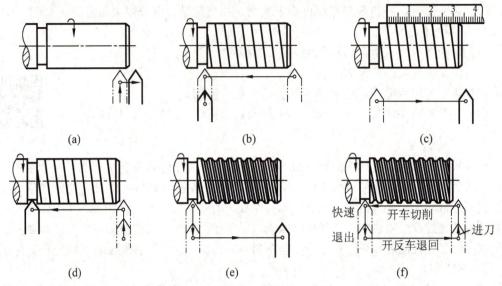

图 2.36 车削外螺纹操作步骤

产率。但螺纹牙型的一侧表面粗糙度值较大,所以在最后一刀要留有余量,用直进法进刀修光牙型两侧。此法适用于塑性材料和大螺距螺纹的粗车。

不论采用哪种进刀方法,每次的切深量要小,而总切深度由刻度盘控制,并借助螺纹量规测量。测量外螺纹用螺纹环规,测量内螺纹用螺纹塞规。

根据螺纹中径的公差,每种量规有过规和止规(塞规一般做在一根轴上,有过端、止端)。如果过规或过端能旋入螺纹,而止规或止端不能旋入时,则说明所车的螺纹中径是合格的。螺纹精度不高或单件生产且没有合适的螺纹量规时,也可用与其相配件进行检验。

4) 注意事项

(1) 调整中、小滑板导轨上的斜铁,保证合适的配合间隙,使刀架移动均匀、平稳。

(2) 若由顶尖上取下工件测量时,不得松开卡箍。重新安装工件时,必须使卡箍与拨盘保持原来的相对位置,并且须对刀检查。

(3) **若需在切削中途换刀,则应重新对刀**。由于传动系统存在间隙,对刀时应先使车刀沿切削方向走一段距离,停车后再进行对刀。此时移动小滑板使车刀切削刃与螺纹槽相吻合即可。

(4) 为保证每次走刀时,刀尖都能正确落在前次车削的螺纹槽内,当丝杠的螺距不是零件螺距的整数倍时,不能在车削过程中打开开合螺母,应采用正反车法。

(5) 车削螺纹时严禁用手触摸工件或用棉纱擦拭旋转的螺纹。

8. 滚花

滚花是用滚花刀挤压工件,使其表面产生塑性变形而形成花纹。花纹一般有直纹和网纹两种,滚花刀也分直纹滚花刀和网纹滚花刀。如图 2.37 所示,**滚花前,应将滚花**

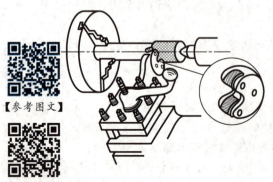

【参考图文】

【参考视频】　图 2.37 滚花

部分的直径车削得比零件所要求尺寸大 0.15～0.8mm；然后将滚花刀的表面与工件平行接触，且使滚花刀中心线与工件中心线等高。在滚花开始进刀时，需用较大压力，待进刀一定深度后，再纵向自动进给，这样往复滚压1～2次，直到滚好为止。此外，滚花时工件转速要低，通常需充分供给冷却液。

2.2.6 车削综合工艺分析

【参考图文】

下面以轴类零件及盘套类零件为例来分析车削综合工艺。

1. 轴类、盘套类零件的车削

轴是机械中用来支承齿轮、带轮等传动零件并传递扭矩的零件，是最常见的典型零件之一。盘套是机械中使用最多的零件，其结构一般由孔、外圆、端面和沟槽等组成。

1）轴类零件的车削

一般传动轴，各表面的尺寸精度、形状精度、位置精度（如外圆面、台肩面对轴线的圆跳动）和表面粗糙度均有严格要求，长度与直径比值也较大，加工时不能一次完成全部表面，往往需多次调头安装，为保证安装精度，且方便可靠，多采用双顶尖安装。

2）盘套类零件的车削

盘套类零件其结构基本相似，工艺过程基本相仿。除尺寸精度、形状精度、表面粗糙度外，一般外圆面、端面都对孔的轴线有圆跳动要求。保证位置精度是车削工艺重点考虑的问题。加工时，通常分粗车、精车。精车时，尽可能采用"一刀活"，即尽可能将有位置精度要求的外圆、端面、孔在一次安装中全部加工完成。若不能在一次安装中完成，一般先加工孔，然后以孔定位用心轴安装加工外圆和端面。

2. 车削综合工艺举例

图 2.38 所示为调整手柄零件图，材料为 45 钢，其车削加工过程见表 2-2。

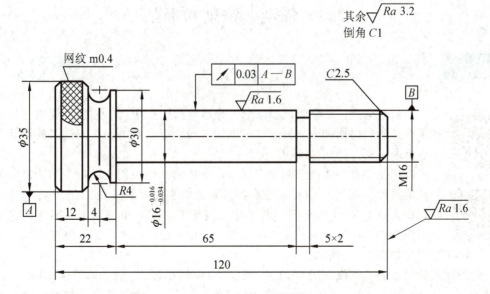

图 2.38 调整手柄零件

表 2-2 调整手柄车削加工过程　　　　　　　　　　　　　（单位：mm）

工序号	工序名称	工序内容	刀具	设备	装夹方法
1	下料	下料 $\phi40\times135$		锯床 GN7106	
2	车	(1) 夹 $\phi40$ 毛坯外圆，车右端面	弯头外圆车刀	车床 C6132	三爪自定心卡盘及顶尖
		(2) 在右端面钻 A2.5 中心孔，用尾座顶尖顶住	中心钻		
		(3) 车削外圆 $\phi35$ 至 $\phi35^{+0.8}_{+0.7}$	右偏刀		
		(4) 车削 $\phi30$ 外圆至尺寸，留长 108	右偏刀		
		(5) 滚花网纹 m0.4 至尺寸	滚花刀		
		(6) 车削 $\phi16^{-0.016}_{-0.034}$ 外圆至 $\phi18$ 外圆，留长 98	右偏刀		
		(7) 车 $\phi16^{-0.016}_{-0.034}$ 外圆至尺寸	右偏刀		
		(8) 车削螺纹 M16 至 $\phi15.75$ 外圆，留长 33	螺纹车刀		
		(9) 车削槽 R4	成形车刀		
		(10) 车削退刀槽 5×2	车槽刀		
		(11) 倒角 C1 和 C2.5	弯头外圆车刀		
		(12) 车削螺纹 M16 至要求	螺纹车刀		
		(13) 切断长 120	切断刀		
3	检验	按图样要求检验			

注：如果是大批量生产，上述工艺过程应注意工序分散的原则，以利于组织流水线生产，而且不留工艺夹头，在两顶尖间车削 $\phi16^{-0.016}_{-0.034}$ 至尺寸。

2.3　刨削、铣削和磨削

2.3.1　刨削

【参考视频】
【参考图文】

　　刨削在单件、小批生产和修配工作中得到广泛应用。刨削主要用于加工各种平面、各种沟槽和成形面等，根据加工表面形状的不同所用刨刀的形状和种类也有所不同，如图 2.39 所示。

　　刨床主要有牛头刨床和龙门刨床，常用的是牛头刨床。牛头刨床最大的刨削长度一般不超过 1000mm，适合于加工中小型零件。龙门刨床由于其刚性好，而且有 2~4 个刀架可同时工作，因此，它主要用于加工大型零件或同时加工多个中小型零件，其加工精度和生产率均比牛头刨床高。刨床上加工的典型零件如图 2.40 所示。

　　刨削加工的尺寸公差等级一般为 IT9~IT8，表面粗糙度 Ra 值为 6.3~1.6μm，用宽刀精刨时，Ra 值可达 0.4μm。此外，刨削加工还可保证一定的相互位置精度，如面对面的平行度和垂直度等。

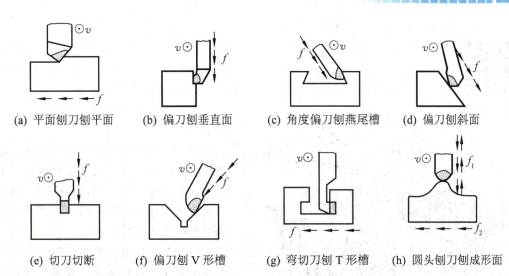

图 2.39 刨削加工的主要应用

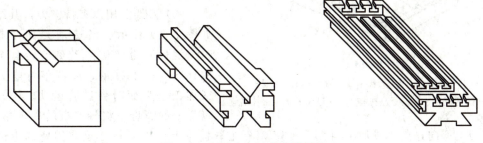

图 2.40 刨床上加工的典型零件

1. 刨削概述

在牛头刨床上加工时,刨刀的纵向往复直线运动为主运动,工件随工作台做横向间歇进给运动,如图 2.41 所示。

【参考视频】

1) 刨削加工的特点

(1) 生产率一般较低。刨削是不连续的切削过程,刀具切入、切出时切削力有突变,将引起冲击和振动,限制了刨削速度的提高。此外,单刃刨刀实际参加切削的长度有限,一个表面往往要经过多个行程才能加工出来,刨刀返回行程时不进行工作。由于以上原因,刨削生产率一般低于铣削,但对于导轨面等狭长表面的加工,以及在龙门刨床上进行多刀、多件加工,其生产率可能高于铣削。

(2) 刨削加工通用性好、适应性强。刨床结构较车床、铣床等简单,调整和操作方便;刨刀形状简单,和车刀相似,制造、刃磨和安装都较方便;刨削时一般不需加切削液。

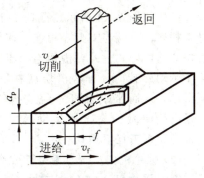

图 2.41 牛头刨床的刨削
运动和切削用量

2）牛头刨床的组成

参考图文

图 2.42 所示为 B6065 型牛头刨床。型号 B6065 中，B 为机床类别代号，表示刨床，读作"刨"；6 和 0 分别为机床组别和系列代号，表示牛头刨床；65 为主参数最大刨削长度的 1/10，即最大刨削长度为 650mm。

B6065 型牛头刨床主要由以下几部分组成：

（1）床身。用以支撑和连接刨床各部件。其顶面水平导轨供滑枕带动刀架进行往复直线运动，侧面的垂直导轨供横梁带动工作台升降。床身内部有主运动变速机构和摆杆机构。

（2）滑枕。用以带动刀架沿床身水平导轨做往复直线运动。滑枕往复直线运动的快慢、行程的长度和位置，均可根据加工需要调整。

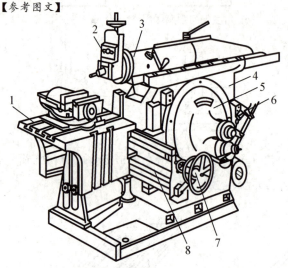

图 2.42　B6065 型牛头刨床

1—工作台；2—刀架；3—滑枕；4—床身；
5—摆杆机构；6—变速机构；7—进给机构；8—横梁

（3）刀架。用以夹持刨刀，其结构如图 2.43 所示。当转动刀架手柄 5 时，滑板 4 带着刨刀沿刻度转盘 7 上的导轨上、下移动，以调整背吃刀量或加工垂直面时做进给运动。松开转盘 7 上的螺母，将转盘扳转一定角度，可使刀架斜向进给，以加工斜面。刀座 3 装在滑板 4 上。抬刀板 2 可绕刀座 3 上的销轴 8 向上抬起，以使刨刀在返回行程时离开工件已加工表面，减少刀具与工件的摩擦。

（4）工作台。用以安装工件，可随横梁做上下调整，也可沿横梁导轨做水平移动或间歇进给运动。

3）牛头刨床的传动系统

参考动画

B6065 型牛头刨床的传动系统主要包括摆杆机构和棘轮机构。

（1）摆杆机构。其作用是将电动机传来的旋转运动变为滑枕的往复直线运动，结构如图 2.44 所示。摆杆 7 上端与滑枕内的螺母 2 相连，下端与支架 5 相连。摆杆齿轮 3 上的偏心滑块 6 与摆杆 7 上的导槽相连。当摆杆齿轮 3 由小齿轮 4 带动旋转时，偏心滑块就在摆杆 7 的导槽内上下滑动，从而带动摆杆 7 绕支架 5 中心左右摆动，于是滑枕便做往复直线运动。摆杆齿轮转动一周，滑枕带动刨刀往复运动一次。

（2）棘轮机构。其作用是使工作台在滑枕完成回程与刨刀再次切入工件之前的瞬间，做间歇横向进

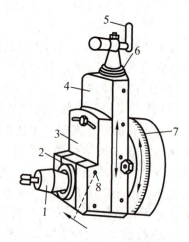

图 2.43　刀架

1—刀夹；2—抬刀板；3—刀座；
4—滑板；5—手柄；6—刻度环；
7—刻度转盘；8—销轴

给，横向进给机构如图2.45(a)所示，棘轮机构的结构如图2.45(b)所示。

齿轮5与摆杆齿轮为一体，摆杆齿轮逆时针旋转时，齿轮5带动齿轮6转动，使连杆4带动棘爪3逆时针摆动。棘爪3逆时针摆动时，其上的垂直面拨动棘轮2转过若干齿，使丝杠8转过相应的角度，从而实现工作台的横向进给。而当棘爪顺时针摆动时，由于棘爪后面为一斜面，只能从棘轮齿顶滑过，不能拨动棘轮，所以工作台静止不动，这样就实现了工作台的横向间歇进给。

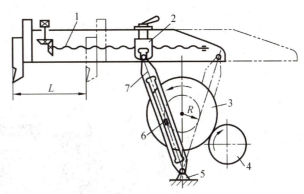

图2.44 摆杆机构

1—丝杠；2—螺母；3—摆杆齿轮；
4—小齿轮；5—支架；6—偏心滑块；7—摆杆

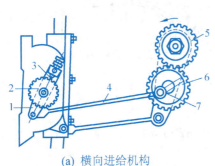

(a) 横向进给机构

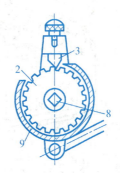

(b) 棘轮机构

图2.45 牛头刨床横向进给机构

1—棘爪架；2—棘轮；3—棘爪；4—连杆；5,6—齿轮；
7—偏心销；8—横向丝杠；9—棘轮罩

工作台的进给运动既要满足间歇运动的要求，又要与滑枕的工作行程协调一致，即在刨刀返回行程将结束时，工作台连同工件一起横向移动一个进给量。

棘爪架空套在横向丝杠轴上，棘轮用键与丝杠轴相连。工作台横向进给量的大小，可通过改变棘轮罩的位置，从而改变棘爪每次拨过棘轮的有效齿数来调整。**棘爪拨过棘轮的齿数较多时，进给量大；反之则小**。此外，还可通过改变偏心销7的偏心距来调整。偏心距小，棘爪架摆动的角度就小，棘爪拨过的棘轮齿数少，进给量就小；反之，进给量则大。若将棘爪提起后转动180°，可使工作台反向进给。当把棘爪提起后转动90°时，棘轮便与棘爪脱离接触，此时可手动进给。

4) 其他刨床

(1) 龙门刨床。龙门刨床因有一个"龙门"式的框架而得名。与牛头刨床不同的是，在龙门刨床上加工时，工件随工作台的往复直线运动为主运动，进给运动是垂直刀架沿横梁上的水平移动和侧刀架在立柱上的垂直移动。

龙门刨床适用于刨削大型零件，零件长度可达几米、十几米，甚至几十米。也可在工作台上同时装夹几个中、小型工件,用几把刀具同时加工,故生产率较高。龙门刨床特别适于加工各种水平面、垂直面及各种平面组合的导轨面、T形槽等。龙门刨床的结构如图 2.46 所示。

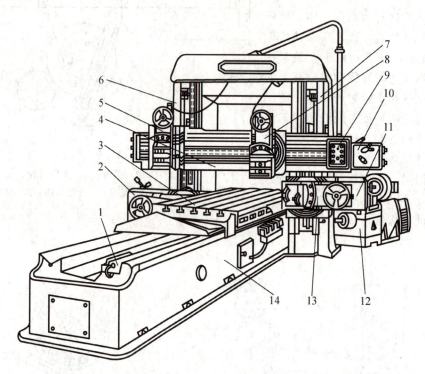

图 2.46　B2010A 型龙门刨床

1—液压安全器；2—左侧刀架进给箱；3—工作台；4—横梁；5—左垂直刀架；6—左立柱；
7—右立柱；8—右垂直刀架；9—悬挂按钮站；10—垂直刀架进给箱；
11—右侧刀架进给箱；12—工作台减速箱；13—右侧刀架；14—床身

龙门刨床的主要特点是：自动化程度高，各主要运动的操纵都集中在机床的悬挂按钮站和电气柜的操纵台上，操纵十分方便；工作台的工作行程和空回行程可在不停车的情况下实现无级变速；横梁可沿立柱上下移动，以适应不同高度零件的加工；所有刀架都有自动抬刀装置，并可单独或同时进行自动或手动进给，垂直刀架还可转动一定的角度，用来加工斜面。

(2) 插床。**插床实际是一种立式刨床。**图 2.47 所示为 B5032 型插床。

型号 B5032 中，B 为机床类别代号，表示插床，读作"刨"；5 和 0 分别为机床组别和系列代号，表示插床；32 为主参数最大插削长度的 1/10，即最大插削长度为 320mm。

插床的主运动是滑枕带动刀架在垂直方向上所做的往复直线运动。工件安装在工作台上，可做横向、纵向和圆周间歇进给运动。

插削加工的刀具是插刀。插刀的几何形状与平面刨刀类似，只是前角和后角比刨刀小一些。

插削时，为避免插刀与工件相碰，插刀的切削刃应突出于刀杆之外。为增加插刀的刚性,在制造插刀时,应尽量增大刀杆的横截面积;安装插刀时,应尽量缩短刀头的悬伸长度。插削主要用于单件、小批量加工零件的内表面,如方孔、多边形孔、键槽和花键孔等,特别适于加工盲孔和有障碍台阶的内表面,如图 2.48 所示。

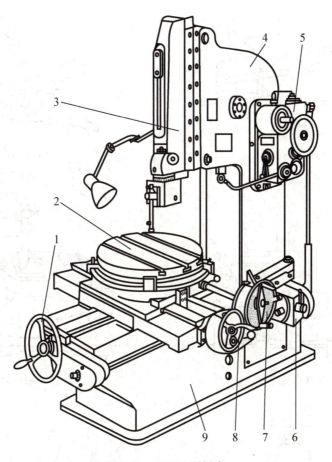

图 2.47　B5032 型插床
1—工作台纵向移动手轮;2—工作台;3—滑枕;4—床身;5—变速箱;
6—进给箱;7—分度盘;8—工作台横向移动手轮;9—底座

2. 工件及刨刀的安装

1) 工件的安装

在刨床上工件的安装方法视零件的形状和尺寸而定,常用的有机用平口钳安装、工作台安装和专用夹具安装等,装夹工件方法与铣削相同。

2) 刨刀的安装

刨刀的几何形状与车刀相似,但刀杆的截面积比车刀大 1.25～1.5 倍,以承受较大的冲击力。 刨刀的前角 γ_o 比车刀稍小,刃倾角取较大的负值,以增加刀头的强度。刨刀的一个显著特点是刨刀的刀头往往做成弯头,目的是当刀具碰到工件表面上的硬点时,刀头不会啃入工件已加工表面或损坏切削刃,因此,弯头刨刀比直头刨刀应用更广泛。

如图 2.49 所示,安装刨刀时,将转盘对准零线,以便准确控制背吃刀量,刀头不要伸出太长,以免产生振动和折断。直头刨刀伸出长度一般为刀杆厚度的 1.5～2 倍,弯头刨刀伸出长度可稍长些，以弯曲部分不碰刀座为宜。装刀或卸刀时，应使刀尖离开工件表面，以防损坏刀具或者擦伤工件表面，必须一只手扶住刨刀，另一只手使用扳手，用力方向自上而下，否则容易将抬刀板掀起，碰伤或夹伤手指。

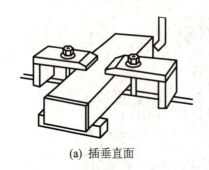

(a) 插垂直面

(b) 插方孔

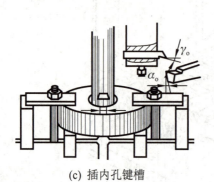

(c) 插内孔键槽

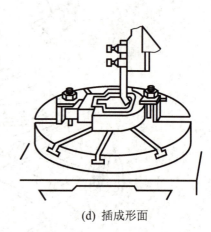

(d) 插成形面

图 2.48 插削的主要工作

3. 刨削工艺

刨削主要用于加工平面、沟槽和成形面。

1) 刨水平面

刨削水平面的顺序如下：

(1) 正确安装刀具和工件。

(2) 调整工作台的高度，使刀尖轻微接触工件表面。

(3) 调整滑枕的行程长度和起始位置。

(4) 根据零件材料、形状、尺寸等要求，合理选择切削用量。

(5) 试切，先用手动试切。进给 1～1.5mm 后停车，测量尺寸，根据测得结果调整背吃刀量，再自动进给进行刨削。**当零件表面粗糙度 Ra 值低于 $6.3\mu m$ 时，应先粗刨，再精刨。** 精刨时，背吃刀量和进给量应小些，切削速度应适当高些。此外，在

图 2.49 刨刀的安装

1—工件；2—刀头伸出要短；
3—刀夹螺钉；4—刀夹；
5—刀座螺钉；6—刀架进给手柄；
7—转盘对准零线；8—转盘螺钉

刨刀返回行程时，用手掀起刀座上的抬刀板，使刀具离开已加工表面，以保证零件表面质量。

（6）检验。零件刨削完工后，停车检验，尺寸和加工精度合格后即可卸下。

2）刨垂直面和斜面

（1）刨垂直面。刨垂直面的方法如图 2.50 所示。此时采用偏刀，并使刀具的伸出长度大于整个刨削面的高度。刀架转盘应对准零线，以使刨刀沿垂直方向移动。刀座必须偏转 10°～15°，以使刨刀在返回行程时离开工件表面，减少刀具的磨损，避免工件已加工表面被划伤。刨垂直面和斜面的加工方法一般在不能或不便于进行水平面刨削时才使用。

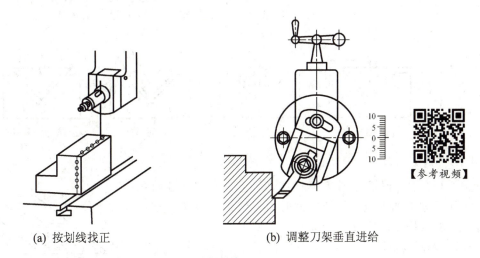

(a) 按划线找正　　　(b) 调整刀架垂直进给

图 2.50　刨垂直面

（2）刨斜面。刨斜面与刨垂直面基本相同，只是刀架转盘必须按零件所需加工的斜面扳转一定角度，以使刨刀沿斜面方向移动。如图 2.51 所示，采用偏刀或样板刀，转动刀架手柄进行进给，可以刨削左侧或右侧斜面。

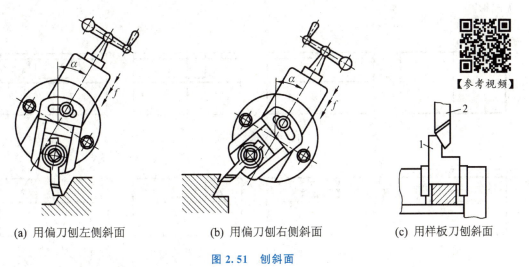

(a) 用偏刀刨左侧斜面　　　(b) 用偏刀刨右侧斜面　　　(c) 用样板刀刨斜面

图 2.51　刨斜面

1—工件；2—样板刀

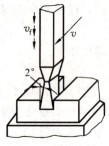

图 2.52 刨直槽

3) 刨沟槽

（1）刨直槽时用切刀以垂直进给完成，如图 2.52 所示。

（2）刨 V 形槽的方法如图 2.53(a)所示，先按刨平面的方法把 V 形槽粗刨出大致形状；然后用切刀刨 V 形槽底的直角槽，如图 2.53(b)所示；再按刨斜面的方法用偏刀刨 V 形槽的两斜面，如图 2.53(c)所示；最后用样板刀精刨至图样要求的尺寸精度和表面粗糙度，如图 2.53(d)所示。

（3）刨 T 形槽时，应先在零件端面和上平面划出加工线，如图 2.54 所示。T 形槽的刨削步骤参见表 2-3。

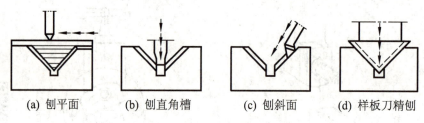

(a) 刨平面　　(b) 刨直角槽　　(c) 刨斜面　　(d) 样板刀精刨

图 2.53　刨 V 形槽

（4）刨燕尾槽与刨 T 形槽相似，应先在零件端面和上平面划出加工线，但刨侧面时刀架转盘要扳转一定角度，且需用角度偏刀（图 2.55）。

4) 刨成形面

在刨床上刨削成形面，通常是先在零件的侧面划线，然后根据划线分别移动刨刀做垂直进给和移动工作台做水平进给，从而加工出成形面，如图 2.39(h)所示。也可用成形刨刀加工，使刨刀刃口形状与零件表面一致，一次成形。

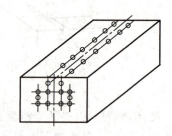

图 2.54　T 形槽零件划线示意

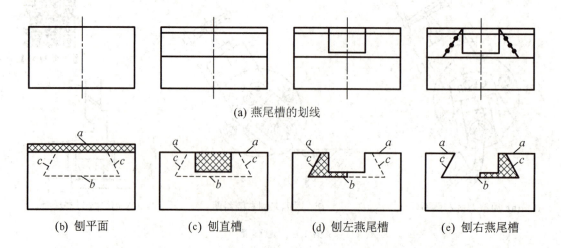

(a) 燕尾槽的划线

(b) 刨平面　　(c) 刨直槽　　(d) 刨左燕尾槽　　(e) 刨右燕尾槽

图 2.55　燕尾槽的刨削步骤

表 2-3　T形槽的刨削步骤　　　　　　　　　　　（单位：mm）

序号	加工内容	加工简图	刀具	设备	装夹方法
1	将面3紧靠在机用平口钳导轨面上的平行垫铁上，即以面3为基准，工件在两钳口间被夹紧，刨平面1，使面1和面3间尺寸至72		平面刨刀	牛头刨床 B6032	机用平口钳
2	以面1为基准，紧贴固定钳口，在工件与活动钳口间垫圆棒，夹紧后刨平面2，使面2和面4间尺寸至82				
3	以面1为基准，紧贴固定钳口，翻转180°，使面2朝下，紧贴平形垫铁，刨平面4，使面2和面4间尺寸至80				
4	以面1为基准，刨平面3，使面1和面3间尺寸至70±0.1				
5	将机用平口钳转过90°，使钳口与刨削方向垂直，面5与刨削方向平行，刨削平面5，使面5和面6间尺寸至102		刨垂直面偏刀		
6	刨削平面6，使面5和面6间尺寸至100				
7	按划出的T形槽加工线找正，用切槽刀垂直进给刨出直槽，切至槽深30±0.1，横向进给，依次切槽宽至26		切槽刀		

(续)

序号	加工内容	加工简图	刀具	设备	装夹方法
8	用弯切刀向右进给刨右凹槽		弯切刀	牛头刨床 B6032	机用平口钳
9	用弯切刀向左进给刨左凹槽，保证键槽尺寸40		弯切刀		
10	用45°刨刀倒角		45°刨刀		
11	按图样要求检验				

注：序号10也可用平面刨刀倒角。

4. 刨削综合工艺举例

如图2.56所示为T形槽零件，其毛坯为铸铁件。为保证零件各加工表面间的加工精度，如平行度、垂直度等，可用机用平口钳夹紧毛坯在牛头刨床上刨削，并以先加工出的大平面作为工艺基准，再依次加工其他各表面。其加工工艺过程见表2-3。

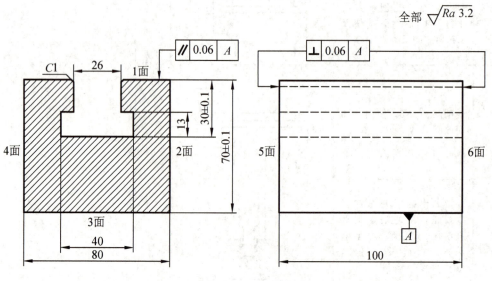

图 2.56　T形槽

130

2.3.2 铣削

铣削加工是机械制造业中重要的加工方法。铣削加工范围广泛，可加工各种平面、沟槽和成形面，还可进行切断、分度、钻孔、铰孔、镗孔等工作，如图 2.57 所示。在切削加工中，铣床的工作量仅次于车床，在成批大量生产中，除加工狭长的平面外，铣削几乎代替刨削。

【参考动画】 【参考图文】

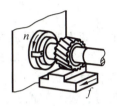
(a) 圆柱铣刀铣平面

(b) 立铣刀铣台阶面

(c) 套式端铣刀铣平面

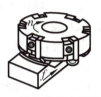
(d) 端铣刀铣大平面

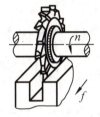
(e) 三面刃铣刀铣直槽

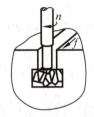
(f) T 形铣刀铣 T 形槽

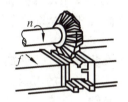
(g) 角度铣刀铣 V 形槽

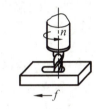
(h) 键槽铣刀铣键槽

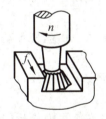
(i) 燕尾槽铣刀铣燕尾槽

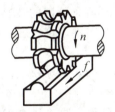
(j) 成形铣刀铣凸圆弧

(k) 齿轮铣刀铣齿轮

(l) 螺旋槽铣刀铣螺旋槽

图 2.57 铣削加工的主要应用范围

铣削加工的尺寸公差等级为 IT8～IT7，表面粗糙度 Ra 值为 3.2～1.6 μm。若以高的切削速度、小的背吃刀量对非铁金属进行精铣，则表面粗糙度 Ra 值可达 0.4 μm。 铣削加工的设备是铣床，铣床可分为卧式铣床、立式铣床和龙门铣床三大类。在每一大类中，还可以细分为不同的专用变型铣床，如圆弧铣床、端面铣床、工具铣床、仿形铣床等。

1. 铣削概述

铣削加工具有加工范围广，生产率高等优点，因此得到广泛的应用。

1) 铣削加工的特点

(1) 生产率高。铣刀是典型的多齿刀具，铣削时刀具同时参加工作的切削刃较多，可利用硬质合金镶片刀具，采用较大的切削用量，且切削运动是连续的，因此，与刨削相比，铣削生产效率较高。

（2）刀齿散热条件较好。铣削时，每个刀齿是间歇地进行切削，切削刃的散热条件好，但切入切出时热的变化及力的冲击，将加速刀具的磨损，甚至可能引起硬质合金刀片的碎裂。

（3）易产生振动。由于铣刀刀齿不断切入切出，使铣削力不断变化，因而容易产生振动，这将限制铣削生产率和加工质量的进一步提高。

（4）加工成本较高。由于铣床结构较复杂，铣刀制造和刃磨比较困难，使得加工成本较高。

2）卧式万能升降台铣床的组成

卧式万能升降台铣床简称万能铣床，是铣床中应用最多的一种，其主要特征是主轴轴线与工作台台面平行，即主轴轴线处于横卧位置，因此称卧铣。图2.58所示为 **X6132型卧式万能升降台铣床的外形及主要结构。在型号中，X为机床类别代号，表示铣床，读作"铣"；6为机床组别代号，表示卧式升降台铣床；1为机床系列代号，表示万能升降台铣床；32为主参数工作台面宽度的1/10，即工作台面宽度为320mm。**

卧式万能升降台铣床的主要组成部分如下。

（1）床身。床身用来固定和支撑铣床上所有的部件。内部装有电动机、主轴变速机构和主轴等。

（2）横梁。横梁用于安装吊架，以便支撑刀杆外端，增强刀杆的刚性。横梁可沿床身的水平导轨移动，以适应不同长度的刀轴。

（3）主轴。主轴是空心轴，前端有7∶24的精密锥孔与刀杆的锥柄相配合，其作用是安装铣刀刀杆并带动铣刀旋转。拉杆可穿过主轴孔把刀杆拉紧。主轴的转动是由电动机经主轴变速箱传动，改变手柄的位置，可使主轴获得各种不同的转速。

（4）纵向工作台。纵向工作台用于装夹夹具和工件，可在转台的导轨上由丝杠带动做纵向移动，以带动台面上的工件做纵向进给。

（5）横向工作台。横向工作台位于升降台上面的水平导轨上，可带动纵向工作台一起做横向进给。

（6）转台。转台位于纵、横工作台之间，它的作用是将纵向工作台在水平面内扳转一个角度（正、反均为0°~45°），以便铣削螺旋槽等。具有转台的卧式铣床称为卧式万能铣床。

（7）升降台。升降台可使整个工作台沿床身垂直导轨上下移动，以调整工作台面到铣刀的距离，并做垂直进给。升降台内部装置着供进给运动用的电动机及变速机构。

（8）底座。底座是整个铣床的基础，承受铣床的全部重量并提供盛放切削液的空间。

3）其他铣床

（1）立式升降台铣床。立式升降台铣床简称立式铣床，如图2.59所示。立式铣床与卧式铣床的主要区别是立式铣床主轴与工作台面垂直，此外，它没有横梁、吊架和转台。有时根据加工需要，可以将立铣头左、右倾斜一定的角度。铣削时铣刀安装在主轴上，由主轴带动做旋转运动，工作台带动工件做纵向、横向、垂向移动。

（2）龙门镗铣床。龙门镗铣床属大型机床之一，它一般用来加工卧式、立式铣床所不能加工的大型或较重的零件。落地龙门镗铣床有单轴、双轴、四轴等多种形式，图2.60所示为四轴落地龙门镗铣床，它可以同时用几个铣头对工件的几个表面进行加工，故生产率高，适合成批大量生产。

【参考图文】

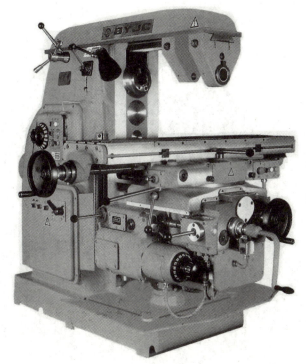

(a) 外形

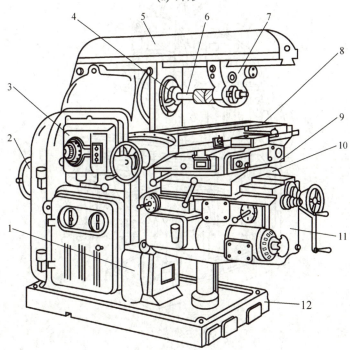

(b) 主要结构

图 2.58　X6132 型卧式万能升降台铣床

1—床身；2—电动机；3—主轴变速机构；4—主轴；5—横梁；6—刀杆；
7—吊架；8—纵向工作台；9—转台；10—横向工作台；11—升降台；12—底座

(a) 外形

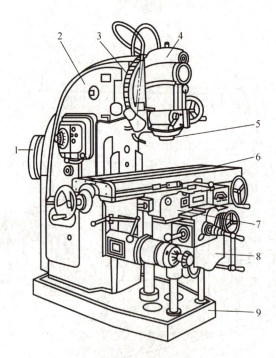

(b) 主要结构

图 2.59　X5032 型立式铣床

1—电动机；2—床身；3—立铣头旋转刻度盘；4—立铣头；5—主轴；
6—纵向工作台；7—横向工作台；8—升降台；9—底座

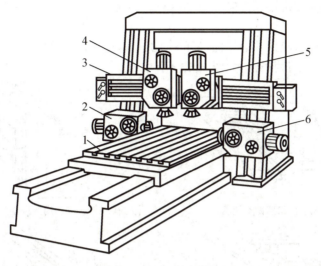

图 2.60 四轴落地龙门镗铣床

1—工作台；2，6—水平铣头；3—横梁；4，5—垂直铣头

4) 铣削方式

(1) 周铣法。用圆柱铣刀的圆周刀齿加工平面，称为周铣法。周铣可分为逆铣和顺铣。

① 逆铣。当铣刀和工件接触部分的旋转方向与工件的进给方向相反时称为逆铣，如图 2.57(a)、图 2.57(c)所示。

② 顺铣。当铣刀和工件接触部分的旋转方向与工件的进给方向相同时称为顺铣。

由于铣床工作台的传动丝杠与螺母之间存在间隙，**如无消除间隙装置，顺铣时会产生振动和造成进给量不均匀，所以通常情况下采用逆铣。**

(2) 端铣法。用端铣刀的端面刀齿加工平面，称为端铣法，如图 2.57(d)所示。

铣平面可用周铣法或端铣法，由于端铣法具有刀具刚性好，切削平稳(同时进行切削的刀齿多)，生产率高(便于镶装硬质合金刀片，可采用高速铣削)，加工表面粗糙度数值较小等优点，应优先采用端铣法。但是周铣法的适应性较广，可以利用多种形式的铣刀，故生产中仍常用周铣法。

2. 铣床附件及工件的安装

铣床的主要附件有机用平口钳、回转工作台、分度头和万能铣头等。其中前3种附件用于安装工件，万能铣头用于安装刀具。

1) 机用平口钳

如图 2.61 所示，机用平口钳是一种通用夹具，也是铣床常用附件之一。机用平口钳安装使用方便，应用广泛，用于安装尺寸较小和形状简单的支架、盘套、板块、轴类零件。它有固定钳口和活动钳口，通过丝杠、螺母传动调整钳口间距离，以安装不同宽度的零件。铣削时，将机用平口钳固定在工作台上，再把工件安装在机用平口钳上，

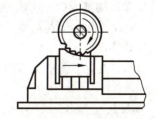

图 2.61 机用平口钳安装工件

应使铣削力方向趋向固定钳口方向。

2) 压板螺栓

对于尺寸较大或形状特殊的零件，可视其具体情况采用不同的装夹工具固定在工作台上，安装时应先进行工件找正，如图 2.62 所示。

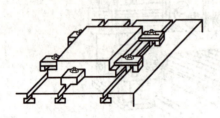 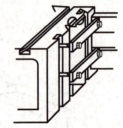

(a) 用压板螺钉和挡铁安装工件　　　　　(b) 在工作台侧面用压板螺钉安装工件

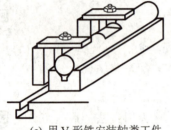 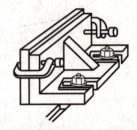

(c) 用 V 形铁安装轴类工件　　　　　　(d) 用角铁和 C 形夹安装工件

图 2.62　在工作台上安装工件

图 2.63 所示为用压板螺栓在工作台上安装工件的正误比较。

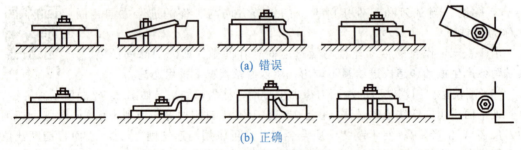

(a) 错误

(b) 正确

图 2.63　压板螺栓的使用

(1) 装夹时，应使工件的底面与工作台面贴实，以免压伤工作台面。如果工件底面是毛坯面，应使用铜皮、铁皮等使工件的底面与工作台面贴实。夹紧已加工表面时应在压板和工件表面间垫铜皮，以免压伤工件已加工表面。各压紧螺母应分几次交错拧紧。

(2) 工件的夹紧位置和夹紧力要适当。压板不应歪斜和悬伸太长，必须压在垫铁处，压点要靠近切削面，压力大小要适当。

(3) 在工件夹紧前后要检查工件的安装位置是否正确及夹紧力是否得当，以免产生变形或位置移动。

(4) 装夹空心薄壁工件时，应在其空心处用活动支承件支承以增加刚性，防止工件振动或变形。

3) 回转工作台

如图 2.64 所示，回转工作台又称转盘或圆工作台，一般用于较大零件的分度工作和非整圆弧面的加工。分度时,在回转工作台上配上三爪自定心卡盘,可以铣削四方、六方等工件。回转工作台有手动和机动两种方式,其内部有蜗杆蜗轮机构。摇动手轮2,通过蜗杆轴3直接带动与转台4相连接的蜗轮转动。转台4周围有360°刻度,在手轮2上也装有一个刻度环,可用来观察和确定转台位置。拧紧螺钉1,转台4即被固定。转台4中央的孔可以装夹心轴,用以找正和确定工件的回转中心,当转台底座5上的槽和铣床工作台上的T形槽对齐后,即可用螺栓把回转工作台固定在铣床工作台上。在回转工作台上铣圆弧槽时,首先应校正工件圆弧中心与转台4的中心重合,然后将工件安装在回转工作台上,铣刀旋转,用手均匀缓慢地转动手轮2,即可铣出圆弧槽。

4)万能铣头

图2.65所示为万能铣头,在卧式铣床上装上万能铣头,不仅能完成各种立铣的工作,而且可根据铣削的需要,把铣头主轴扳转成任意角度。其底座4用4个螺栓固定在铣床的垂直导轨上。铣床主轴的运动通过铣头内的两对齿数相同的锥齿轮传到铣头主轴上,因此铣头主轴的转数级数与铣床的转数级数相同。壳体3可绕铣床主轴轴线偏转任意角度,壳体3还能相对铣头主轴壳体2偏转任意角度。因此,铣头主轴就能带动铣刀1在空间偏转成所需要的任意角度,从而扩大了卧式铣床的加工范围。

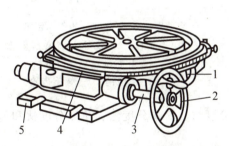
图2.64 回转工作台
1—螺钉;2—手轮;3—蜗杆轴;
4—转台;5—底座

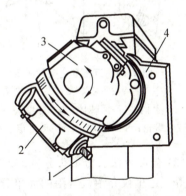
图2.65 万能铣头
1—铣刀;2—铣头主轴壳体;
3—壳体;4—底座

5)分度头

分度头主要用来安装需要进行分度的工件,利用分度头可铣削多边形、齿轮、花键、刻线、螺旋面及球面等。分度头的种类很多,有简单分度头、万能分度头、光学分度头、自动分度头等,其中用得最多的是万能分度头。

【参考视频】

(1)万能分度头的结构。如图2.66所示,万能分度头的基座1上装有回转体5,分度头主轴6可随回转体5在垂直平面内转动-6°~90°,主轴前端锥孔用于装顶尖,外部定位锥体用于装三爪自定心卡盘9。分度时可转动分度手柄4,通过蜗杆8和蜗轮7带动分度头主轴旋转进行分度,图2.67所示为其传动示意图。

分度头中蜗杆和蜗轮的传动比为

$$i = 蜗杆的头数/蜗轮的齿数 = 1/40$$

即当手柄通过一对传动比为1:1的直齿轮带动蜗杆转动一周时,蜗轮只能带动主轴转过1/40周。若工件在整个圆周上的分度数z为已知时,则每分一个等分就要求分度头主轴转过 1/z 圈。当分度手柄所需转数为 n 圈时，有如下公式：

$$1:40 = \frac{1}{z}:n \tag{2-1}$$

即简单**分度公式为**

$$n = \frac{40}{z} \tag{2-2}$$

式中：**n 为分度手柄转数；40 为分度头定数；z 为工件等分数**。

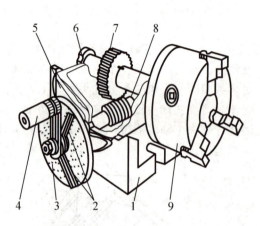 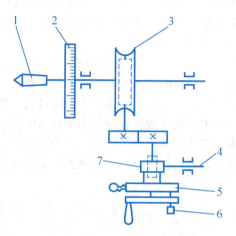

图 2.66　万能分度头的外形

1—基座；2—扇形叉；3—分度盘；
4—手柄；5—回转体；6—分度头主轴；
7—蜗轮；8—蜗杆；9—三爪自定心卡盘

图 2.67　分度头的传动示意

1—主轴；2—刻度环；3—蜗杆蜗轮；
4—挂轮轴；5—分度盘；
6—定位销；7—螺旋齿轮

(2) 分度方法。分度头分度的方法有直接分度法、简单分度法、角度分度法和差动分度法等。这里仅介绍最常用的简单分度法。

分度头一般备有两块分度盘。分度盘的两面各钻有许多圈孔，各圈的孔数均不相同，然而同一圈上各孔的孔距是相等的。第一块分度盘正面各圈的孔数依次为 24，25，28，30，34，37；反面各圈的孔数依次为 38，39，41，42，43。第二块分度盘正面各圈的孔数依次为 46，47，49，51，53，54；反面各圈的孔数依次为 57，58，59，62，66。

例如，欲铣削一齿数为 6 的外花键，每铣完一个齿后，分度手柄应转的转数为

$$n = \frac{40}{z} = \frac{40}{6} = 6\frac{2}{3}(\text{r})$$

可选用分度盘上 24 的孔圈（或孔数是分母 3 的整数倍的孔圈），则 $n = 6\frac{2}{3} = 6\frac{16}{24}(\text{r})$。

即先将定位销调整至孔数为 24 的孔圈上，转过 6 转后，再转过 16 个孔距。为了避免手柄转动时发生差错和节省时间，可调整分度盘上的两个扇形叉间的夹角（图 2.66），使之正好等于孔距数，这样依次进行分度时就可准确无误。如果分度手柄不慎转多了孔距数，应将手柄退回 1/3 圈以上，以消除传动件之间的间隙，再重新转到正确的孔位上。

(3) 装夹工件方法。加工时，既可用分度头卡盘（或顶尖、拨盘和卡箍）与尾座顶尖一起安装轴类工件，如图 2.68(a)～图 2.68(c) 所示；也可将工件套装在心轴上，心轴装夹在分度头主轴锥孔内，并按需要使分度头主轴倾斜一定的角度，如图 2.68(d) 所示；也可

只用分度头卡盘安装工件,如图 2.68(e)所示。

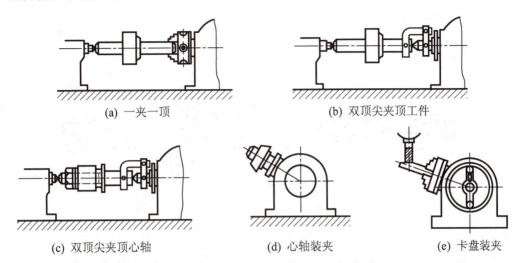

图 2.68 用分度头装夹工件的方法

6) 用专用夹具安装

专用夹具是根据某一工件的某一工序的具体加工要求而专门设计和制造的夹具,常用的有车床类夹具、铣床类夹具、钻床类夹具等,这些夹具有专门的定位和夹紧装置,工件无须进行找正即可迅速、准确地安装,既提高了生产率,又可保证加工精度。但设计和制造专用夹具的费用较高,故其主要用于成批大量生产。

3. 铣刀

铣刀实质上是一种多刃刀具,其刀齿分布在圆柱铣刀的外圆柱表面或端铣刀的端面上。

【参考视频】

1) 铣刀的分类

铣刀的种类很多,按其安装方法可分为带孔铣刀和带柄铣刀两大类。

(1) 带孔铣刀。图 2.57 中(a)、(e)、(g)、(j)等为带孔铣刀的应用。**带孔铣刀多用于卧式铣床上**,其共同特点是都有孔,以使铣刀安装到刀杆上。带孔铣刀的刀齿形状和尺寸可以适应所加工的工件形状和尺寸。

(2) 带柄铣刀。图 2.57 中(b)、(d)、(f)等为带柄铣刀的应用。**带柄铣刀多用于立式铣床上**,其共同特点是都有供夹持用的刀柄。直柄立铣刀的直径较小,一般小于 20mm,直径较大的为锥柄,大直径的锥柄铣刀多为镶齿式。

2) 铣刀的安装

(1) 带孔铣刀的安装。带孔铣刀多用短刀杆安装。而带孔铣刀中的圆柱形、圆盘形铣刀,多用长刀杆安装,如图 2.69 所示。长刀杆 6 一端有 7∶24 锥度与铣床主轴孔配合,并用拉杆 1 穿过主轴 2 将刀杆 6 拉紧,以保证刀杆 6 与主轴锥孔紧密配合。安装刀具 5 的刀杆部分,根据刀孔的大小分几种型号,常用的有 $\phi16$、$\phi22$、$\phi27$、$\phi32$ 等。

用长刀杆安装带孔铣刀的注意事项:①在不影响加工的条件下,应尽可能使铣刀 5 靠近铣床主轴 2,并使吊架 8 尽量靠近铣刀 5,以保证有足够的刚性,避免刀杆 6 发生弯曲,影响加工精度。铣刀 5 的位置可用更换不同的套筒 4 的方法调整。②斜齿圆柱铣刀所产生的轴向切削力应指向主轴轴承。③套筒 4 的端面与铣刀 5 的端面必须擦干净,以保证铣刀端面与刀杆 6 轴线垂直。④拧紧刀杆压紧螺母 7 时,必须先装上吊架 8,以防刀杆 6 受力弯曲,如图 2.70(a)所示。⑤初步拧紧螺母,开车观察铣刀是否装正,装正后用力拧紧螺母,如图 2.70(b)所示。

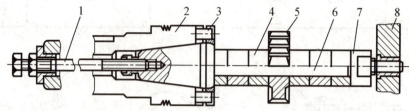

图 2.69 圆盘铣刀的安装

1—拉杆;2—主轴;3—端面键;4—套筒;5—铣刀;
6—刀杆;7—压紧螺母;8—吊架

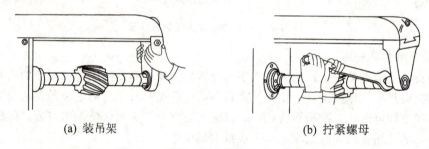

(a) 装吊架　　　　　　　　(b) 拧紧螺母

图 2.70 拧紧刀杆压紧螺母时注意事项

(2) 带柄铣刀的安装。直柄立铣刀多用弹簧夹头安装。对于锥柄立铣刀如果锥柄尺寸与主轴孔内锥尺寸相同,则可直接装入铣床主轴中并用拉杆将铣刀拉紧;如果锥柄尺寸与主轴孔内锥尺寸不同,则根据铣刀锥柄的大小,选择合适的变锥套,将配合表面擦净,然后用拉杆把铣刀及变锥套一起拉紧在主轴上。

4. 铣削工艺

铣削工作范围很广,常见的有铣平面、铣沟槽、铣成形面、钻孔、镗孔及铣螺旋槽等。

1) 铣平面

(1) 铣水平面。铣水平面可用周铣法或端铣法,并应优先采用端铣法。但在很多场合,如在卧式铣床上铣水平面,也常用周铣法。铣削水平面的步骤如图 2.71 所示。

[参考视频]

(2) 铣斜面。图 2.68(d)、图 2.68(e)所示可用分度头装夹工件铣斜面,也可用机用平口钳[图 2.72(a)]、机用正弦平口钳[图 2.72(b)]、压板螺栓[图 2.72(c)]装夹工件铣斜面。上述这些方法是用倾斜工件法铣斜面。

[参考视频]　图 2.73 所示是用倾斜刀轴法铣斜面。

2) 铣沟槽

(1) 铣键槽。键槽有敞开式键槽、封闭式键槽和花键 3 种。敞开式键槽一般用三面刃铣刀在卧式铣床上加工,封闭式键槽一般在立式铣床上用键槽铣刀或立铣刀加工,批量大时用键槽铣床加工。

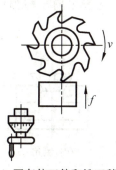 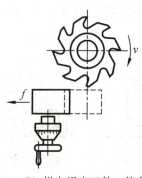 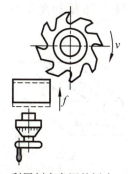

(a) 开车使工件和铣刀稍微接触,记下刻度盘读数　　(b) 纵向退出工件,停车　　(c) 利用刻度盘调整侧吃刀量

(d) 当工件被稍微切入后,手动改为自动进给　　(e) 铣完一刀后停车　　(f) 退回工作台,测量工件,重复铣削到规定要求

图 2.71　铣水平面步骤

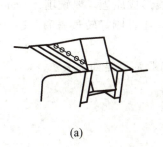 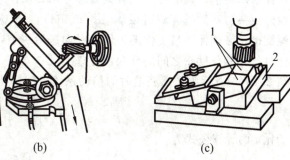

图 2.72　用倾斜工件法铣斜面
1—工件；2—垫铁

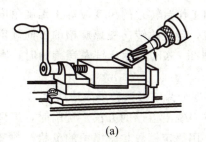 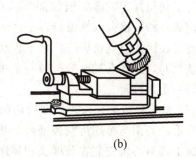

图 2.73　用倾斜刀轴法铣斜面

（2）铣 T 形槽和燕尾槽。铣 T 形槽步骤如图 2.74 所示，铣燕尾槽步骤如图 2.75 所示。

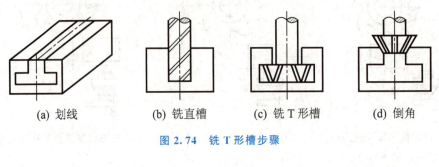

(a) 划线　　(b) 铣直槽　　(c) 铣 T 形槽　　(d) 倒角

图 2.74　铣 T 形槽步骤

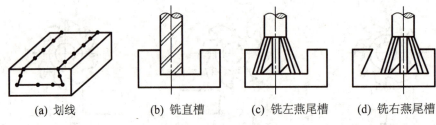

(a) 划线　　(b) 铣直槽　　(c) 铣左燕尾槽　　(d) 铣右燕尾槽

图 2.75　铣燕尾槽步骤

（3）铣成形面。在铣床上常用成形刀加工成形面，如图 2.57(j)所示。

（4）铣螺旋槽。铣削加工中常会遇到铣斜齿轮、麻花钻、螺旋铣刀的螺旋槽等工作。这些统称铣螺旋槽。铣削时，刀具做旋转运动；工件一方面随工作台做匀速直线移动，同时又被分度头带动做等速旋转运动[图 2.57(l)]。根据螺旋线形成原理，要铣削出一定导程的螺旋槽，必须保证当工件随工作台纵向进给一个导程时，工件刚好转过一圈。这可通过工作台丝杠和分度头之间的交换齿轮来实现。

图 2.76(a)所示为铣螺旋槽时的传动系统，配换挂轮的选择应满足如下关系：

$$\frac{P_h}{P}\frac{z_1}{z_2}\frac{z_3}{z_4}\times\frac{1}{1}\times\frac{1}{1}\times\frac{1}{40}=1$$

则传动比 i 的计算公式为

$$i=\frac{z_1}{z_2}\frac{z_3}{z_4}=\frac{40P}{P_h} \tag{2-3}$$

式中：P_h 为零件的导程；P 为丝杠的螺距。

为了获得规定的螺旋槽截面形状，还必须使铣床纵向工作台在水平面内转过一个角度，使螺旋槽的槽向与铣刀旋转平面相一致。纵向工作台转过的角度应等于螺旋角度，这项调整可在卧式万能铣床工作台上扳动转台来实现，转台的转向视螺旋槽的方向确定。铣右螺旋槽时，工作台逆时针扳转一个螺旋角，如图 2.76(b)所示；铣左螺旋槽时，则顺时针扳转一个螺旋角。

（5）铣齿轮齿形。齿轮齿形的切削加工，按原理分为成形法和展成法两大类。

成形法是用与被切齿轮齿槽形状相符的成形铣刀铣出齿形的方法。铣削时，工件在卧式铣床上通过心轴安装在分度头和尾座顶尖之间，用一定模数和压力角的盘状模数铣刀铣削，如图 2.77 所示。在立式铣床上则用指状模数铣刀铣削。当铣完一个齿槽后，将工件退出，进行分度，再铣下一个齿槽，直到铣完所有的齿槽为止。

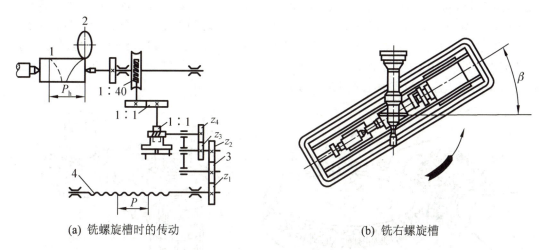

(a) 铣螺旋槽时的传动　　　　　　　(b) 铣右螺旋槽

图 2.76　铣螺旋槽

1—工件；2—铣刀；3—挂轮；4—纵向进给丝杠

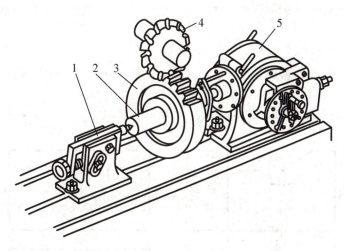

图 2.77　在卧式铣床上铣齿轮

1—尾座；2—心轴；3—工件；4—盘状模数铣刀；5—分度头

成形法加工的特点是：设备简单（用普通铣床即可），成本低，生产效率低；加工的齿轮精度较低，**只能达到 9 级或 9 级以下**，齿面粗糙度 Ra 值为 **6.3～3.2 μm**。这是因为齿轮齿槽的形状与模数和齿数有关，故要铣出准确齿形，需为同一模数的每一种齿数的齿轮制造一把铣刀。为方便刀具制造和管理，**一般将铣削模数相同而齿数不同的齿轮所用的铣刀制成一组 8 把，分为 8 个刀号**，每个刀号的铣刀加工一定齿数范围的齿轮。而不同刀号铣刀的刀齿轮廓只与该号数范围内的最少齿数齿轮齿槽的理论轮廓相一致，对其他齿数的齿轮只能获得近似齿形。

根据以上特点，成形法铣齿轮多用于修配或单件制造某些转速低、精度要求不高的齿轮。

展成法是建立在齿轮与齿轮或齿条与齿轮相互啮合原理基础上的齿形加工方法。滚齿加工(图 2.78)和插齿加工(图 2.79)均属展成法加工齿形。随着科学技术的发展,齿轮传动的速度和载荷不断提高,因此传动平稳与噪声、冲击之间的矛盾日益尖锐。为解决这一矛盾,就需相应提高齿形精度和降低齿面粗糙度数值,这时插齿和滚齿已不能满足要求,常用剃齿、珩齿和磨齿来解决。其中磨齿加工精度最高,可达 4 级(请注意:齿形加工精度等级不同于圆柱体配合加工的精度等级)。

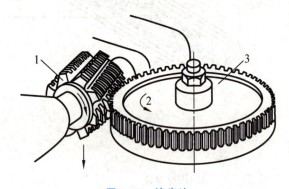
图 2.78 滚齿法
1—滚刀;2—分齿运动;3—工件

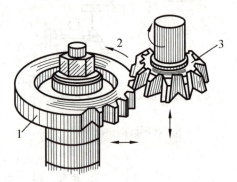
图 2.79 插齿法
1—工件;2—分齿运动;3—插齿刀

5. 铣削综合工艺举例

现以图 2.80 所示 V 形块为例,讨论其单件、小批量生产时的操作步骤,见表 2-4。

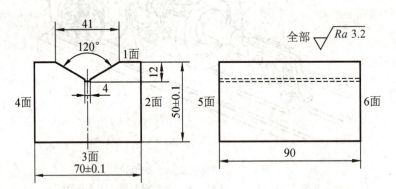
图 2.80 V 形块

表 2-4 V 形块的铣削步骤　　　　　　　　　　　　　　　　(单位:mm)

序号	加工内容	加工简图	刀具	设备	装夹方法
1	将面 3 紧靠在机用平口钳导轨面上的平行垫铁上,即以面 3 为基准,工件在两钳口间被夹紧,铣平面 1,使面 1 和面 3 间尺寸至 52		φ110mm 硬质合金镶齿端铣刀	立式铣床 X5012	机用平口钳

（续）

序号	加工内容	加工简图	刀具	设备	装夹方法
2	以面1为基准，紧贴固定钳口，在工件与活动钳口间垫圆棒，夹紧后铣平面2，使面2和面4间尺寸至72				
3	以面1为基准，紧贴固定钳口，翻转180°，使面2朝下，紧贴平形垫铁，铣平面4，使面2和面4间尺寸至70±0.1		φ110mm硬质合金镶齿端铣刀	立式铣床X5012	机用平口钳
4	以面1为基准，铣平面3，使面1和面3间尺寸至50±0.1				
5	铣面5、面6两面，使面5和面6间尺寸至90				
6	按划线找正，铣直槽，槽宽4，深为12		切槽刀	卧式铣床X6012	机用平口钳
7	铣V形槽至尺寸41		角度铣刀	卧式铣床X6012	机用平口钳
8	按图样要求检验				

2.3.3 磨削

【参考图文】

【参考视频】

磨削加工的用途很广,可用不同类型的磨床分别加工内外圆柱面、内外圆锥面、平面、成形表面(如花键、齿轮、螺纹等)及刃磨各种刀具等。磨削加工使用的机床为磨床。磨床种类很多,常用的有外圆磨床、内圆磨床、平面磨床等。

1. 磨削概述

磨削是机械零件精密加工的主要方法之一,与车、铣、刨、钻、镗加工方法相比有不同的特点。

1) 磨削加工的特点

(1) 磨削属多刃、微刃切削。磨削用的砂轮是由许多细小坚硬的磨粒用结合剂黏结在一起经焙烧而成的疏松多孔体。这些锋利的磨粒就像铣刀的切削刃,在砂轮高速旋转的条件下,切入工件表面,故磨削是一种多刃、微刃切削过程。

(2) 加工尺寸精度高,表面粗糙度值低。磨削的切削厚度极薄,每个磨粒的切削厚度可小到微米,故磨削的尺寸公差等级可达 IT6～IT5,表面粗糙度 Ra 值达 $0.8～0.1\mu m$。高精度磨削时,尺寸公差等级可高于 IT5,表面粗糙度 Ra 值不大于 $0.012\mu m$。

(3) 加工材料广泛。由于磨料硬度极高,故磨削不仅可加工一般金属材料,如碳钢、铸铁等,还可加工一般刀具难以加工的高硬度材料,如淬火钢、各种切削刀具材料及硬质合金等。

(4) 砂轮有自锐性。当作用在磨粒上的切削力超过磨粒的极限强度时,磨粒就会破碎,形成新的锋利棱角进行磨削;当此切削力超过结合剂的黏结强度时,钝化的磨粒就会自行脱落,使砂轮表面露出一层新鲜锋利的磨粒,从而使磨削加工能够继续进行。砂轮的这种自行推陈出新、保持自身锋利的性能称为自锐性。砂轮有自锐性可使砂轮连续进行加工,这是其他刀具没有的特性。

(5) 磨削温度高。磨削过程中,由于切削速度很高,产生大量切削热,温度超过1000℃。同时,高温的磨屑在空气中发生氧化作用,产生火花。在如此高温下,将会使零件材料性能改变而影响质量。因此,为减少摩擦和迅速散热,应降低磨削温度,及时冲走屑末,以保证零件表面质量,磨削时需使用大量切削液。

【参考图文】

2) 外圆磨床的组成

常用的外圆磨床分为普通外圆磨床和万能外圆磨床。在普通外圆磨床上可磨削零件的外圆柱面和外圆锥面;在万能外圆磨床上由于砂轮架、头架和工作台上都装有转盘,能回转一定的角度,且增加了内圆磨具附件,所以万能外圆磨床除可磨削外圆柱面和外圆锥面外,还可磨削内圆柱面、内圆锥面及端平面,故万能外圆磨床较普通外圆磨床应用更广。图 2.81 所示为 M1432A 型万能外圆磨床外形。

该型号中,M 为机床类别代号,表示磨床,读作"磨";1 为机床组别代号,表示外圆磨床;4 为机床系别代号,表示万能外圆磨床;32 为主参数最大磨削直径的 1/10,即最大磨削直径为 320mm;A 表示在性能和结构上经过一次重大改进。其组成如下。

(1) 床身。床身用来固定和支承磨床上所有部件,上部装有工作台和砂轮架,内部装有液压传动系统和机械传动装置。床身上的纵向导轨供工作台移动用,横向导轨供砂轮架移动用。

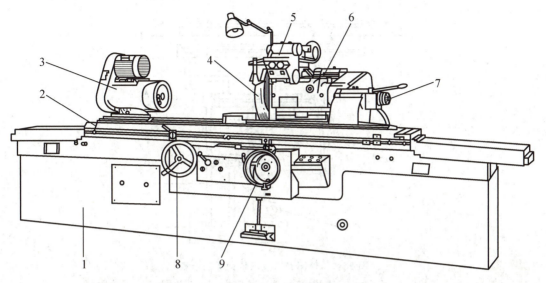

图 2.81　M1432A 型万能外圆磨床外形

1—床身；2—工作台；3—头架；4—砂轮；5—内圆磨头；6—砂轮架；7—尾座；
8—工作台手动手轮；9—砂轮横向手动手轮

(2) 工作台。工作台有两层，称上工作台和下工作台，下工作台沿床身导轨做纵向往复直线运动，上工作台可相对下工作台转动一定的角度，以便磨削圆锥面。

(3) 头架。头架安装在上工作台上，头架上有主轴，主轴端部可安装顶尖、拨盘或卡盘，以便装夹工件并带动其旋转。头架内的双速电动机和变速机构可使工件获得不同的转速。头架在水平面内可偏转一定角度。

(4) 尾座。尾座也安装在上工作台上，尾座的套筒内装有顶尖，用来支承细长工件的另一端。尾座在工作台上的位置可根据工件的不同长度调整，当调整到所需的位置时将其紧固。尾座可在工作台上做纵向移动，扳动尾座上的手柄时，套筒可伸出或缩进，以便装卸工件。

(5) 砂轮架。砂轮安装在砂轮架的主轴上，由单独电动机通过V带传动带动砂轮高速旋转。砂轮架可在床身后部的导轨上做横向移动，移动方式有自动周期进给、快速前进和退出、手动三种，前两种是由液压传动实现的。砂轮架还可绕垂直轴旋转某一角度。

(6) 内圆磨头。内圆磨头用于磨削内圆表面。其主轴可安装内圆磨削砂轮，由另一电动机带动。内圆磨头可绕支架旋转，用时翻下，不用时翻向砂轮架上方。

3) 外圆磨床的传动

磨床传动广泛采用液压传动，这是因为液压传动具有无级调速、运转平稳、无冲击振动等优点。 外圆磨床的液压传动系统比较复杂，图 2.82 为其液压传动原理示意图。

工作时，液压泵 9 将油从油箱 8 中吸出，转变为高压油，高压油经过转阀 7、节流阀 5 和换向阀 4 流入液压缸 3 的右腔，推动活塞、活塞杆及工作台 2 向左移动。液压缸 3 的左腔的油则经换向阀 4 流入油箱 8。当工作台 2 移至左侧行程终点时，固定在工作台 2 前侧面右端的挡块 1 推动换向手柄 10 至双点画线位置，于是高压油则流入液压缸 3 的左腔，使工作台 2 向右移动，油缸 3 右腔的油则经换向阀 4 流入油箱 8。如此循环，工作台 2 便得到往复运动。

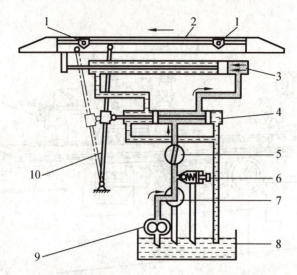

图 2.82　外圆磨床液压传动原理示意

1—挡块；2—工作台；3—液压缸；4—换向阀；5—节流阀；6—溢流阀；
7—转阀；8—油箱；9—液压泵；10—换向手柄

4）其他磨床

（1）内圆磨床。内圆磨床主要用于磨削内圆柱面、内圆锥面、端面等。图 2.83 所示为 M2120 型内圆磨床外形，型号中 2 和 1 分别为机床组别、系列代号，表示内圆磨床；20 为主参数最大磨削孔径的 1/10，即最大磨削孔径为 200mm。

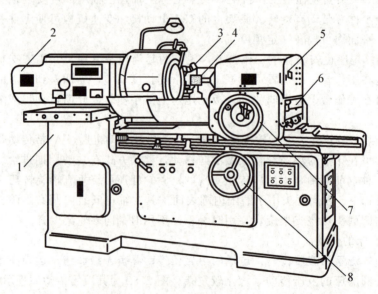

【参考图文】

图 2.83　M2120 型内圆磨床外形

1—床身；2—头架；3—砂轮修整器；4—砂轮；5—砂轮架；
6—工作台；7—砂轮横向手动手轮；8—工作台手动手轮

内圆磨床的砂轮转速特别高，一般可达 10000～20000r/min，以适应磨削速度的要求。加工时，工件安装在卡盘内，砂轮架 5 安装在工作台 6 上，可绕垂直轴转动一个角度，以便磨削圆锥孔。**磨削运动与外圆磨削基本相同，只是砂轮与工件按相反方向旋转。**

（2）平面磨床。平面磨床主要用于磨削零件上的平面。图 2.84 所示为 M7120A 型平面磨床外形。该型号中，7 为机床组别代号，表示平面磨床；1 为机床系列代号，表示卧轴矩台平面磨床；20 为主参数工作台面宽度的 1/10，即工作台面宽度为 200mm。平面磨床与其他磨床不同的是工作台上安装有电磁吸盘或其他夹具，用于装夹工件。

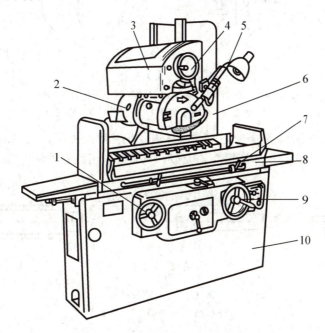

图 2.84　M7120A 型平面磨床外形

1—工作台手动手轮；2—磨头；3—滑板；4—砂轮横向手动手轮；5—砂轮修整器；
6—立柱；7—行程挡块；8—工作台；9—砂轮升降手动手轮；10—床身

磨头 2 沿滑板 3 的水平导轨可做横向进给运动，这可由液压驱动或砂轮横向手动手轮 4 操纵。滑板 3 可沿立柱 6 的导轨垂直移动，以调整磨头 2 的高低位置及完成垂直进给运动，该运动也可操纵砂轮升降手动手轮 9 实现。砂轮由装在磨头壳体内的电动机直接驱动旋转。

2. 工件的安装及磨床附件

在磨床上安装工件的主要附件有顶尖、卡盘、花盘和心轴等。

1）外圆磨削中工件的安装

在外圆磨床上磨削外圆，工件常采用顶尖安装、卡盘安装和心轴安装三种方式。

（1）顶尖安装。顶尖安装适用于两端有中心孔的轴类零件。如图 2.85 所示，工件支承在顶尖之间，其安装方法与车床顶尖装夹基本相同，不同点是磨床所用顶尖不随工件一起转动（称死顶尖），这样可以提高加工精度，避免由于顶尖转动带来的误差。同时，尾座顶尖靠弹簧推力顶紧工件，可自动控制松紧程度，这样既可以避免工件轴向窜动带来的误差，又可以避免工件因磨削热可能产生的弯曲变形。

（2）卡盘安装。磨削短零件上的外圆可视装卡部位形状不同，分别采用三爪自定心卡盘、四爪单动卡盘或花盘安装。安装方法与车床基本相同。

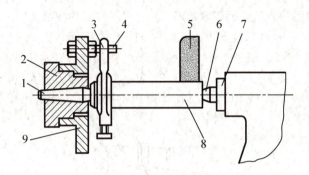

图 2.85 顶尖安装

1—前顶尖;2—头架主轴;3—卡箍;4—拨杆;5—砂轮;
6—后顶尖;7—尾座套筒;8—工件;9—拨盘

(3) 心轴安装。磨削盘套类空心零件常以内孔定位磨削外圆,大都采用心轴安装,如图 2.86 所示。装夹方法与车床所用心轴类似,只是磨削用的心轴精度要求更高一些。

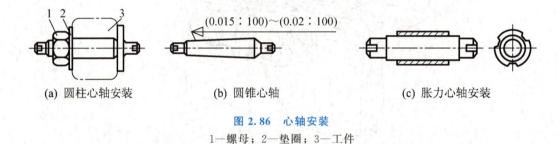

(a) 圆柱心轴安装　　　　(b) 圆锥心轴　　　　(c) 胀力心轴安装

图 2.86 心轴安装

1—螺母;2—垫圈;3—工件

2) 内圆磨削中工件的安装

磨削零件内圆,大都以其外圆和端面作为定位基准,通常采用三爪自定心卡盘、四爪单动卡盘、花盘及弯板等安装工件。

3) 平面磨削中工件的安装

在平面磨床上磨削平面,常采用电磁吸盘和精密虎钳安装工件。

(1) 电磁吸盘安装。磨削平面通常是以一个平面为基准磨削另一平面。若两平面都需磨削且要求相互平行,则可互为基准,反复磨削。

磨削中小型零件的平面,常采用电磁吸盘工作台吸住工件。电磁吸盘工作台有长方形和圆形两种,分别用于矩台平面磨床和圆台平面磨床。当磨削键、垫圈、薄壁套等尺寸小而壁较薄的零件时,因工件与工作台接触面积小,吸力弱,易被磨削力弹出造成事故。因此安装这类工件时,需在其四周或左右两端用挡铁围住,以免工件走动,如图 2.87 所示。

(2) 精密台虎钳安装。电磁吸盘只能安装钢、铸铁等磁性材料的工件,对于铜、铜合金、铝等非磁性材料制成的工件,可在电磁吸盘上安放一精密台虎钳安装工件。精密台虎钳与普通虎钳相似,但精度很高。

3. 砂轮

砂轮是磨削的切削工具。磨粒、结合剂和空隙是构成砂轮的三要素,如图 2.88 所示。

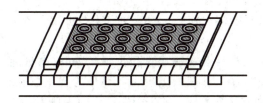

图 2.87 用挡铁围住工件

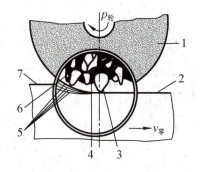

图 2.88 砂轮的组成

1—砂轮；2—已加工表面；3—磨粒；4—结合剂；
5—加工表面；6—空隙；7—待加工表面

1) 砂轮的特性及其选择

砂轮的特性主要由磨料、粒度、硬度、结合剂、组织、形状和尺寸等因素决定。

磨料直接担负着切削工作，必须硬度高、耐热性好，还必须有锋利的棱边和一定的强度。常用磨料有刚玉类、碳化硅类和超硬磨料。常用的几种刚玉类、碳化硅类磨料的代号、特点及适用范围见表 2-5。

表 2-5 常用磨料特点及用途

磨料名称	代号	特点	用途
棕刚玉	A	硬度高，韧性好，价格较低	适合于磨削各种碳钢、合金钢和可锻铸铁等
白刚玉	WA	比棕刚玉硬度高，韧性低，价格较高	适合于加工淬火钢、高速钢和高碳钢
黑色碳化硅	C	硬度高，有脆性而锋利，导热性好	用于磨削铸铁、青铜等脆性材料及硬质合金刀具
绿色碳化硅	GC	硬度比黑色碳化硅更高，导热性好	主要用于加工硬质合金、宝石、陶瓷和玻璃等

粒度是指磨粒颗粒的大小。粒度号越大，磨料越细，颗粒越小。可用筛选法或显微镜测量法来区别。**粗磨或磨软金属时，用粗磨料；精磨或磨硬金属时，用细磨料。**

硬度是指砂轮上磨料在外力作用下脱落的难易程度。磨粒易脱落，表明砂轮硬度低，反之则表明砂轮硬度高。砂轮的硬度与磨料的硬度无关。**磨硬金属时，用软砂轮；磨软金属时，用硬砂轮，但有色金属韧性大，不易磨削。**

常用结合剂有陶瓷结合剂(代号 V)、树脂结合剂(代号 B)、橡胶结合剂(代号 R)等。其中陶瓷结合剂做成的砂轮耐蚀性和耐热性很高，应用广泛。

组织是指砂轮中磨料、结合剂、空隙三者体积的比例关系。组织号是由磨料所占的百分比来确定的。

根据机床结构与磨削加工的需要，将砂轮制成各种形状和尺寸。为方便选用，在砂轮的非工作表面上印有特性代号，如代号 PA 60KV6P300×40×75，表示砂轮的磨料为铬刚玉(PA)，粒度为 60#，硬度为中软(K)，结合剂为陶瓷(V)，组织号为 6 号，形状为平形砂轮

(P),尺寸外径为300mm,厚度为40mm,内径为75mm。

2)砂轮的安装与平衡

砂轮因在高速下工作,安装时应首先检查外观没有裂纹后,再用木锤轻敲,如果声音嘶哑,则禁止使用,否则砂轮破裂后会飞出伤人。砂轮的安装方法如图2.89所示。

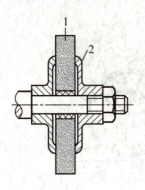

图 2.89 砂轮的安装
1—砂轮;2—弹性垫板

为使砂轮工作平稳,一般直径大于125mm的砂轮都要进行平衡试验,如图2.90所示。将砂轮装在心轴2上,再将心轴放在平衡架6的平衡轨道5的刃口上。若不平衡,较重部分总是转到下面。这时可移动法兰盘端面环槽内的平衡铁4进行调整。经反复平衡试验,直到砂轮可在刃口上任意位置都能静止,即说明砂轮各部分的质量分布均匀。这种方法称为静平衡。

3)砂轮的修整

砂轮工作一定时间后,磨粒逐渐变钝,砂轮工作表面空隙被堵塞,使之丧失切削能力。同时,由于砂轮硬度不均匀及磨粒工作条件不同,使砂轮工作表面磨损不均匀,形状被破坏,这时必须修整。砂轮常用金刚石笔进行修整,如图2.91所示。修整时要使用大量的冷却液,以免金刚石因温度急剧升高而破裂。

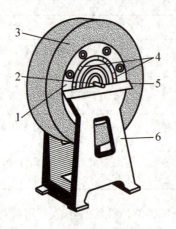

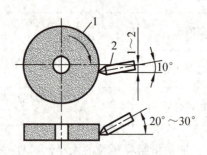

图 2.90 砂轮的平衡
1—砂轮套筒;2—心轴;3—砂轮;4—平衡铁;
5—平衡轨道;6—平衡架

图 2.91 砂轮的修整
1—砂轮;2—金刚石笔

4. 磨削工艺

由于磨削的加工精度高,表面粗糙度值小,能磨高硬脆的材料,因此应用十分广泛。现仅就内外圆柱面、内外圆锥面及平面的磨削工艺进行讨论。

1)外圆磨削

外圆磨削是一种基本的磨削方法,它适于轴类及外圆锥零件的外表面磨削。在外圆磨床上磨削外圆常用的方法有纵磨法、横磨法和综合磨法三种。

〖参考动画〗

(1)纵磨法。如图2.92所示,纵磨削时,砂轮高速旋转起切削作用(主运动),工件转动(圆周进给)并与工作台一起做往复直线运动(纵向进给),当每一纵向行程或往复行程终了时,砂轮做周期性横向进给(背吃刀量)。每次背吃刀量很小,磨削余量是在多次往复行程中磨去的。当工件加工到接近最终尺寸时,采用无横向进给的几次光磨行程,直至火花消失为止,以提高零件的加工精度。纵向磨削的特点是具有较大适应性,一个砂轮可磨削长度不同、直径不等的各种零件,且加工质量好,但磨削效率较低。目前生产中,特别是单件、小批生产及精磨时广泛采用这种方法,尤其适用于细长轴的磨削。

(2) 横磨法。如图 2.93 所示,横磨削时,采用砂轮的宽度大于工件待加工表面的长度,工件无纵向进给运动,而砂轮以很慢的速度连续地或断续地向工件做横向进给,直至余量被全部磨掉为止。横磨的特点是生产率高,但精度及表面质量较低。该法适于磨削长度较短、刚性较好的工件。当工件磨到所需的尺寸后,如果需要靠磨台肩端面,则将砂轮退出 0.005~0.01mm,手摇工作台纵向移动手轮,使工件的台端面贴靠砂轮,磨平即可。

(3) 综合磨法。综合磨法是指先用横磨分段粗磨,相邻两段间有 5~15mm 重叠量(图 2.94),然后将留下的 0.01~0.03mm 余量用纵磨法磨去。当加工表面的长度为砂轮宽度的 2~3 倍以上时,可采用综合磨法。综合磨法集纵磨、横磨法的优点于一身,既能提高生产效率,又能提高磨削质量。

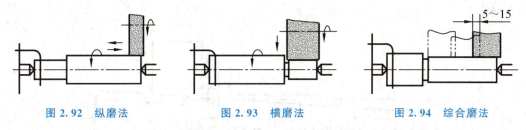

图 2.92 纵磨法　　　　　图 2.93 横磨法　　　　　图 2.94 综合磨法

2) 内圆磨削

内圆磨削方法与外圆磨削相似,只是砂轮的旋转方向与磨削外圆时相反(图 2.95),磨削方法以纵磨法应用最广,且生产率较低,磨削质量较低。由于受零件孔径限制,使砂轮直径较小,砂轮圆周速度较低,所以生产率较低。又由于冷却排屑条件不好,砂轮轴伸出长度较长,使得表面质量不易提高。但由于磨孔具有万能性,不需成套刀具,故在单件、小批生产中应用较多,特别是淬火零件,磨孔仍是精加工孔的主要方法。

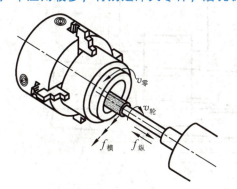

图 2.95 四爪单动卡盘安装工件

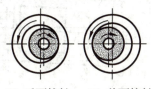

(a) 后面接触　(b) 前面接触

图 2.96 砂轮与工件的接触形式

砂轮在工件孔中的接触位置有两种:一种是与工件孔的后面接触[图 2.96(a)],这时冷却液和磨屑向下飞溅,不影响操作人员的视线和安全;另一种是与工件孔的前面接触

[图 2.96(b)],情况正好与上述相反。通常,在内圆磨床上采用后面接触,而在万能外圆磨床上磨孔,应采用前面接触方式,这样可采用自动横向进给。若采用后接触方式,则只能手动横向进给。

3)平面磨削

平面磨削常用的方法有周磨(在卧轴矩形工作台平面磨床上以砂轮圆周表面磨削工件)和端磨(在立轴圆形工作台平面磨床上以砂轮端面磨削工件)两种,见表 2-6。

表 2-6 周磨和端磨的比较

分类	砂轮与工件的接触面积	排屑及冷却条件	工件发热变形	加工质量	效率	适用场合
周磨	小	好	小	较高	低	精磨
端磨	大	差	大	低	高	粗磨

4)圆锥面磨削

圆锥面磨削通常有转动工作台法和转动头架法两种。

(1)转动工作台法。如图 2.97 所示,转动工作台法常用于锥度较小、锥面较长的内外圆锥面。

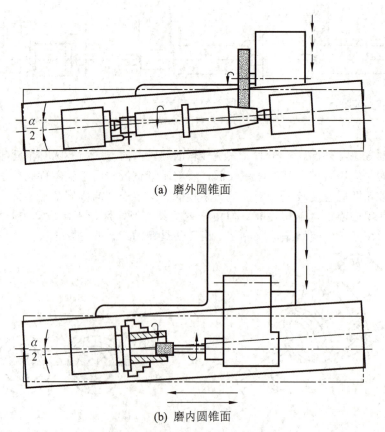

(a) 磨外圆锥面

(b) 磨内圆锥面

图 2.97 转动工作台磨圆锥面

(2)转动工件头架法。如图 2.98 所示,转动工件头架法常用于锥度较大、锥面较短的内外圆锥面。

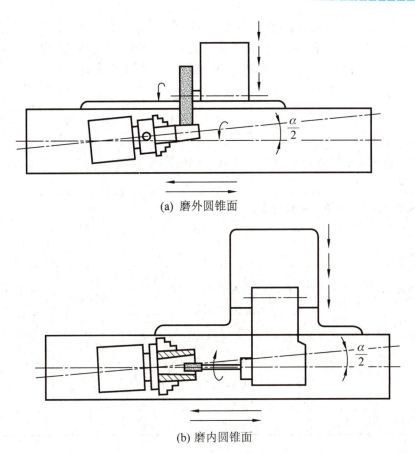

(a) 磨外圆锥面

(b) 磨内圆锥面

图 2.98 转动头架磨圆锥面

5. 磨削综合工艺举例

图 2.99 所示为套类零件，零件材料为 38CrMoAl，要求热处理硬度为 900HV，时效。

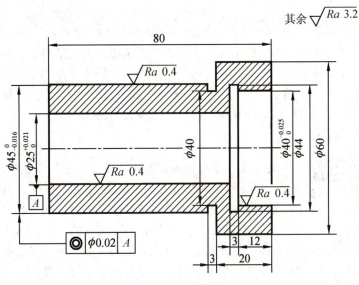

图 2.99 套类零件

该类零件的特点是要求内外圆表面的同轴度。因此，拟订加工步骤时，应尽量采用一次安装中加工，以保证上述要求。如不能在一次安装中完成全部表面加工，则应先加工孔，然后以孔定位，用心轴安装，再加工外圆表面。套类零件磨削步骤见表 2-7。

表 2-7　套类零件磨削步骤　　　　　　　　　　（单位：mm）

工序	加工内容	砂　　轮	设　　备	装夹方法
1	以 $\phi45_{-0.016}^{0}$ 外圆定位，百分表找正，粗磨 $\phi25_{0}^{+0.021}$ 内孔，留精磨余量 0.04～0.06	PA60KV6P20×6×6	磨床 MD1420	三爪自定心卡盘
2	粗磨 $\phi40_{0}^{+0.025}$ 内孔，留精磨余量 0.04～0.06	PA60 KV6P30×10×10	磨床 MD1420	三爪自定心卡盘
3	氮化	—	—	—
4	精磨 $\phi40_{0}^{+0.025}$ 内孔至尺寸要求	PA80 KV6P30×10×10	磨床 MD1420	三爪自定心卡盘
5	精磨 $\phi25_{0}^{+0.021}$ 内孔至尺寸要求	PA80 KV6P20×6×6	磨床 MD1420	三爪自定心卡盘
6	以 $\phi25_{0}^{+0.021}$ 内孔定位，粗、精磨 $\phi45_{-0.016}^{0}$ 外圆至尺寸要求	WA80KV6P300×40×75	磨床 MD1420	心轴
7	按图样要求检验	—	—	—

2.4　钳　工

2.4.1　钳工概述

钳工训练可以大大增强学生的实际动手能力，无论将来是否从事相关的工作，其所获得的能力都将使其终身受益。钳工训练过程是枯燥的，对有些学生甚至是痛苦的。需要耐住性子、抗住挫折、开动脑筋、努力学习、集思广益、用心去体会自己技能的一点点增长。梅花香自苦寒来，蓦然回首会发现一切辛苦都是值得的。

【参考图文】　【参考视频】

1. 概述

钳工是主要在台虎钳上用手工工具进行手工操作，从事装配、调试、维修机器及加工零件的一个工种。钳工的具体工作是完成一些采用机械方法不太适宜或不能解决的任务。钳工要解决机械制造中出现的各种各样问题，因此钳工又被称为"万能工种"，是工业生产中不可缺少的工种。钳工的从业者很难是全能的，根据岗位的不同具有具体的分工，常分成普通钳工、工具钳工、机修钳工等。钳工要完成本职工作，就要掌握好各项基本技能，主要包括：划线、錾削、锯割、锉削、孔加工、螺纹加工、刮削、研磨、装配、调试、测量和简单的钣金、热处理等。

2. 钳工设备和工具

钳工所需工具设备相对简单。工具主要是划针、划规、样冲、手锤、手锯、锉刀、钻头、丝锥、板牙、刮刀、扳手、螺钉旋具、量具等。工作场地常用设备主要有钳台、台虎钳、砂轮机、钻床、平板等。

（1）钳台。钳台又称钳桌，高度一般以 800～900mm 为宜，台面安装台虎钳，还用于放置平板、工具等，通常设有抽屉或柜子以规范地放置工量具等。

【参考视频】 【参考图文】

（2）台虎钳。台虎钳是用来夹持工件，进行锯、锉等钳加工的主要工具。台虎钳有固定式和回转式(图 2.100)，带砧台和不带砧台的不同形式，常用的是带砧台回转式虎钳。台虎钳的规格用钳口的宽度表示。钳口紧固在虎钳咬口上，由两块经过淬硬的带有斜齿纹的钢材制成，为保护精加工的工件表面，操作时通常在钳口垫上由软材料制成的护铁，以免夹坏工件表面。其砧台是用于承受锤击与敲打的。回转式钳身可绕其底座轴心转动，当转到合适的加工方位进行操作时，一定要扳动夹紧螺钉旋紧，使钳身与底座紧固。夹紧工件时只允许依靠手的力量扳紧手柄，不能用手锤敲击手柄或套上长管子扳手柄，以免丝杠、螺母或钳身因受力过大而损坏。台虎钳在钳台上安装时，一定要使固定钳身的工作面处于钳台边缘之外，以便在夹持长的工件时，不使工件的下端受到钳台边缘的阻碍。在虎钳上操作的合适高度是虎钳最高点恰好等高于操作者直立时的手肘。

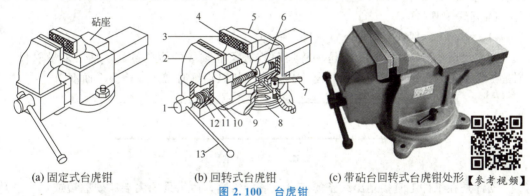

(a) 固定式台虎钳　　(b) 回转式台虎钳　　(c) 带砧台回转式台虎钳处形 【参考视频】

图 2.100　台虎钳

1—丝杆；2—活动钳身；3—螺钉；4—钳口铁；5—固定钳身；6—螺母；7—转盘锁紧手柄；
8—回转盘；9—底座；10—开口销；11—垫片；12—弹簧；13—手柄

（3）砂轮机。砂轮机用来磨削各种刀具和工具，由砂轮、电动机、砂轮机座、托架和防护罩等组成。使用时要注意砂轮的旋转方向应正确，以磨屑向下方飞离砂轮为准；**砂轮起动后，待转速正常后再进行磨削；磨削时，工作者应在砂轮的侧面或斜侧位置，不要站在砂轮的对面**；磨削时不要施加过大的压力，避免工件对砂轮发生剧烈的撞击致使砂轮碎裂；砂轮机的托架与砂轮间的距离一般保持在 3mm 以内，否则容易发生磨削件被轧入的现象，甚至造成砂轮破裂飞出的事故。

（4）钻床。钻床是用于孔加工的一种机械设备，规格用可加工孔的最大直径表示，有台钻、立钻等。钳工常用台钻，不便使用钻床时，也常用到手电钻。

（5）平板。平板用于划线与测量，由铸铁或花岗岩制成，上平面经处理精度较高，是划线的基准平面(图 2.101)。

图 2.101　平板

2.4.2 划线、锯割和锉削

划线、锯割和锉削是钳工入门时必然要掌握的技能,也是初学者感觉较难的训练项目。

1. 划线

根据图样要求或实物尺寸,在工件表面上划出加工图形、界线或找正的辅助线,这项操作叫划线。只需在一个平面或几个互相平行的平面上划线,即能明确表示出工件的加工界线的,称为平面划线。要同时在工件上几个不同方向的表面上划线,才能明确表示出工件的加工界线的,称为立体划线。划线多用于单件、小批量生产。划线的精度较低;所划线条只是加工的参考依据,最终尺寸要靠量具测量保证。划线的作用主要有确定工件上各加工面的加工位置和加工余量;便于工件在机床上的找正与定位;检查毛坯的形状和尺寸,及时发现与剔除不合格的毛坯;在坯料出现某些缺陷的情况下可对加工余量进行合理调整分配(即"借料"方法),使零件加工符合要求。

为使划出的线条清晰可见,通常在零件表面涂上一层薄而均匀的涂料(即涂色)。干净的表面常用蓝油(酒精加漆片与紫蓝颜料配成);毛坯面常用石灰水(由石灰水加牛皮胶调成);小的毛坯件上也可以涂粉笔;含铁的金属也可用硫酸铜;铝、铜等有色金属可涂紫药水(龙胆紫)或墨汁。

1)划线工具

(1)钢直尺、划针、划规、直角尺、样冲。

钢直尺(钢板尺)(图2.102)是一种尺面刻有尺寸刻线的简单量具,是用来量取尺寸、测量工件及与划针配合划直线的导向工具,钳工初级训练时常用于检验平面度。

图 2.102 150mm 钢直尺

划针是在工件上直接划出线条的工具,形如铅笔,由工具钢尖端淬硬磨锐或焊上硬质合金尖头而成。有的划针带弯,可在一些空间受限的地方划线。在用划针和钢直尺连接两点的直线时,要先用划针和钢直尺定好后一点的划线位置,然后调整钢直尺使与前一点的划线位置对准,再开始划出两点的连接直线,划线时针尖要紧靠导向尺的边缘,上部向外侧倾斜,同时也向划线移动方向倾斜[图2.103(a)]。划线要做到一次划成,使划出的线条既清晰又准确。图2.103(b)所示为错误的划针用法。

划规[图2.103(c)、图2.103(d)]是在工件上用来划圆和圆弧、等分线段、等分角度及量取尺寸等的工具。划规用碳素工具钢制成,划线尖端用高速钢焊上。

直角尺(图2.104)是用作划平行线或垂直线的导向工具,也可用来找正工件平面在划线平台上的垂直位置。

样冲(图2.105)是在工件所划加工线条上冲点作加强界限标志和划圆弧或钻孔定中心的工具,其顶尖角度在用于加强界限标记时大约为40°,用于钻孔定中心时约取60°。

(2)划线盘、量高尺、高度游标卡尺、方箱、V形块、千斤顶。

划线盘[图2.106(a)]是带有划针的可调划线工具,用来划与平板平行的直线,主要由

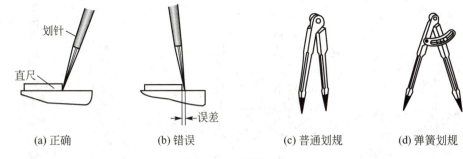

图 2.103 划线工具

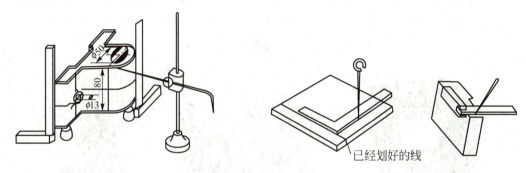

图 2.104 直角尺划线

底座、立柱、划针和夹紧螺母等组成。划针两端分为直头端和弯头端,直头端用来划线,弯头端常用来找正工件的位置。

量高尺[图 2.106(b)]是用来校核划线盘划针高度的量具,其实就是个能使钢直尺的零线紧贴平台并保持钢直尺与平板平面垂直的工具。

高度游标卡尺[图 2.106(c)]除用来测量工件的高度外,还可用来作半成品划线用,其读数精度一般为 0.02mm。它只能用于半成品划线,不允许用于毛坯。

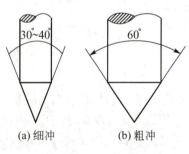

图 2.105 样冲

方箱[图 2.107(a)]是铸铁制成的空心立方体,各相邻的两个面均互相垂直。方箱用于夹持、支承尺寸较小而加工面较多的工件。通过翻转方箱,便可在工件的表面上划出互相垂直的线条。V形铁[图 2.107(b)]用于支承圆柱形工件,使工件轴线与底板平行。千斤顶[图 2.107(c)]用于在平板上支承较大及不规则工件,其高度可以调整。通常用三个千斤顶支承工件。

2) 划线方法与步骤

(1) 划线方法。

划线先要选定划线基准,平面划线是用划线工具将图样按实物大小 1∶1 划到零件上去。一般只要以两根相互垂直的线条为基准,就能把平面上所有形面的相互关系确定下来。立体划线是平面划线的复合运用,划线时要选择三条相互垂直的直线为基准,并要注意找正。

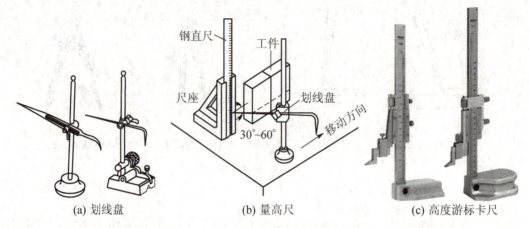

图 2.106 划线盘、量高尺及高度游标卡尺

图 2.107 方箱、V 形铁及千斤顶

(2) 划线步骤。

第一步,将零件表面的脏物清除干净,清除毛刺,在零件孔中装中心塞块,涂色。
第二步,安放妥当,用相应划线工具划出加工界限(直线、圆及连接圆弧)。
第三步,检验无误后在划出的线上打样冲眼。

2. 锯割

锯割是指用手锯把材料割开或在其上锯出沟槽的操作。手锯由锯弓和锯条组成。

1) 锯割工具

(1) 手锯。目前常用是握把式手锯,用蝶形螺母调整锯条的张紧程度。有固定式和可调式两种(图 2.108),固定式刚性较好,有多种样式。可调式能适应不同长度的锯条,可放入钳工包,携带较为方便,样式较经典。

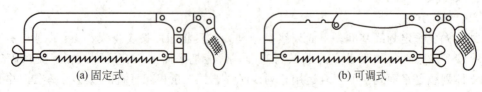

图 2.108 手锯

(2) 锯条。锯条一般用工具钢或合金钢制成，有硬质与软质区别。硬质锯条从内到外被硬化；软质锯条背面是软的，只有锯齿被硬化，可弯曲，使用技巧比硬质要求低。锯条规格以两端安装孔之间的距离表示，锯齿粗细用每25mm(约1in)长度内齿的个数来表示，有14、18(常用)、24和32等几种。选择锯齿应根据加工材料的硬度和厚薄来选择。锯削铝、铜等软材料或厚材料时，应选用粗齿锯条。锯硬钢、薄板及薄壁管子时，应该选用细齿锯条。锯削软钢、铸铁及中等厚度的工件则多用中齿锯条。如图2.109所示，锯齿在制造时按一定规律错开排列形成锯路，这样锯出的缝大于锯片的厚度，能避免"夹锯"。

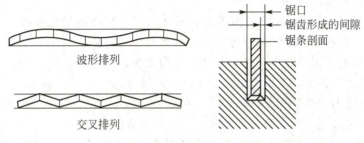

图2.109 锯路

2) 锯割常识

(1) 手锯是在前推时才起切削作用，因此锯条安装应使齿尖的方向朝前，在调节锯条松紧时不宜太紧或太松，绷紧不易晃动即可。锯弓两端都装有夹头(或称为钩子)，锯片要放于夹头销子底部平面，平面有利于保持锯片不歪斜，旋紧活动夹头上的蝶形螺母将锯条拉紧。

(2) 锯割是沿线操作，划线对锯割很重要，至少要划三条，分别位于上表面、靠近操作者面与远离操作者面。

(3) 锯割薄材料时至少要保证2～3个锯齿同时工作，可用其他合适材料垫厚或与工件以一定角度锯割，使参与切割的锯齿数增加。锯割管件或圆棒时要避免锯齿被勾住而崩断，可分别在锯到内壁或最大直径处时，将工件向推锯方向转过一定角度，不断转锯直到锯断。

3) 锯割操作

(1) 握法。一般握锯是右手握锯柄，使锯弓在手臂延长线上。

(2) 工件夹持。将工件夹持在台虎钳左侧，使身体与工件间较少牵绊。

(3) 站立姿势。左脚前，右脚后，身体与台虎钳中心线约成45°。左脚所站合适位置可根据是否便于操作者看到远离操作者的工件面为准，两脚间距根据操作者与台虎钳高度自行调整。

(4) 起锯。起锯时左手拇指(最好是指甲)靠住锯条光滑面进行定位(不要碰在锯齿上)，定位时要考虑锯缝所占宽度，理想情况是锯下后，划线时所打的样冲眼有半个留在工件上。起锯采用远起锯较好，即手锯前低后高与工件夹角约15°，夹角太大齿易崩，太小易打滑。因单手持锯，可将靠近手的锯片的后半部分与工件距操作者较远端接触，可先后拉找下感觉，再前推，数次后将工件表面锯出锯痕。停锯观察无误，则边锯边沿上表面的线条放平手锯，使与所划线条吻合，如有偏差则及时修正。

(5) 正常锯割。待有一定深度，锯片可自行定位了，则放开定位的左手，"搭"在手锯前端(左手不要紧握锯弓),辅助右手控制方向与施加压力进行正常锯割。前推稍加压力,力度以不将锯片压斜为宜,后拉不加压力,轻快回收,依操作者身体素质自定频率,一般40次/min为宜。锯几下停住观察远近两面,依所划线条判定是否锯正,若有偏,利用锯缝宽度稍大于锯片本身厚度的特点,进行纠偏。

如果工件较高,超出锯弓内部高度,通常可将锯弓前后两端的夹头转向90°或180°安装,便可完成锯割。

(6)收锯。快要锯断时,可右手单手握锯适当用力锯割,左手扶住将掉下部分,以免发生意外。

4)锯割要领

【参考视频】

(1)身动带手动。前推时,身体前倾,重心由后往前移,带动手向前移动,在移动整根锯条的行程中,相当部分是身体的移动完成,手的前伸只占其中的一部分距离。由于手没有前伸太多,可以很容易地将上半身的部分体重转为压力施加于工件上,双手不必为下压而额外用力。

(2)三点一线法。即左手为一个点,右手腕为一个点,右手肘为一个点,三点在锯割时大体保持在一条线上。为做到三点一线,必然是身动带手动。

(3)腿左弓右摆。左腿膝盖可以适当弯曲为弓步,右腿不能弯,在身体移动过程中,左腿膝盖以下,右腿整根类似于四杆机构的两个摇杆,这样在操作过程中,是一个整体力在工作,不易疲劳。

(4)自然摆动法。锯割一般采用小幅度的上下摆动式运动。就是前推时,左手高,右手低,回程时,又恢复两手大体等高或左低右高。由于整个过程还是保持三点一线。这样的运动方式使手臂基本上很自然的绕肩关节运动,故称为自然摆动法。如采用直线运动法,则为完成锯割动作,肘关节上下肌肉群要在不断收缩工作中,较费体力。同时自然摆动法锯出的锯缝底部是弧形,锯片与工件的接触面较小,作用力就较大;能减少钩齿现象,能使一次前推锯的部分更多。但对锯缝底面要求平直的锯割,则必须采用直线运动法。

3. 锉削

锉削是用锉刀从工件表面锉掉多余的部分,使工件达到图样要求的尺寸、形状和表面粗糙度的操作。锉削的加工范围包括平面、曲面、角度面、内孔、沟槽等。锉削精度可达0.01mm,表面粗糙度 Ra 值可达 $0.8\mu m$。

1)锉削工具

【参考图文】

锉刀一般采用碳素钢经轧制、锻造、退火、磨削、剁齿和淬火等工序加工而成。硬度可达62~64HRC。

锉刀(图2.110)由锉身和锉柄两部分组成,锉刀面是锉削的主要工作面,锉刀面在前端做成弧形。齿纹有单齿纹和双齿纹两种,单纹锉的刀齿对轴线倾斜成一个角度,适于加工软质的有色金属。锉刀常见的有平锉、方锉、三角锉、半圆锉、圆锉等称为普通锉。还有用来锉削零件的特殊表面的特种锉。为修整工件上的细小部分,还常用整形锉,也叫什锦锉或组锉,就是由不同断面形状组成的一套小锉刀。近来也出现如绳锉,电动锉(旋锉、啮合锉)、软锉等新型锉削工具。

锉刀规格可用锉身长度表示,如100mm(4in)、150mm(6in)等;也可用锉齿粗细表示，锉刀按每 10mm 长度内主锉纹条数分为 1～5 号。其中 1 号为粗齿锉，齿距为 2.3～0.83mm，2 号为中齿锉(0.77～0.42mm)，3 号为细齿锉(0.33～0.25mm)，4 号双细锉(0.25～0.2mm)和 5 号为油光锉(0.2～0.16mm)；还有用几何特征表示，如圆锉刀用直径，方锉刀用方形尺寸等。使用锉刀要根据被锉削工件表面形状、大小、工件材料的性质、加工余量的大小、加工精度和表面粗糙度要求的高低等合理选择。

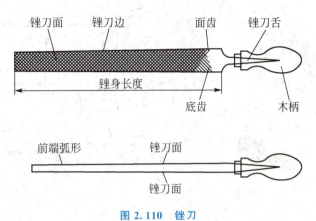

图 2.110　锉刀

2) 锉削操作

(1) 锉刀握法。锉刀种类、大小、形状各异，使用场合也不同，故锉刀的握法也各有不同。其运用原理相通，以大于 250mm 平锉的握法为例，将锉刀柄斜放右掌，五指握拢，大拇指放于锉刀柄上部，其余的四指由下而上地握着锉刀柄，锉刀在手臂延长线上。要领是五指合拢握实，锉刀柄不露头，前推发力是靠大拇指根部肌肉与手掌另一块对应的大肌肉顶住，加上手指握力产生的摩擦力共同作用(图 2.111)。左手可以有掌压、三指压(大拇指、食指、中指)、大拇指压等多种选择。

(2) 锉削准备。锉削操作的站立姿势、位置及用力要领与锯割相似，也讲究身动带手动，三点一线法，腿左弓右摆，但要注意使锉刀保持直线运动。不同余量阶段的锉刀控制是不一样的，以余量较大时的平面锉削为例，刚开始锉削时先试探性锉削，轻轻锉几下，感觉锉刀的锋利程度，通过观察锉痕，了解工件是否夹持妥当等；确定手感后，双手臂保持类似三点一线架构，用劲压住锉刀，可将上半身的体重分担在锉刀上，使其与工件产生一定摩擦力。

图 2.111　锉刀在右手的部位

(3) 锉削动作。如图 2.112(a)所示，锉削时，身体先与锉刀一起向前，右脚伸直并身体稍向前倾，重心在左脚，左膝呈弯曲状态；当锉刀锉至约四分之三行程时，身体停止前进，两臂继续将锉刀锉到头，同时，左腿自然伸直并随着锉削时的反作用力，将身体重心后移，使身体恢复原位，并顺势将锉刀收回，当锉刀收回将近结束，身体又开始先于锉刀前倾，做第二次锉削的向前运动。

锉削过程中，因支点在变化，要保持"平"（操作者心中想要达到的平面），两手用力也在变化，如图 2.112(b)所示。锉削时右手的压力要随锉刀推动而逐渐增加，左手的压力要随锉刀推动减小，回程时不加压力，可将锉刀略提起，以减少锉齿的磨损，锉削频率一般应在40次/min左右,推出时稍慢,回程时稍快,动作要自然协调。

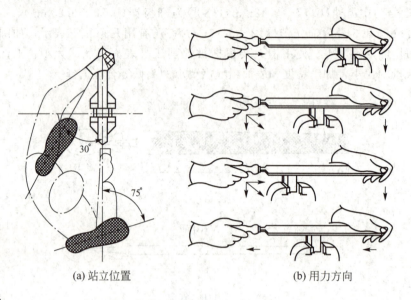

(a) 站立位置　　　　　　　　　(b) 用力方向

图 2.112　锉削过程

【参考视频】

3) 锉削方法

(1) **锉削平面的方法通常有顺向锉(纵横两向)、交叉锉(交替斜向)和推锉**,如图 2.113 所示。顺向锉锉痕美观,较易达到精度要求;交叉锉容易观察锉痕,锉削效率较高;推锉能精确控制加工部位,但效率较低。

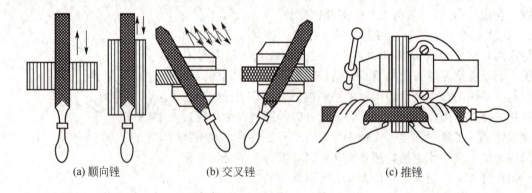

(a) 顺向锉　　　　　　(b) 交叉锉　　　　　　(c) 推锉

图 2.113　平面锉削

(2) 内外圆弧锉削方法不同,主要有顺锉法[图 2.114(a)]、滚锉法[图 2.114(b)、图 2.114(c)]。外圆弧采用平锉锉削,内圆弧采用曲率半径小于工件圆弧曲率半径的圆锉或半圆锉锉削。顺锉法是横着圆弧方向锉,可锉成接近圆弧的多棱形(适用于曲面的粗加工)。外圆弧滚锉是平锉向前锉削时右手下压,左手随着上提,即锉刀一边前推,一边做翘翘板动作,其翘翘板的支点就是被锉削的部分。内圆弧滚锉是圆锉向前锉削时,拧腕旋转锉刀,并向左或向右滑动。

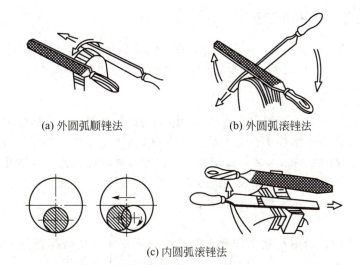

(a) 外圆弧顺锉法　　(b) 外圆弧滚锉法

(c) 内圆弧滚锉法

图 2.114　圆弧锉削

4) 锉削面的检验

检验**工具有刀口直尺、直角尺、游标卡尺、万能量角器、百分表等。**

(1) 平面度采用刀口直尺通过透光法来检查，检查时，刀口直尺应垂直放在工件表面上，并在加工面的纵向、横向、对角方向多处逐一进行，以确定各方向的直线度误差。如果刀口直尺在工件平面间透光微弱而均匀，说明该方向是直的，如果透光强弱不一，说明该方向是不直的。平面度误差值的确定，可用塞尺做塞入检查，刀口直尺在被检查面上改变位置时，不能在平面上拖动，应提起后再轻放到另一检查位置。

(2) 垂直度检查前，应先用锉刀将工件的锐边进行倒棱，将直角尺尺座的测量面紧贴工件基准面上，然后从上逐渐向下移动，使角尺尺瞄的测量面与工件的被测表面接触，眼光平视观察其透光情况。换个位置检查时，也要同样操作，不能直接将直角尺拖行。

(3) 尺寸及平行度的检查用可量尺寸的量具如游标卡尺，应多测量几处，方形工件特别要检查四个角的尺寸及中间等处。平行度由最大与最小尺寸的差值确定。工件边缘一两毫米不影响整体的地方通常不作尺寸要求。

5) 锉刀的保养

(1) 锉刀材质脆硬，不可作撬棒或手锤用。

(2) 没有装柄的锉刀或锉刀柄已裂开的锉刀易伤手，不可使用。

(3) 在粗锉时，应充分使用锉刀的有效全长，既提高了锉削效率，又可使锉齿避免局部磨损。

(4) 锉刀沾油打滑，沾水生锈，手掌有油脂汗液，故不要用手摸锉刀表面。

(5) 如锉屑嵌入齿缝内必须用钢丝刷等合适工具沿着锉齿的纹路进行清除。将粉笔涂到锉刀表面会减少锉屑堵塞。

(6) 不可锉硬皮表面，实在要锉，可用锉刀有齿的侧面进行锉削。

(7) 锉齿有方向，不可倒齿使用，特别是将工件在锉刀面上倒齿磨削时锉齿极易受损。

2.4.3 钻孔、扩孔和铰孔

[参考视频]

零件的孔加工,可以由车、镗、铣等机床完成,但主要是由钳工利用钻床和钻孔工具完成。孔加工方法一般指钻孔、扩孔和铰孔。

1. 钻孔

钻孔是用钻头在工件上加工出孔的操作。钳工的钻孔多用于装配和修理,也是攻螺纹前的准备工作。由于钻头结构上存在的缺点,影响加工质量,**加工精度一般在 IT10 级以下,表面粗糙度为 $Ra12.5\mu m$ 左右,属粗加工**。精度要求较高的孔,经钻孔后还需要扩孔和铰孔。钳工钻孔一般在台式钻床或立式钻床上进行。若工件笨重且精度要求又不高,或者钻孔部位受到限制时,也常使用手电钻钻孔。

1) 台钻

如图 2.115 所示,台钻是在工作台上使用的小型钻床,其钻孔直径一般在 12mm 以下,由主轴架、立柱和底座等部分组成。

图 2.115 台钻

(1) 主轴架。主轴架前端装主轴,后端安电动机,主轴和电动机之间用三角带传动。主轴调速要靠手直接改变三角带在带轮上的位置来调节,操作不便。扳转进给手柄,能使主轴向下移动,实现进给运动。进给手柄根部有限位装置,可控制钻孔深度。

(2) 立柱。立柱用以支持主轴架,松开锁紧螺杆(注意螺旋立柱与光杆立柱松开锁紧螺杆时操作不同),可根据工件孔的位置高低,调整主轴的上下位置。

(3) 底座。底座用以支承钻床所有部件,也是装夹工件的工作台。

立钻刚性好、功率大,能加工直径小于 50mm 的孔,可低速运转,调速较方便,但规模较小的钳工场地可能没有配备立钻。

2) 钻头

钻头多用麻花钻(图 2.116),常用高速钢制造,工作部分经热处理淬硬至 62～65HRC,由柄部(用于夹持)、工作部分(用于切削和导向)组成。柄部有直柄(直径小于 12mm)和锥柄两种。切削部分由两条主切削刃(越往轴心越钝)和一条横刃构成。两条主切屑刃夹角为顶角,通常磨成 118°±2°,钻软材料时顶角磨小些,钻硬材料时顶角磨大些。横刃切削性能很差,使切削的轴向力增加,通常要进行修磨。导向由钻头本身的刚度与副切削刃共同作用。副切削刃的作用是引导钻头和修光孔壁。两条对称螺旋槽的作用是排除切屑和输送切削液(冷却液)。

3) 钻头装夹

常用的是钻夹头和钻套(图 2.117)。钻夹头用于装夹直柄钻头。头部三个爪可通过钻夹头钥匙使其同时张开或合拢。钻套又称过渡套筒,用于装夹锥柄钻头,用锤击楔铁拆卸钻头。

4) 工件装夹

常用的夹具有机用平口钳、压板、V 形铁和手虎钳等,如图 2.118 所示。装夹工件要牢固可靠,但不能将工件夹得过紧而损伤或变形。

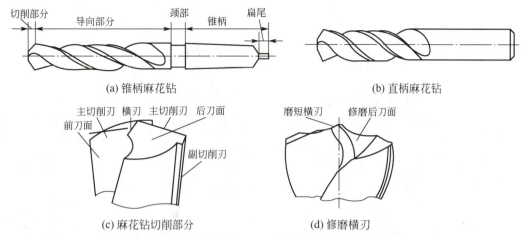

图 2.116 麻花钻

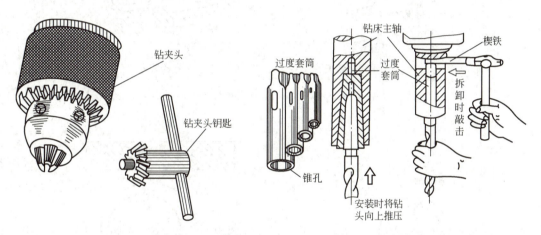

图 2.117 钻头夹具

5) 钻削用量

钻孔时,切削深度已由钻头直径所定,只需选择切削速度和进给量。对钻孔生产率的影响,切削速度(与转速有关)与进给量(与手柄有关)是相同的;对钻头耐用度的影响,切削速度比进给量大;对钻孔表面粗糙度的影响,进给量比切削速度大。因此钻孔时选择切削用量的基本原则是:在允许范围内,尽量先选较大的进给量。当进给量受到表面粗糙度和钻头刚度的限制时,再考虑较大的切削速度。要求不高时转速可根据"小孔高速,大孔低速"的经验选择。

6) 钻孔操作

(1) 如图 2.119(a)、图 2.119(b)所示,**钻孔一般要划十字线与检查线,还要在孔中心用样冲边打边自转法打出较大中心眼(直径约 2mm)**。划检查线,一种方法是用圆规划检查圆(用于精度要求不高时);另一种方法是用高度游标卡尺划井字线。钻孔前要将工件夹持牢靠,若使用机用平口钳夹持,要让工件欲钻孔的平面与钳口平齐,以手摸感觉不到高低差异为准,来保证工件与钻头的垂直;对上下面平行的工件,也可用标准垫块辅助装夹。

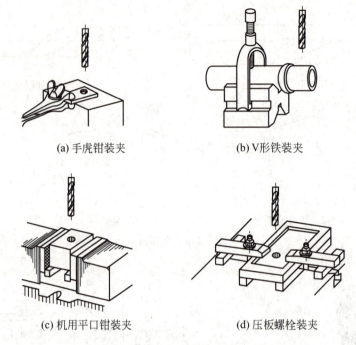

图 2.118 钻孔时工件的装夹

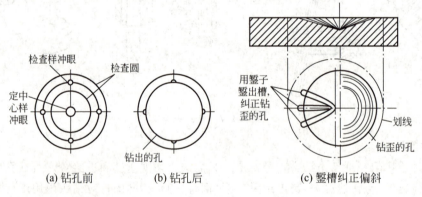

图 2.119 钻孔

(2) 钻孔时应对正，可用右手扳动进给手柄，让钻头对工件稍加压力，左手沿大拇指指向手动反转钻头，将中心眼光整一遍，观察钻头是否有偏摆现象，确认无误，开动机器，依情况左手扶住夹持工件的夹具，右手操纵进给手柄。

(3) 先钻一个浅坑，根据检查线判断是否对中。确实有偏差要进行调整，可用錾子錾出引导槽[图 2.119(c)]，调整工件位置进行纠偏，偏差不大时也可不錾引导槽，直接调整工件位置，注意矫柱过正现象的正确应用。

(4) 在钻削过程中，特别钻深孔时，要经常退出钻头以排出切屑和进行冷却，否则可能使切屑堵塞或钻头过热磨损甚至折断，并影响加工质量。

(5) 钻通孔时，**当孔即将被钻透时，进刀量要减小，避免钻头在钻穿时的瞬间抖动，出现"啃刀"现象**，影响加工质量，损伤钻头，甚至发生事故。初学者要目送钻头伸出工件底部一段距离，避免钻头伸太长钻坏夹具。

（6）如果孔的精度要求较高，也可先用较小钻头钻出孔，然后用什锦锉修整，再用较大钻头扩孔。

（7）钻削时的冷却润滑，钻削钢件时常用机油或乳化液；钻削铝件时常用乳化液或煤油；钻削铸铁时不用或用煤油。

7）钻孔注意事项

（1）保持钻床的清洁，避免切屑等影响钻孔精度；注意钻床旁边地面的卫生，不少事故因此引发；锁紧各紧定螺钉，保证各操纵手柄位置正常；工作台面上不准放置刀具、量具等其他物品。

（2）操作者要将袖口扎紧，长头发必须用工作帽或发网保护好。

（3）采用正确的工件安装方案，并且工件的夹紧必须牢固。

（4）钻孔时严禁戴手套，开机时不许用棉纱、布块等做加切削液、清理之类的工作。

（5）清除切屑一般要停车或用毛刷、钩子。不准用手拉或嘴吹清除切屑。

（6）钻头吱吱叫或切屑变色要考虑刀尖状况、钻床速度是否适当，通常要磨刀、调速或加油冷却。

（7）钻通孔时要注意不使钻头钻到夹具等。

（8）机床未停好不许用手去捏停夹头。

国外要求操作者必须要佩戴安全眼镜；不能穿帆布鞋或露脚趾的凉鞋，因为它们不能抵挡锋利的碎屑和掉落物。

8）扩孔与铰孔

（1）扩孔。扩孔（图 2.120）是用扩孔钻（成批大量生产）或钻头将已有的孔（铸、锻或钻出的孔）进行扩大加工。**可以校正孔的轴线偏差**，并使其获得正确的几何形状和较小的表面粗糙度。扩孔钻因中心不切削，没有横刃，螺旋槽较浅，可有 3～4 个切削刃，导向性好，钻芯粗实、刚性好，不易变形。**其加工精度可达 IT10～IT9 级，表面粗糙度 Ra 值能达 6.3～3.2μm**。扩孔可作为孔加工的最后工序，也可作为铰孔前的准备工作。

扩孔操作与钻孔类似，也是先对正，然后操纵进给手柄引扩孔钻头下降，手动反转将已有孔进行光整一遍，观察孔口倒角是否均匀，扩孔钻头是否有偏摆现象，确认无误后，开动机器进行操作。

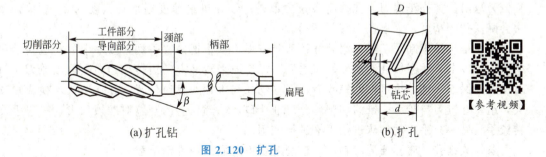

图 2.120 扩孔

（2）铰孔。铰孔是用铰刀（图 2.121）从工件壁上切除微量金属层，以提高孔的尺寸精度和表面质量的加工方法。**铰孔是孔的精加工，尺寸精度可达 IT8～IT7，表面粗糙度 Ra 值为 1.6μm，精铰加工余量只有 0.06～0.25mm**。

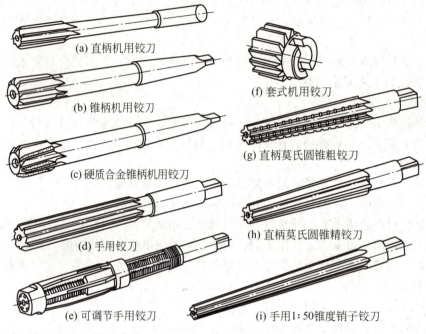

图 2.121　铰刀

铰刀是多刃切削刀具，有 6~12 条切削刃，大体也由切削部分（锥形）、校准部分（柱形）、柄部（无齿）组成。**铰刀按使用方法分为手用铰刀和机用铰刀两种。手用铰刀的切削部分较机用铰刀长，手用铰刀的柄为直柄（有的机用铰刀为锥柄）**，柄部尽头为方形，便于铰手装夹，端部顶上有一圆坑，便于顶尖定位。铰削过程实际上是修刮过程。特别是手工铰孔时，切削速度很低，不会受到切削热和振动的影响，因此使孔加工的质量较高。铰刀种类还有可调铰刀、锥孔铰刀、螺旋槽铰刀等。

铰孔操作分机铰与手铰两种。

机铰一般在立钻上进行（因台钻最低转速太高铰刀易磨损），钻完孔后立即铰孔，此时孔与主轴位置不变。卸下钻头，换成铰刀（注意主轴架高度要事先调好，否则更换刀具不方便），调整为合适的切削速度，刃口加油，开机进行铰削，铰削完成后不停机抬起手柄，将铰刀退出。如停车退刀，孔壁将被拉出痕迹。铰孔进给速度通常是钻孔的 2~3 倍，太快会降低孔的精度，太慢铰刀容易磨损。

手铰是从钻床卸下工件，组装好铰刀与铰手，双手把住铰手柄，按一个方向边转动手柄边向下进给，适当加油润滑，铰完之后，保持原来转动方向边转动边向上取出铰刀。有时手铰为保证同轴，也可在钻完孔后，不移动孔与主轴的相对位置，卸下钻头，换成短顶尖，组装好铰刀与铰手，铰刀切削部分对准孔口，端部顶上的圆坑对准短顶尖，一只手旋转铰手，另一只手转动钻床进给手柄进行铰削。

若是铰锥孔，底孔要分段钻出，铰削时要不时取出用锥销试配。

铰孔时铰刀不能倒转，否则会卡在孔壁和切削刃之间，而使孔壁划伤或切削刃崩裂。

铰孔时要用适当的切削液来润滑，降低刀具和工件的温度；防止产生切屑瘤；并减少切屑细末黏附在铰刀和孔壁上，从而提高孔的质量。

2.4.4 攻螺纹和套螺纹

攻螺纹是用丝锥加工内螺纹的操作。套螺纹是用板牙加工外螺纹的操作。常用的三角形螺纹工件,除可采用机械加工外,都要由钳工手工来获得。由于联接螺钉和紧固螺钉已经标准化,所以在钳工的螺纹加工中,以攻螺纹操作最常见。

1. 攻螺纹

1) 丝锥及铰手

(1) 丝锥。丝锥(图2.122)是用来加工较小直径内螺纹的成形刀具,**一般选用合金工具钢 9SiCr 制成,并经热处理制成**。通常 M6~M24 的丝锥一套为两支,称头锥、二锥;M6 以下及 M24 以上一套有三支,即头锥、二锥和三锥。机用丝锥有时只有一支。

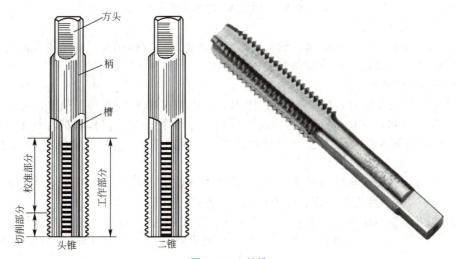

图 2.122 丝锥

丝锥由切削部分、校准部分和柄部组成。切削部分(即不完整的牙齿部分)是切削螺纹的重要部分,为便于起攻,常磨成圆锥形,也使切削负荷能合理分配在几个刀齿上。头锥不完整的牙齿有 5~7 个;二锥不完整的牙齿有 3~4 个。校准部分具有完整的牙齿,用于修光螺纹和引导丝锥沿轴向运动。柄部有方头,其作用是与铰手相配合并传递扭矩。轴向有三四条容屑槽,相应地形成几瓣切削刃(刀刃)和前角。

(2) 铰手(铰扛)。铰手(图2.123)是用来夹持丝锥的工具(也用于手用铰刀)。常用的是可调式铰手。旋转手柄即可调节方孔的大小,以便夹持不同尺寸的丝锥。铰手长度应根据丝锥尺寸大小进行选择,以便控制攻螺纹时的扭矩,避免丝锥因施力不当而扭断。要注意铰手方孔的深度一般大于丝锥柄部方口的长度,夹持时不要夹在丝锥的圆柱部分。

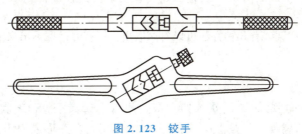

图 2.123 铰手

2）底孔直径、深度及孔口倒角的确定

（1）底孔直径的确定。

丝锥在攻螺纹的过程中，切削刃主要是切削金属，但还有挤压金属的作用，因而造成金属凸起并向牙尖流动的现象，所以攻螺纹前，钻削的孔径（即底孔）应大于螺纹内径。底孔的直径可查手册或按下面的经验公式计算：

脆性材料（铸铁、青铜等）： $d = D - (1.05 \sim 1.1)p$ （2-4）

塑性材料（钢、纯铜等）： $d = D - p$ （2-5）

式中：d 为钻孔直径；D 为螺纹外径；p 为螺距。

（2）钻孔深度的确定。

攻盲孔（不通孔）的螺纹时，因丝锥不能攻到底，所以孔的深度要大于螺纹的长度，盲孔的深度可按下面的公式计算：

$$孔的深度 = 所需螺纹的深度 + 0.7D$$

（3）孔口倒角的确定。

攻螺纹前要在钻孔的孔口进行倒角，以利于丝锥的定位和切入。倒角的深度应大于螺纹的螺距。要求不高时，孔口倒角常被省略。

3）攻螺纹的操作方法

（1）用头锥攻螺纹时，先"起攻"，即用一只手盖在铰手中间向下用力，另一只手扶住铰手一端，尽可能保持丝锥垂直，保持两手不动，目视丝锥，操作者把着铰手绕丝锥中心转动（视场地条件转多大角度）；保持丝锥垂直，手适当放松，回原位，继续上述操作，直到旋入1～2圈。

（2）检查丝锥是否与孔端面垂直（可目测或拿开铰手用直角尺在互相垂直的两个方向检查）。如果没垂直要退出，重新加力切削，注意矫正时用力要恰到好处。

（3）如果丝锥与孔端面已垂直，可转为"正常攻螺纹"，以铰手手柄与身体垂直的位置为起点，两手一前一后分别置于铰手手柄两端施加匀称的力进行转动（只转动不加压，以免丝锥崩牙），转半周后换手再转动，每转1～2圈应反转至少1/4圈进行"断屑"，以免大或长的切屑堵住容屑槽发生意外。

（4）若是通孔，待头锥的切削部分都从底部露出来，可反转退出。若是盲孔，要注意切屑太多时可能顶死丝锥发生断锥意外，要视情况清理切屑后再操作。

（5）用二锥或三锥攻螺纹时前面几圈可轻松拧入，后面可参考攻头锥方法适当操作，有条件的可整根攻入从底部取出丝锥。

4）攻螺纹的注意事项

（1）根据工件上螺纹孔的规格，正确选择丝锥，先头锥后二锥，不可颠倒使用。

（2）工件装夹时，要使孔中心垂直于钳口。

（3）攻钢件上的内螺纹，要加机油润滑，可使螺纹光洁、省力和延长丝锥使用寿命；攻铸铁上的内螺纹可不加润滑剂，或者加煤油；攻铝及铝合金、纯铜上的内螺纹，可加乳化液。

（4）如果折断了丝锥，有几种方法可以尝试取出，但有时是取不出来或成本上不合算的。

2. 套螺纹

1）板牙和板牙架

板牙［图 2.124(a)］是加工外螺纹的刀具，用合金工具钢 **9SiCr** 制成，并经热处理淬硬。其外形像一个圆螺母，只是上面钻有 3～4 个排屑孔，并形成刀刃。板牙由切削部分、定位部分和排屑孔组成。圆板牙螺孔的两端有 40°的锥度部分，是板牙的切削部分。定位部分起修光作用。板牙的外圆有一条深槽和四个锥坑，深槽在必要时可割断用于板牙的微调，锥坑用于定位和紧固板牙。板牙架[图 2.124(b)]是用来夹持板牙、传递扭矩的工具。不同外径的板牙应选用不同的板牙架。

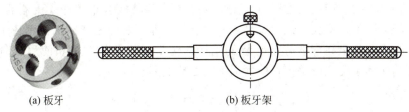

(a) 板牙　　　　　　　　　　　(b) 板牙架

图 2.124　板牙及板牙架

2) 套螺纹前圆杆直径的确定和倒角

(1) 圆杆直径的确定。

与攻螺纹相同，套螺纹时有切削作用，也有挤压金属的作用。故套螺纹前必须检查圆杆直径。圆杆直径应稍小于螺纹的公称尺寸，圆杆直径可查表或按经验公式计算。

经验公式：
$$d = D - (0.13 \sim 0.2)p \tag{2-6}$$

式中：d 为圆杆直径；D 为螺纹外径；p 为螺距。

(2) 圆杆端部的倒角。

套螺纹前圆杆端部应倒角(图 2.125)，使板牙容易对准工件中心，同时也容易切入。倒角长度应大于一个螺距，斜角为 15°～30°。

3) 套螺纹的操作要点和注意事项

(1) 每次套螺纹前应将板牙排屑槽内及螺纹内的切屑清除干净。

(2) 套螺纹前要检查圆杆直径大小和端部倒角。

(3) 套螺纹时切削扭矩很大，易损坏圆杆的已加工面，所以应使用硬木制的 V 形槽衬垫或用厚铜板作保护片来夹持工件。工件伸出钳口的长度，在不影响螺纹要求长度的前提下，应尽量短。

(4) 套螺纹(图 2.126)时，板牙端面应与圆杆垂直，操作时用力要均匀。开始转动板牙时，要稍加压力，套入 3～4 牙后，可只转动而不加压，并经常反转，以便断屑。

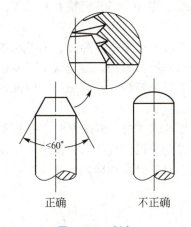

正确　　　不正确

图 2.125　倒角

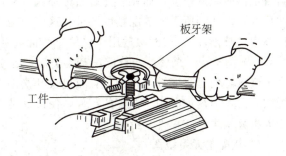

图 2.126　套螺纹

(5) 在钢制圆杆上套螺纹时要加机油润滑。如果螺纹一定要切到轴肩，可取下板牙并把锥形那面朝上重新开始，注意不要碰到轴肩，以免板牙损坏。

2.4.5 装配

装配是将零件按照产品装配图所规定的技术要求组装成合格部件或机器的工艺过程，一般包括装配、调整、检验、试验、涂装和包装等工作。装配是产品机械制造中的最后一个阶段，也是产品的最终检验环节。装配质量的优劣对机器的性能和使用寿命有很大影响。从零件制作到装配完成是工程能力训练的必要过程。

1. 装配概述

1) 装配类型

装配可分为组件装配、部件装配和总装配。

(1) 组件装配。组件装配是将两个以上的零件连接和固定成为组件的过程，如曲轴、齿轮等零件组成的一根传动轴系的装配。

(2) 部件装配。部件装配是将零件和组件连接和组合成为独立机构（部件）的过程，如车床主轴箱、进给箱等的装配。

(3) 总装配。总装配就是将零件、组件和部件连接成为整台机器的操作过程。

2) 装配过程

机器的装配过程一般由三个阶段组成：一是装配前的准备阶段（了解装配工艺规程、确定装配方法；备齐零件、准备工具；零部件清洗、平衡、涂防护润滑油等）；二是装配阶段（部装和总装）；三是调整、检验及试车阶段。有时还包括喷漆、涂油、装箱等工作。

3) 保证装配精度的方法

(1) 互换法。装配时，在各类零件中任意取出要装配的零件，不需任何修配就可以装配，并能完全符合质量要求。互换法对零件的制造精度要求较高，适合高精度组成零件较少或低精度组成零件较多的大批大量生产装配。

(2) 分组法（选配法）。将零件的制造公差放大几倍（一般放大 3～4 倍），零件加工后测量分组，并按对应组进行装配，同一组内的零件可以互换。这种方法的缺点是增加了检验工时和管理费用，有些分组可能剩下多余的零件不能进行装配等。如果不进行分组，而在装配时逐个试配。则称为选配法。分组装配法主要用以组成零件少，装配精度要求较高的成批或大量生产装配。

(3) 修配法。当装配精度要求较高，而组成零件又较多时，可采用修配法。不提高各组成零件的制造精度，而在装配时通过补充机械加工或手工修配的方法，改变其中某零件的尺寸，以达到所需的装配精度要求。这个预先被规定要修配的零件，在装配尺寸链理论中称为"补偿环"。修配法适用于单件、小批量生产。

(4) 调整法。调整法与修配法基本类似，也是应用补偿件的方法，但装配时不是切除多余金属，而是改变补偿件的位置或更换补偿件来达到所需的装配精度要求。调整法比修配法方便，但增加了用于调整的零件，使部件结构显得复杂，而且刚性降低。调整法适用于大批大量生产或单件小批量生产。

4) 装配单元系统图

为了能直观地表示出产品的划分及装配顺序，可绘出装配单元系统图（图 2.127），通常是先绘出一条横线，在横线的左端绘出代表基准件的长方格，右端绘出代表产品的长方格。图中每一零部件都用长方格表示，方格中可以注明装配单元的名称、数量和编号。将零件绘在横线上面，套件、组件或部件绘在横线下面。为保证装配质量，指导装配生产，要制定一些工艺文件，统称为装配工艺规程。装配单元系统图只是其中之一。

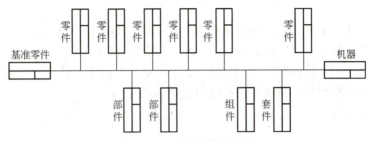

图 2.127 装配单元系统图

5) 装配前的准备工作

(1) 研究和熟悉产品图样，了解产品结构及零件作用和相互连接关系，掌握其技术要求。

(2) 确定装配方法、程序和所需的工具。

(3) 备齐零件，进行清洗、涂防护润滑油。

2. 装配中常见的连接形式与工具

1) 常见的连接形式

(1) 螺纹连接是一种可拆的固定连接，具有结构简单、连接可靠、装拆方便等优点，是机械制造中用得最广泛的一种连接形式，常见的螺纹连接有螺钉、螺栓（与螺母相配）、螺柱（两头都是螺纹）连接等。

(2) 键连接是用来连接轴和轴上零件，键主要是用于周向固定以传递扭矩的一种机械零件。常见的键连接有松键连接（平键、半圆键、导向键、滑键）、紧键连接（普通楔键、钩头楔键）和花键连接（矩形花键、渐开线形花键、三角形花键）等。

(3) 销连接在机械中主要作用是定位、连接或锁定零件，有时还可以作为安全装置中的过载剪断元件。常见的销连接有圆柱销、圆锥销和开口销。

(4) 过盈连接是依靠包容件（孔）和被包容件（轴）配合后的过盈值达到紧固连接的。连接配合面可为圆柱面、圆锥面或其他形式。

除此以外，还有铆接、焊接、胶合等。

2) 常用的装配工具

(1) 螺钉旋具。螺钉旋具适用于装拆扭力较小螺纹件，常用的有一字与十字两种，根据刀口大小与刀体长度有不同规格，适用于不同需要。现在也出现一些特殊形状刀口的螺钉旋具。

使用螺钉旋具的注意事项：要选用合适尺寸的螺钉旋具，太小将损伤螺钉头与螺钉旋具头；不能将螺钉旋具作撬杠、凿子或楔块用；刀头坏掉的螺钉旋具不宜再用。

(2) 扳手。扳手应用于装拆扭力较大螺纹件，有活络扳手、呆扳手（开口扳手）、梅花扳手、套筒扳手、圆螺母扳手、内六角扳手、特种扳手（如棘轮扳手、定扭力扳手）等。

使用扳手的注意事项：扳手与螺母或螺栓的尺寸要配套，开口太大的扳手可能滑出发生事故;如果扳手有滑出的可能,"拉"扳手比"推"扳手相对安全;螺母要完全处在扳手开口中;扳手与螺母或螺栓头要处于一个平面中;当拉紧或放松一个螺母时,施加一个突然迅速的拉力比平稳的拉力更有效;当装配螺栓或螺母时在螺纹上滴点润滑油,日后拆卸会比较容易。

(3)钳子。钳子有尖嘴钳、宽口钳、剪线钳等,用于完成装配时要临时夹持与切断细铁丝的工作。

使用钳子的注意事项:不要用钳子代替扳手;不要用钳子剪切大直径或硬材料,这极易使钳口损坏;保持钳子干净和润滑。

还有用于锤击的工具(如铝锤、铜棒),用于测量的工具等。装配中使用到的工具是多种多样的,有时要根据某个特殊零件而专门配备。

3. 典型零件的装配方法(组件装配)

1)螺纹连接装配

用于连接的螺栓、螺母各贴合表面要求平整光洁,螺母的端面与螺栓轴线垂直。为提高贴合面质量,可加垫圈。在交变载荷和振动条件下工作的螺纹连接,有逐渐自动松开的可能,**为防止螺纹连接的松动,可用弹簧垫圈、止退垫圈、开口销、止动螺钉等进行防松**。如图2.128所示,在旋紧四个以上成组螺钉时,应按"先中间后两边、对应交叉"的顺序拧紧,可以先按顺序用手将每个螺钉旋合进螺纹孔,再用工具依序预紧,最后再依次全部上紧,这样每个螺钉受力比较均匀,不致使个别螺钉过载。

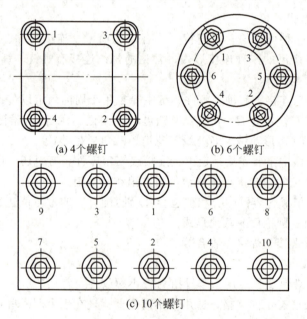

图2.128 螺钉拧紧顺序

2)键连接装配

平键连接(图2.129),用于连接的键要先去毛刺,选配键,洗净加油,再将键轻轻地敲入轴槽内,可根据声音与手感,使键与槽底接触,然后试装轴上零件。若轴上零件的键槽与键配合过紧,可修键槽,但侧面不能有松动。键的顶面与槽底应留有间隙。

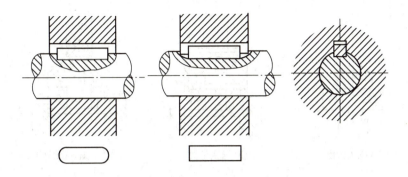

图 2.129 平键连接

3) 轴承装配

(1) 滑动轴承装配。

滑动轴承分为整体式(轴套)和对开式(轴瓦)两种结构。装配前,轴承孔和轴颈的棱边都应去毛刺、洗净加油。装轴套时(图 2.130),根据轴套的尺寸和工作位置用手锤或压力机压入轴承座内。装轴瓦时,应在轴瓦的对开面垫上木块,然后用手锤轻轻敲打,使它的外表面与轴承座或轴承盖紧密贴合。

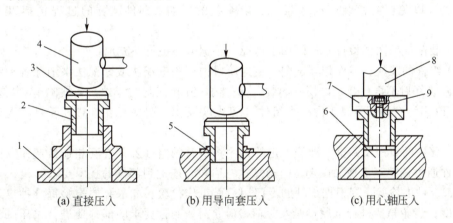

(a) 直接压入　　　　　(b) 用导向套压入　　　　　(c) 用心轴压入

图 2.130 整体式滑动轴承装配

1—轴承座;2—整体式滑动轴承;3—垫板;4—铝锤;5—导向套;
6—心轴;7—垫板;8—压力机;9—螺钉

(2) 滚动轴承装配。

滚动轴承主要由外圈、内圈、滚动体和保持架组成。一般也是用手锤或压力机压装,**装配时的压力应直接加在待配合的套圈端面上,决不能通过滚动体传递压力**。因轴承类型、结构不同有不同的装配方法,应使轴承圈上受到均匀的压力,常应用不同结构的芯棒或套筒。若轴承内圈与轴配合的过盈量较大时,可将轴承挂在 80~100℃ 的机油中加热,然后趁热装入。注意轴承不能与油槽底接触,以防过热。**轴承安装后要检查运转是否平顺**(图 2.131)。

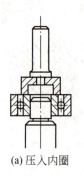 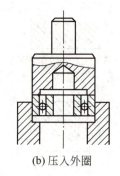 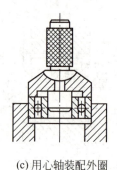

(a) 压入内圈　　　　　(b) 压入外圈　　　　　(c) 用心轴装配外圈

图 2.131　滚动轴承装配

4. 部件装配与总装配

1) 部件装配

部件装配基本是按照设计图样所划分的部分来确定的,即将整台机器上能够分离的整体部分,按图样分别将零件装配成部件,并使之达到装配的技术要求。通常是在装配车间的各个工段(或小组)进行的。**部件装配是总装配的基础,这一工序进行的好与坏,会直接影响到总装配和产品的质量。**某些部件在装配后,还需单独进行空转试验,发现问题后可及时解决,以免留到总装配时才发现,影响装配周期。部件装配的过程包括以下几个阶段:

(1) 装配前按图样检查零件的加工情况,根据需要进行补充加工。

(2) 组件的装配和零件相互试配,在这阶段内可用选配法或修配法来消除各种配合缺陷。组件装好后不再分开,以便一起装入部件内。互相试配的零件,当缺陷消除后,仍要加以分开(因为它们不是属于同一个组件),但分开后必须做好标记,以便重新装配时不会弄错。

(3) 部件的装配及调整,即按一定的次序将所有的组件及零件互相连接起来,同时对某些零件通过调整正确地加以定位。通过这一阶段,应达到部件的技术要求。

(4) 部件的检验,即根据部件的专门用途做工作检验。如水泵要检验每分钟出水量及水头高度;齿轮箱要进行空载检验及负荷检验;有密封性要求的部件要进行水压(或气压)检验;高速转动部件还要进行动平衡检验等。只有通过检验确定合格的部件,才可以进入总装配。

2) 总装配

总装配是将零件、组件和部件结合成为一台完整的机械产品,并达到规定的技术要求和精度标准的过程。总装配过程及注意事项如下:

(1) 总装前,必须了解所装机器的用途、构造、工作原理以及与此有关的技术要求;接着确定它的装配程序和必须检查的项目;最后对总装好的机器进行检查、调整、试验,直至机器合格。

(2) 总装配执行装配工艺规程所规定的操作步骤,采用工艺规程所规定的装配工具。应按一定顺序,以不影响下道装配为原则的次序进行。操作中不能损伤零件的精度和表面粗糙度,对重要的复杂的部分要反复检查,以免搞错或多装、漏装零件。在任何情况下应保证污物不进入机器的部件、组件或零件内。机器总装后,要在滑动和旋转部分加润滑油,以防运转时出现拉毛、咬住或烧损现象。最后要严格按照技术要求,逐项进行检查。

(3) 装配好的机器必须加以调整和检验。调整的目的在于查明机器各部分的相互作用及各个机构工作的协调性。检验的目的是确定机器工作的正确性和可靠性,发现由于零件制造的质量、装配或调整的质量问题所造成的缺陷。小的缺陷可以在检验台上加以消除;大的缺陷应将机器送到原装配处返修。修理后再进行第二次检验,直至检验合格为止。

(4) 检验结束后应对机器进行清洗,随后送修饰部门上防锈漆、涂漆。

钳工主要是手工作业,是机械加工的必要补充。技术特点是工具简单、工艺复杂、加工灵活、适应面广。随着科技的发展,原来不能用机械完成的工作逐渐也可以用机器完成了,但这并不意味着钳工的作用在日渐萎缩,恰恰相反,新科技的出现也将伴随着新问题,而钳工就是解决问题的主力军。如果用现代战争来比喻工业生产,各种机床好比是飞机、大炮等,钳工就是特种兵。由于钳工操作要依靠劳动者的自身体力,为了提高劳动生产率和减轻自身劳动强度,钳工要不断地改进工具和加工工艺,是机械制造中一个很有活力与创造力的一个群体。钳工不是仅靠好体力就能做好的工作,还需要更多的机械知识与实践经验,因此钳工是一个要不断学习的职业。在有的地方(如中国台湾),不是按工种划分职业,从事机械制造的人统称为机械工,要求掌握车、铣、刨、磨、钳、数控、热处理等技艺,因此钳工也是一种技艺的名称。每一个运转正常的工厂,都至少有一位精通钳工技艺的"镇厂之宝"。

2.5 切削加工技术及其发展方向

进入21世纪,人类在百年工业文明的探索和实践中,迎来了信息时代的新纪元。制造业也由"高成本、高消耗、低产出、低回报"的粗放式加工方式逐步向智能化制造、网络化制造、绿色制造等方向发展。在这一进程中,高速切削加工及干切削加工技术发挥着关键的作用。

2.5.1 高速切削加工

关于高速切削加工,一般有以下几种划分方法,一种认为切削速度超过常规切削速度5~10倍即为高速切削。也有学者以主轴的转速作为界定高速加工的标准,认为主轴转速高于8000r/min即为高速加工。还有从机床主轴设计的角度,以主轴直径和主轴转速的乘积DN定义,如果DN值达到$(5\sim2000)\times10^5$mm·r/min,则认为是高速加工。生产实践中,加工方法不同及材料不同,高速切削速度也相应不同。一般认为车削速度达到700~7000m/min,铣削的速度达到300~6000m/min,即认为是高速切削。和常规切削加工相比,高速切削加工具有以下优点:

(1) 随切削速度的大幅度提高,进给速度也相应提高5~10倍。这样,单位时间内的材料切除率可大大增加,从而极大地提高了机床的生产率。

(2) 切削速度达到一定值后,切削力可降低30%以上,特别有利于提高薄壁细肋件等刚性差零件的高速精密加工。

（3）在高速切削时，95%～98%以上的切削热来不及传给工件，被切屑飞速带走，工件仍然保持冷态，因而特别适合于加工容易热变形的零件。

（4）高速切削时，机床的激振频率特别高，它远远离开了"机床—刀具—工件"工艺系统的频率范围，工作平稳振动小，因而可加工出非常精密的零件。

（5）高速切削可以加工难加工材料。例如，航空和动力部门大量采用镍基合金和钛合金，材料强度大、硬度高、耐冲击，加工中容易硬化，切削温度高，刀具磨损严重，在普通加工中一般采用很低的切削速度。如采用高速切削，不但可大幅度提高生产率，而且可以提高工件加工表面质量。

（6）高速切削可降低加工成本。主要原因：零件的单件加工时间缩短，可以在同一台机床上，一次装夹中完成零件的粗加工、半精加工和精加工。

高速切削加工不仅包含着切削过程的高速，还包含了工艺过程的集成和优化，可谓是加工工艺的统一。高速切削加工是在数控装置、机床结构及材料、机床设计、制造工艺、高速主轴系统、快速进给系统、高性能 CNC 系统、高性能刀夹系统、高性能刀具材料及刀具设计制造工艺、高效高精度测量测试工艺、高速切削工艺等诸多技术均获得充分成熟之后综合而形成，可谓是一个复杂的系统工程。适用于高速切削的刀具主要有立方氮化硼（CBN）、聚晶金刚石（PCD）刀具等。高速切削刀具使用前必须进行动平衡，并要求刀柄通过锥部定心，并使机床主轴端面紧贴刀柄凸缘端面，在整个转速范围内可保持较高的静态和动态刚性。高速切削机床，适用于高速切削的主轴最高转速一般都大于 10000r/min，有的高达 60000～100000r/min。高速进给系统主要有高速高精度滚珠丝杆传动和直线电动机传动两种方式。高速进给系统必须满足高速度、高加速度、高精度、高可靠性和高安全性的性能要求。高速切削工艺主要包括：适合高速切削的加工走刀方式，专门的 CAD/CAM 编程策略，优化的高速加工参数，充分冷却润滑并具有环保特性的冷却方式等。

尽管高速切削加工应用中还存在着一些有待解决的问题，如对高硬度材料的切削机理、刀具在载荷变化过程中的破损内因的研究，高速切削数据库的建立，适用于高速切削加工状态的监控技术和绿色制造技术的开发等。数控高速切削加工所用的 CNC 机床、刀具和 CAD/CAM 软件等，价格昂贵，初期投资较大，在一定程度上也制约着高速切削技术的推广应用。但是，高速切削加工技术是一项先进的、正在发展的综合技术，它会随着 CNC 技术、微电子技术、新材料和新结构等基础技术的发展而迈上更高的台阶，它将沿着安全、清洁生产和降低制造成本的方向继续发展，而成为 21 世纪切削技术的主流。

2.5.2 干切削加工技术

干切削加工技术是解决切削液带来环境污染和提高经济效益、实现绿色制造的根本方法。干切削加工是一种不采用切削液进行润滑和冷却或采用干燥的高压气体进行冷却的加工方式。其加工特点如下：形成的切屑干净、清洁无污染，易于回收处理；省去与切削液有关的采购、运输、调配、储藏、回收处理等费用，节约生产成本；不使用切削液也就不会生成污染环境的废液，也不会有因残留切削液而导致的产品或机床、工具锈蚀现象发生。干切削加工是在 1995 年后，为适应全球日益高涨的环保要求和可持续发展战略，而发展起来的一项绿色切削加工技术。目前，包括欧、美和日本等工业发达地区和国家都非常重视干切削加工技术的研究与应用，其中德国企业在生产中已有 10%～15% 的加工方式采用干切削加工技术,并且有些机床厂家还专门制造了适合干切削加工使用的机床。干切削加工技术现已应用到钢、铝、铸铁等多种材料和航空、航天、汽车等多行业生产加工中。

1. 干切削加工对机床的要求

1) 对机床主轴的要求

采用干切削加工的机床主轴应具有较高的转数和高刚度,特别是机床的主轴动刚度,以适应干切削加工过程中切削力增大、切削振动增强带来的影响。

2) 对进给传动系统要求

干切削加工过程中刀具与工件的摩擦剧烈,切削力大,因此要求机床进给传动系统应具有较高的刚度和较大的进给推力。例如,采用伺服电动机与大导程丝杠螺母副组合传动或直流电动机直接驱动丝杠进行进给传递。

3) 对其他控制、运动辅件的要求

机床的主轴及相关机械运动部件、电气控制部件要有可靠的密封结构和良好的密封效果,以防止加工中产生的灰尘、细小碎屑及金属悬浮颗粒的侵入,避免造成机床部件性能丧失或加剧部件磨损。

2. 干切削加工对刀具的要求

1) 对刀具材料要求

干切削加工是一种无润滑、冷却形式的加工方法,因此要求干切削加工所使用的刀具与工件材料之间的摩擦系数要小,刀具的材料应具有高的红硬性和耐磨性,同时应具有高的热稳定性和抗冲击性。目前,通常所使用的有陶瓷、立方氮化硼、聚晶金刚石以及超细硬质合金等刀具材料,它们都具有较高的红硬性和耐磨性。加入 WC、TiC、TaC 等碳化物的硬质合金刀具在切削钢件时,耐热性可达 800~1100℃,切削速度可达 220m/min 以上。另外,带有厚度为 5~10μm 的 TiN、TiCN 等涂层材料的硬质合金刀具具有更高的耐磨性和刀具耐用度。

2) 对刀具几何槽形要求

干切削加工刀具的几何槽形应利于断屑、排屑和散热,以减小切削热对刀具带来的影响,降低刀具磨损、提高刀具使用寿命。在干切削加工中应采用具有较大的前角和刃倾角的刀具,同时为提高刃口强度,刀具的切削刃应带有负倒棱或加强刃。例如,湖南株洲钻石刀具系列中的 DR 槽形(适合钢件切削),LH 槽型(适合铝件切削);山特维克(SANDVIK)刀具中的 PR 槽型(适合钢件切削),AL 槽型(适合铝件切削)。

作为我国经济支柱产业和污染主要排废源的制造业,只有实行"绿色制造"模式、可持续发展模式才能做到自然资源和能源的有效使用,才能实现发展的可持续性。干切削加工技术作为一种优质的绿色加工工艺,对我国实行可持续发展具有战略意义。

小　　结

切削加工主要分为机械加工(如车、铣、刨、磨削等)和钳工(锯削、锉削等)。在切削过程中主运动速度最高,消耗机床的动力最多,主运动一般只有一个,而进给运动可能有一个或几个。切削时应合理选择切削速度、进给量和背吃刀量。切削离不开刀具,刀具中任何一齿都可看成车刀切削部分的演变及组合,车刀切削部分由三面、二刃、一尖组成。在选择车刀的几何角度时,粗加工时选较小的前角、后角和较大的副偏角,精加工与之相反。安排单件小批量生产中小型零件切削加工步骤时应注意基准先行、先粗后精、先主后次、先面后孔和"一刀活"的原则。

车削所使用的设备是车床,使用的刀具是车刀。零件的形状、大小和加工批量不同,安装工件的方法和所使用的附件及刀具也不相同。在选择安装方法时,应注意各种车床附件的应用场合。由于车削适应范围广、生产成本低、生产率较高,因此应用十分广泛。车床适宜加工各种各样的回转面,如圆柱面、圆锥面及螺纹面等。

铣削是金属切削加工中常用方法之一,铣削和刨削可以加工平面、沟槽和成形面,其中铣削也可用来钻孔、扩孔和铰孔等。在切削加工中,铣床的工作量仅次于车床,在成批大量生产中,除加工狭长的平面外,铣削几乎代替刨削。磨削是机械零件精密加工的主要方法之一。磨削加工的背吃刀量较小,要求零件在磨削之前先进行半精加工。磨床可以加工其他机床不能或很难加工的高硬度材料,特别是淬硬零件的精加工。

钳工是手持工具对金属表面进行切削加工的一种方法。钳工的工作特点是灵活、机动、不受进刀方面位置的限制。钳工在机械制造中的作用是:生产前的准备;单件、小批量生产中的部分加工;生产工具的调整;设备的维修和产品的装配等。作业一般分为划线、锯削、錾削、锉削、刮削、钻孔、铰孔、攻螺纹、套螺纹、研磨、矫正、弯曲、铆接和装配等。钳工主要是手工作业,所以作业的质量和效率在很大程度上依赖于操作者的技艺和熟练程度。

复习思考题

2.1 切削加工的基础知识自测题

【参考答案】

一、填空题(每空 2 分,共 52 分)

1. 切削加工分为_____和_____。
2. 机械加工主要是工人操作_____对零件进行切削加工。
3. 由于机械加工_____、_____和_____,所以已成为切削加工的主要方式。
4. 切削运动可分为_____和_____两种。
5. 在切削加工中,_____是指能够提供连续切削可能性的运动。
6. 在切削过程中,零件上同时形成 3 个不同的变化着的表面,分别是_____、_____和_____。
7. 切削用量的三要素分别是_____、_____和_____。
8. 切削速度的提高受到_____和_____的限制。
9. 刀具材料有_____、_____、_____和_____四大类。
10. 硬质合金是指用_____、_____、_____等材料用粉末冶金方法指成的刀具材料。
11. 车刀是由_____和_____两部分组成。

二、选择题（每小题 2 分，共 6 分）

1. 前角的取值范围是（　　）。
   A. −5°～10°　　B. 10°～15°　　C. 15°～20°　　D. −5°～25°
2. 后角的取值范围是（　　）。
   A. 3°～12°　　B. 13°～20°　　C. 21°～30°　　D. 30°～45°
3. 副偏角的取值范围是（　　）。
   A. 1°～5°　　B. 5°～15°　　C. 15°～30°　　D. 30°～45°

三、判断题（每小题 2 分，共 12 分）

1. 切削运动中主运动只有一个，而进给运动可能有一个或几个。（　　）
2. 外圆磨削中零件的旋转运动和零件的轴向运动都是进给运动。（　　）
3. 进给速度的进给量越大，生产效率越高。（　　）
4. 背吃刀量增加，生产效率下降，但切削力增大，容易引起零件振动，使加工质量下降。（　　）
5. 进给运动是产生切削的运动。（　　）
6. 主运动是回转运动的机床，主运动参数是主轴转速。（　　）

四、名词解释（每小题 2 分，共 10 分）

1. 切削运动
2. 主运动
3. 进给运动
4. 进给量
5. 背吃刀量

五、简答题（每小题 10 分，共 20 分）

1. 刀具材料满足的要求是什么？
2. 在单件小批生产小型零件的切削过程加工中的步骤是什么？

2.2　车削自测题

一、填空题（每空 1 分，共 30 分）

1. 虽然车刀的种类及形状多种多样，但其_____、_____、_____、_____及_____基本相似。
2. 车刀按用途可分为_____、_____、_____及_____等。
3. 车刀按结构可分为_____、_____、_____等。
4. 当车刀用钝后必须_____以恢复原来的形状和角度。
5. 在正确安装零件和刀具之后，通常按_____、_____和_____步骤进行车削。
6. _____常作为轴套盘类零件的轴向基准。
7. 螺纹种类很多，按牙型分_____、_____、_____螺纹等数种。
8. 套盘类零件是机械中使用最多的零件，其结构一般_____、_____、_____和_____等组成。
9. 加工外圆时，车刀向零件中心移动为_____，远离中心为_____。
10. 车削圆锥面的方法有_____、_____、_____和_____ 4 种。

二、选择题（每小题2分，共8分）

1. C6132中数字32代表的含意是（ ）。
   A. 最大直径的1倍　　　　　　B. 最大直径的1/10
   C. 最大直径的1/100　　　　　D. 最大直径的1/1000

2. 当精度达到0.01mm时，采用（ ）定位。
   A. 百分表找正　　　　　　　　B. 直接找正
   C. 划线找正　　　　　　　　　D. 百分表找正、直接找正、划线找正

3. 用心轴安装零件，其孔的尺寸公差等级应满足（ ）。
   A. IT5—IT6　　　　　　　　　B. IT6—IT7
   C. IT7—IT8　　　　　　　　　D. IT8—IT9

4. 当零件孔与心轴采用H7/h6配合时，同轴度误差不超过（ ）mm。
   A. 2～3　　　　　　　　　　　B. 0.2～0.3
   C. 0.01～0.02　　　　　　　　D. 0.02～0.03

三、判断题（每小题2分，共12分）

1. 当零件长径比大于1时，可采用带有小锥度的心轴。（ ）
2. 在金属切削加工中，刀具直接参与切削。（ ）
3. 钻削时速度不应太低，一般取速度V为3～6m/s。（ ）
4. 米制三角形螺纹牙型角为60°。（ ）
5. 在车床上车削单头螺纹的实质就是使车刀的纵向进给量等于零件的螺距。（ ）
6. 车削螺纹时只有一个复合的主运动。（ ）

四、名词解释（每小题5分，共20分）

1. 滚花
2. 进给传动链
3. 轴类零件
4. 胀力心轴

五、简答题（每小题10分，共30分）

1. 车削加工的特点是什么？
2. 在车床上钻孔的操作步骤是什么？
3. 车床上加工成型面有哪几种方法？

2.3　刨削、铣削和磨削自测题

一、填空题（每空1分，共30分）

1. 铣床可分为＿＿＿、＿＿＿和＿＿＿三大类。
2. 铣削加工的范围比较广，可加工＿＿＿、＿＿＿、＿＿＿和＿＿＿等。
3. ＿＿＿是铣床中应用最多的一种。
4. 周铣可分为＿＿＿和＿＿＿。
5. 铣床的主要附件有＿＿＿、＿＿＿、＿＿＿和＿＿＿等。
6. 分度头的种类很多，有＿＿＿、＿＿＿、＿＿＿、＿＿＿等，其中最常用的是＿＿＿。
7. 分度头分度的方法有＿＿＿、＿＿＿、＿＿＿和＿＿＿等。

8. 铣刀的种类很多，按其安装方法可分为_____和_____两大类。
9. 键槽有_____、_____和_____3种。
10. 刨床主要有_____和_____，常用的是牛头刨床。

二、选择题（每小题2分，共10分）

1. 下面可以铣V形槽的铣刀是（　　）。
   A. 立铣刀　　　　　　　　B. T形铣刀
   C. 角度铣刀　　　　　　　D. 键槽铣刀
2. 下面可以铣台阶面的铣刀是（　　）。
   A. 圆柱铣刀　　　　　　　B. 立铣刀
   C. 套式端面铣刀　　　　　D. 端铣刀
3. 下面属于带孔铣刀的是（　　）。
   A. 圆柱铣刀　　　　　　　B. T形铣刀
   C. 立铣刀　　　　　　　　D. 键槽铣刀
4. 下面（　　）常用来刨垂直面。
   A. 平面刨刀　　　　　　　B. 成形刨刀
   C. 切刀　　　　　　　　　D. 偏刀
5. 直头刨刀伸出长度一般为刀杆厚度的（　　）倍。
   A. 0.5~1.5　　　　　　　 B. 1.5~2
   C. 2~3.5　　　　　　　　 D. 3.5~5

三、判断题（每小题2分，共10分）

1. 当铣刀和零件接触部分的旋转方向与零件的进给方向相反时称为逆铣。（　　）
2. 由于铣床工作台的传动丝杠与螺母之间存在间隙，如无消除间隙装置，逆铣会产生振动和造成进给量不均匀，所以通常情况下采用顺铣。（　　）
3. 分度头一般有两块分度盘。（　　）
4. 牛头刨床最大刨削长度一般为1m。（　　）
5. M2120型内圆磨床中的数字"20"代表最大磨削孔径的1/10，即最大磨削孔径为200mm。（　　）

四、名词解释（每小题5分，共20分）

1. 周铣法
2. 端铣法
3. 展成法
4. 外圆磨削

五、简答题（每小题10分，共30分）

1. 铣削加工的特点是什么？
2. 刨削水平面时顺序是什么？
3. 磨削加工的特点是什么？

2.4 钳工自测题

一、填空题（每空1分，共30分）

1. 钳工常用的台虎钳有_____和_____两种。

[参考答案]

2. 钳工常用的设备有_____、_____、_____、_____和_____等。

3. _____、_____和_____等是钳工主要的工序。

4. 手锯由_____和_____组成。

5. 锉刀按锉齿的大小范围_____、_____、_____、_____和_____等。

6. 锉削平面的3种方法分别为_____、_____和_____。

7. 麻花钻由_____、_____和_____组成。

8. 铰刀分为_____和_____两种。

9. 装配类型一般可分为_____、_____和_____。

10. 完成整台机器装配，必须经过_____和_____。

11. _____是机器制造中的最后一道工序。

二、选择题（每小题2分，共10分）

1. 攻螺纹时造成螺孔攻歪的原因之一是丝锥（　　）。
   A. 深度不够　　　　　　　　　B. 强度不够
   C. 位置不正　　　　　　　　　D. 方向不一致

2. 锯削软材料和厚材料选用锯条的锯齿是（　　）。
   A. 粗齿　　　　　　　　　　　B. 细齿
   C. 硬齿　　　　　　　　　　　D. 软齿

3. 钻头直径大于13mm时，柄部一般做成（　　）。
   A. 直柄　　　　　　　　　　　B. 莫式锥柄
   C. 方柄　　　　　　　　　　　D. 直柄或锥柄

4. 将零件的制造公差适当放宽，然后把尺寸相当的零件进行装配以保证装配精度称为（　　）。
   A. 调整法　　　　　　　　　　B. 修配法
   C. 选配法　　　　　　　　　　D. 互换法

5. 将部件、组件和零件连接组合成为整台机器的是（　　）。
   A. 部件装配　　　　　　　　　B. 总装配
   C. 零件装配　　　　　　　　　D. 间隙调整

三、判断题（每小题2分，共10分）

1. 锯削时最好使锯条全部长度参加切削，一般锯弓的往返长度不应小于锯条长度的2/3。（　　）

2. 钻孔时零件夹持方法与零件生产批量及孔的加工要求无关。（　　）

3. 铰刀中的机铰刀为直柄，手铰刀为锥柄。（　　）

4. 攻螺纹是用丝锥加工出内螺纹。（　　）

5. 套螺纹是用板牙加工出外螺纹。（　　）

四、名词解释（每小题4分，共20分）

1. 钳工
2. 锯削
3. 锉削
4. 钻孔
5. 部件装配

五、简答题（每小题 10 分，共 30 分）

1. 钳工的工作范围是什么？
2. 划线的目的是什么？
3. 装配的方法有哪些？

第3章 特种加工技术与数控特种加工技术

教学提示

加工方法对新产品的研制有着重大的作用，人类发明蒸汽机时，因制造不出高精度的蒸汽机气缸，无法推广应用。直到有人创造出并改进了气缸镗床，才使蒸汽机获得广泛应用。我国通过试验设计出了低噪声的潜水艇螺旋桨，因没有合适的生产设备，无法量产，直到国内自行研发出了五轴联动数控机床才摆脱了受制于人的困境。传统的加工技术是用各种刀具加切削力来去除多余金属使之成为合格产品的。在面对硬质合金、钛合金、金刚石等各种高硬度、高强度的材料时这种加工方法是难以适应的。随着生产发展和军事的需要，所使用的材料硬度越来越高，零件形状越来越复杂，制造业的思想如果还局限在传统的加工技术上，将感到越来越力不从心。方法总比困难多，新的问题必将激发出新的创新。工具一定要比工件硬的路子走不通了。物极必反，人们不再拘泥于"打铁还需自身硬"的思维，探索用软的工具加工硬的材料的方法。利用其他科技领域的成果，研究新的加工方法，从而涌现出一些新的技术。

为区别于传统的硬刀具去除软材料的加工技术，将不是主要依靠机械能，而采用电、化学、光、声、热等其他能量去除或增加材料的加工技术，统称为特种加工，其种类还在不断的增加中。本章将以其中的电火花加工、电解加工、激光加工、超声波加工、快速原型制造等为代表，对特种加工技术进行简单介绍。

对于特种加工来说，数控技术并不特别，是特殊的加工原理和方法特别。计算机数字控制技术，简称计算机数控（Computer Numerical Control，CNC），是利用数字化的信息对机床运动及加工过程进行控制的一种方法。装备了数控系统的机床称为数控机床。数控系统是数控机床的核心，数控系统的主要控制对象是坐标轴的位移（移动速度、方向、位置等），其控制信息主要来源于数控加工或运动控制程序。

教学要求

本章教学要求：了解特种加工的概念；熟悉几种特种加工技术的特点及应用；领会所

介绍的特种加工的原理；了解数控加工的特点和应用，了解数控机床结构及运动控制方式；掌握数控编程方法和数控机床（数控车床、数控铣床等）的操作，能够编制简单工件的加工程序，完成数控加工。能在将来从事设计或制造零件时，应用特种加工方法或数控方法使设计更合理、制造更经济。"纸上得来终觉浅，绝知此事要躬行"，若条件许可，学生要主动亲手体验一下。希望同学们跳出传统加工的思维定式，增加对机械加工的认知；同时打通高科技与实际应用之间的思维屏障，意识到学习各种知识的必要性与重要性，培养对知识综合利用的主动性和习惯性。

3.1 电火花加工

人们很早就发现在插头或电器开关的触点开、闭时，往往产生火花把接触表面烧毛、腐蚀成粗糙不平的凹坑面并逐渐损坏。长期以来电腐蚀一直被认为是一种有害的物理现象，人们不断地研究电腐蚀的原因并设法减轻和避免它。但任何事物都有两面性，一个领域的"害"，可能是另一个领域的"利"。只要弄清原委，善加利用，可以化害为利。1943年，苏联学者拉扎连科夫妇在研究这一现象时，闪现灵感：既然电火花的瞬时高温可使局部的金属熔化而蚀除掉，如果有意利用这一现象会怎么样？能不能让工具和工件之间不断产生脉冲性的火花放电，靠放电处局部、瞬时产生的高温把金属蚀除下来？从而发明了电火花加工方法，用铜丝在淬火钢上加工出小孔，这一用软的工具加工硬的金属的成功，首次摆脱了传统的切削方法，开创了直接利用电能和热能来去除金属，从而获得"以柔克刚"的效果。

电火花加工是用可控的电腐蚀，达到零件的尺寸、形状及表面质量的一种加工方法。

3.1.1 电火花加工原理

【参考图文】

电火花加工的原理是在绝缘的液体介质中将工件和工具分别接正、负电极，使用时由自动进给调节装置使两电极接近，并在两极之间施加脉冲电压，当两电极接近或电压升高达一定程度，介质被击穿。伴随击穿过程，发生高压放电，两电极间的电阻急剧变小，在放电的微细通道中瞬时集中大量的热能，温度可高达一万摄氏度以上，压力也急剧变化，击穿点表面局部微量的金属材料立刻熔化、气化，并爆炸式地飞溅，瞬时高温使工具和工件表面都蚀除掉一小部分金属，各自在表面上留下一个微小的凹坑痕迹。虽然每个脉冲放电蚀除的金属量极少，但因每秒有成千上万次脉冲放电作用，就能蚀除较多的金属，具有一定的生产率。这样连续不断地放电，一边蚀除工件金属，一边使工具电极不断地向工件进给，最后便加工出与工具电极形状相对应的形状来。只要改变工具电极的形状，就可加工出所需要的零件。当然，整个加工表面将由无数个小凹坑所组成(图3.1)。

单独一次电腐蚀现象是不能完成加工的，要将工件加工成需要的形状，就要不断地发生电腐蚀现象。要不断地发生电腐蚀现象就要有不断的高压放电，因此利用电火花加工要考虑以下问题。

（1）间隙。电火花加工工具和工件之间要保持一定的放电间隙。如果间隙过大，极间电压不能击穿极间介质；如果间隙过小，很容易形成短路，同样不能产生火花放电。这一间隙

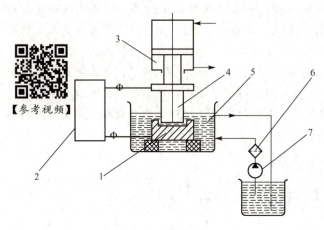

图 3.1 电火花加工示意图

1—工件(+)；2—脉冲电源；
3—自动进给调节装置；4—工具(—)；
5—工作液；6—过滤器；7—工作液泵

通常为几微米到几百微米。保持间隙是用自动进给调节装置实现的。

(2) 电源。电火花加工时火花通道必须在极短的时间后及时熄灭，才可保持火花放电的"冷极"特性(即通道能量转换的热能来不及传至电极纵深)，使通道能量作用于极小范围。如果击穿后像持续电弧那样放电，放电所产生的热量就传导到其余部分，只能使表面烧伤而无法用作尺寸加工，因此要求电压是周期的升高。电压周期升高可采用脉冲电压来实现。

电腐蚀产生的过程中，阳极(指电源正极)和阴极(指电源负极)的蚀除速度是不一样的，这种现象叫"极效应"。 为了减少工具电极的损耗，提高加工精度和生产效率，总希望极效应越显著越好，即工件蚀除越快越好，而工具蚀除越慢越好。若采用交流脉冲电源，工件与工具的极性不断改变，使总的极效应等于零。因此，电火花加工的电源应选择直流脉冲电源。

(3) 工作液。电火花加工中的高压放电源于介质被击穿，击穿后又要能迅速复原，因此电火花加工是在有一定绝缘性能的液体介质中进行的，较高的绝缘强度($10^3 \sim 10^7 \Omega \cdot cm$)有利于产生脉冲性的火花放电。同时，液体介质还能把电火花表面加工过程中产生的小金属屑、炭黑等电蚀产物从放电间隙中悬浮排除出去，并且对电极和工件表面有较好的冷却作用。常用的工作液是黏度较低、闪点较高、性能稳定的介质，如煤油、去离子水和乳化液等。

(4) 工具。**电火花加工中工具电极也有损耗**，为保证加工精度，**希望工具损耗要小于工件金属的蚀除量，甚至接近于无损耗**。极效应通常与脉冲宽度、电极材料及单个脉冲能量等因素有关。为此**工具电极常用导电性良好、熔点较高、易加工的耐电蚀材料**，如铜、石墨、铜钨合金和钼等。

3.1.2 电火花加工的工艺特点及应用

1. 电火花加工的工艺特点

(1) 可以"以柔克刚"。由于电火花加工直接利用电能和热能来去除金属材料，与工件材料的强度和硬度等关系不大，因此工具电极材料无须比工件材料硬；可以用软的工具电极加工硬的工件，实现"以柔克刚"。

(2) 属于不接触加工。由于加工中工具电极和工件不直接接触，没有机械加工的切削力，因此适宜加工低刚度工件及微细加工。不产生毛刺和刀痕沟纹等缺陷；对于各种复杂形状的型孔及立体曲面型腔的一次成形，可不必考虑加工面积太大会引起切削力过大等问题。

(3) 适合加工难切削的金属材料和导电材料。主要加工导电的材料，在一定条件下也可以加工半导体和非导体材料。可以加工任何高强度、高硬度、高韧性、高脆性及高纯度的导电材料。

(4) 可以加工形状复杂的表面。由于可以简单地将工具电极的形状复制到工件上，因此特别适用于复杂表面形状工件的加工，如复杂型腔模具加工等。特别是数控技术的采用，使得可用简单的电极加工复杂形状零件，能加工普通切削加工方法难以切削的材料和复杂形状工件。

(5) 可以加工特殊要求的零件。可以加工薄壁、弹性、低刚度、微细小孔、异形小孔、深小孔等有特殊要求的零件，也可以在模具上加工细小文字。

(6) 电火花加工的其他工艺特点。电火花加工的脉冲参数可依据需要调节，可在同一台机床上进行粗加工、半精加工和精加工；电火花加工后的表面呈现的凹坑，有利于储油和降低噪声；因直接使用电能加工，便于实现自动化；放电过程有部分能量消耗在工具电极上，导致电极损耗，影响成形精度，最小角部半径有限制；加工后表面产生变质层，在工件表面形成重铸层(厚度为 1～100μm)和受热影响层(厚度为 25～125μm)，影响表面质量，在某些应用中须进一步去除；工作液的净化和加工中产生的烟雾污染处理比较麻烦。

2. 电火花加工的应用

(1) 电火花成形加工。该方法是通过工具电极相对于工件做进给运动，将工件电极的形状和尺寸复制在工件上，从而加工出所需要的零件。它包括电火花型腔加工和穿孔加工两种。

【参考动画】

(2) 电火花线切割。该方法是利用轴向移动的细金属丝作工具电极，按预定的轨迹进行脉冲放电切割。按金属丝电极移动的速度大小分为低速走丝和高速走丝线切割。

【参考视频】

低速走丝线切割机电极丝以铜线作为工具电极，一般以低于 0.2m/s 的速度做单向运动，在铜线与被加工物材料之间施加 60～300V 的脉冲电压，并保持 5～50μm 间隙，间隙中充满去离子水(接近蒸馏水)等绝缘介质，使电极与被加工物之间发生火花放电，并彼此被消耗、腐蚀，在工件表面上电蚀出无数的小坑，通过数控部分的监测和管控，伺服机构执行，使这种放电现象均匀一致，从而达到加工物被加工，成为合乎尺寸要求及形状精度的产品。目前精度可达 0.001mm 级，表面质量也接近磨削水平，但不宜加工大厚度工件。线切割时，电极丝不断移动，放电后不再使用。采用无电阻防电解电源，一般均带有自动穿丝和恒张力装置。由于机床结构精密，技术含量高，机床价格高，因此使用成本也高。

我国多采用高速走丝线切割，是我国独创的机种。由于电极丝是往复使用，也叫往复走丝电火花线切割机。高速走丝时，金属丝电极是直径为 ϕ0.02～ϕ0.3mm 的高强度钼丝，走丝速度为 8～10m/s。由于往复走丝线切割机床不能对电极丝实施恒张力控制，故电极丝抖动大，在加工过程中易断丝(有研究表明，线切割放电时工件与电极丝存在着"疏松接触"情况，即工件有顶弯电极丝现象，放电可能发生在两者之间的某种绝缘薄膜介质中，也可能是放电时产生的爆炸力将电极丝顶弯，真实情况有待新的研究)。往复走丝会造成电极丝损耗，加工精度和表面质量降低。

目前电火花线切割广泛用于加工各种冲裁模(冲孔和落料用)、样板及各种形状复杂型孔、型面和窄缝等。

(3) 电火花磨削和镗磨。电火花磨削可在穿孔、成型机床上附加一套磨 【参考图文】

头来实现，使工具电极做旋转运动，如工件也附加一旋转运动，则磨得的孔可更圆。电火花镗磨与磨削不同之点是只有工件做旋转运动，电极工具没有转动运动，而是做往复运动和进给运动。

（4）电火花同步共轭回转加工。电火花同步共轭回转加工是用电火花加工内螺纹的一种方法，加工时，已按精度加工好形状的电极穿过工件原有孔（按螺纹内径制作），保持两者轴线平行，然后使电极和工件以相同的方向和转速旋转，同时工件向工具电极径向切入进给，根据螺距，电极还可轴向移动相应距离已保证工件的螺纹加工精度（图3.2）。

（5）非金属电火花加工。如加工聚晶金刚石，聚晶金刚石硬度仅稍次于天然金刚石。天然金刚石几乎不导电，聚晶金刚石是将人造金刚石微粉用铜、铁粉等导电材料作粘接剂，搅拌、混合后加压烧结而成，因此有一定的导电性能而能用电火花进行加工。至于是靠放电时的高温将导电的粘接剂熔化、气化蚀除掉，而使金刚石微粒失去支撑自行脱落，还是因高温使金刚石瞬间蒸化就有待进一步的研究。

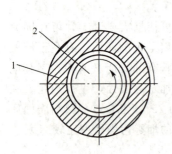 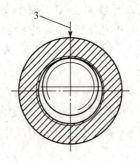

(a) 工件与电极同向旋转　　(b) 工件向电极移动

图 3.2　电火花加工内螺纹示意图

1—工件；2—电极；3—进给方向

（6）电火花表面强化。电火花表面强化是采用较硬的材料（如硬质合金）做电极，对较软的材料（如45钢）进行强化。其电源是直流电源或交流电，靠振动棒的作用，使电极与工件间的放电间隙频繁变化，不断产生火花放电，来进行对金属表面的强化。其过程是电极在振动棒的带动下向工件运动，当电极与工件接近到某一距离时，间隙中的空气被击穿，产生火花放电，使电极和工件材料局部熔化，但电极继续接近工件并与工件接触，在接触点处流过短路电流，使该处继续加热，并以适当压力压向工件，使熔化了的材料相互粘接、扩散形成熔渗层。电极在振动作用下离开工件，由于工件的热容量比电极大，使靠近工件的熔化层首先急剧冷凝，从而使工具电极的材料粘接、覆盖在工件上（图3.3）。

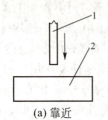 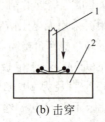 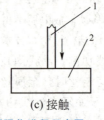 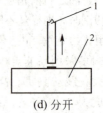

(a) 靠近　　　　　(b) 击穿　　　　　(c) 接触　　　　　(d) 分开

图 3.3　电火花表面强化进程示意图

1—电极；2—工件

3.2　电解加工

电解加工是电化学加工的一种，利用金属在电解液中的"电化学阳极溶解"现象，来将工件加工成形的一种工艺方法。

3.2.1 电解加工原理

当两金属片接上电源并插入任何导电的溶液中,即形成通路,导线和溶液是两类性质不同的导体。当两类导体构成通路时,在金属片(电极)和溶液的界面上,必定有交换电子的反应,即电化学反应。如果所接的是直流电源,则溶液中的离子将做定向移动,正离子移向阴极,在阴极上得到电子而进行还原反应。负离子移向阳极,在阳极表面失掉电子而进行氧化反应(也可能是阳极金属原子失掉电子而成为正离子进入溶液)。在阳、阴电极表面发生得失电子的化学反应称为电化学反应,利用这种电化学作用为基础对金属进行加工(包括电解和镀覆)的方法即电化学加工。

如果阳极用铁板制成,则在阳极表面,铁原子在外电源的作用下被夺走电子,成为铁的正离子而进入电解液。铁的正离子在电解液中又变为氢氧化亚铁等,氢氧化亚铁在水溶液中溶解度极小,于是便沉淀下来,它又不断地与电解液及空气中的氧反应而成为黄褐色的氢氧化铁,总之,在电解过程中,阳极铁不断溶解腐蚀,最后变成氢氧化铁沉淀,阴极材料并不受腐蚀损耗,只是氢气不断从阴极上析出,水逐渐消耗,这种现象就是金属的阳极溶解。

如图 3.4 所示,**电解加工时工件接直流电源的正极,为阳极。按所需形状制成的工具接直流电源的负极,为阴极**。具有一定压力(0.5~2MPa)的电解液从两极间隙(0.1~1mm)中高速(5~50m/s)流过。当工具阴极向工件进给并保持一定间隙时即产生电化学反应,在相对于阴极的工件表面上,金属材料按对应于工具阴极型面的形状不断地被溶解到电解液中,电解产物被高速电解液流带走,于是在工件的相应表面上就加工出与阴极型面相对应的形状。直流电源应具有稳定而可调的电压(6~24V)和高的电流容量(有的高达 4×10^4 A)。

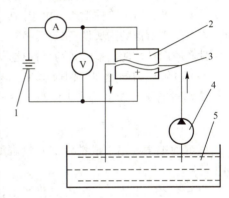

图 3.4 电解加工示意图
1—直流电源;2—工具阴极;3—工件阳极;
4—电解液泵;5—电解液

3.2.2 电解加工的工艺特点及应用

1. 电解加工的工艺特点

(1) 加工范围广。电解加工几乎可以加工所有的导电材料,并且不受材料的强度、硬度、韧性等机械、物理性能的限制,加工后材料的金相组织基本上不发生变化。它常用于加工硬质合金、高温合金、淬火钢、不锈钢和钛合金等高硬度、高强度和高韧性的难加工金属材料,可加工叶片、花键孔、炮管膛线、锻模等各种复杂的三维型面。

(2) 加工生产率高。电解加工能以简单的直线进给运动一次加工出复杂的型腔、型面和型孔,加工速度可以和电流密度成比例地增加,因此生产率较高,为电火花加工的 5~10 倍。在某些情况下,比切削加工的生产率还高,且加工生产率不直接受加工精度和表面粗糙度的限制,一般适宜于大批量零件的加工。

(3) 无切削力和切削热。电解加工中无切削力和切削热的作用,不产生由此引起的变形和残余应力、加工硬化、毛刺、飞边、刀痕等，加工后工件上没有热应力与机械应力，不影响工件现有属性，不会产生微观裂缝，不产生氧化层，工件无需后序加工。因此适宜于易变形、薄壁或热敏性材料零件的加工。

（4）工具电极不损耗。电解加工过程中因为工具阴极材料本身不参与电极反应，其表面仅产生析氢反应，而不发生溶解反应，同时工具材料又是抗腐蚀性良好的不锈钢或黄铜等，所以阴极工具在理论上不会耗损，可长期使用。只有在产生火花、短路等异常现象时才会导致阴极损伤。

（5）加工质量尚可但精度不太高。通常电解加工可达表面粗糙度 Ra 值为 $1.25\sim0.2\,\mu m$ 和 $\pm0.1\,mm$ 左右的平均加工精度。其中型孔或套料加工精度为 $\pm0.05\sim\pm0.03\,mm$，模锻型腔为 $\pm0.20\sim\pm0.05\,mm$；透平叶片型面为 $0.25\sim0.18\,mm$。电解微细加工钢材的精度可达 $70\sim\pm10\,\mu m$。

由于影响电解加工间隙稳定性的参数很多，且规律难以掌握，控制比较困难。因此电解加工不易达到较高的加工精度和加工稳定性，且难以加工尖角和窄缝。

（6）很难适用于单件生产。由于阴极和夹具的设计、制造及修正较麻烦，周期较长，同时，电解加工所需的附属设备较多，占地面积较大，投资较高，耗电量大，且机床需要足够的刚性和防腐蚀性能，造价较高。因此，批量越小，单件附加成本越高，不适于单件生产。

（7）电解产物的处理和回收困难。电解液对设备、工装有腐蚀作用，需对设备采取防护措施，对电解产物也需妥善处理，否则将污染环境。

2. 电解加工的应用

电解加工主要用于成批生产时对难加工材料和复杂型面、型腔、异形孔和薄壁零件的加工。

（1）深孔扩孔加工。深孔扩孔加工按阴极的运动形式，可分为固定式和移动式两种。固定式是用长于工件且满足精度要求的圆棒作阴极，伸入待加工的工件原有孔。用一套夹具来保持工件和阴极同心，并起导电和引进电解液的作用。操作简单、生产率高，所需功率较大。移动式是将工件固定机床上，阴极在机床带动下在工件内孔做轴向移动。阴极长度可较短，制造容易，加工工件长度不受电源功率限制，但需要有效长度大于工件长度的机床。

（2）型孔加工。型孔的电解加工，一般采用端面进给法，为了避免锥度，阴极侧面必须绝缘。绝缘层要粘接得牢固可靠，因为电解加工过程中电解液有较大的冲刷力，易把绝缘层冲坏。绝缘层的厚度，工作部分为 $0.15\sim0.20\,mm$，非工作部分可为 $0.3\sim0.5\,mm$。

（3）型腔加工。型腔多用电火花加工，因电火花加工精度比电解加工易于控制。但由于生产率较低，在精度要求不太高的煤矿机械、拖拉机等制造厂也采用电解加工。在型腔的复杂表面加工时，电解液流场不易均匀，在流速、流量不足的局部地区电蚀量将偏小且很容易产生短路，因此要在阴极的对应处加开增液孔或增液缝，阴极的设计、制作和修复都不太容易。

（4）套料加工。有些片状零件，轮廓复杂，又有一定厚度，传统方法难以加工，即便采用电火花线切割，也觉生产效率太低。可用纯铜片等做成对应形状为阴极，用锡焊固定在相应的阴极体上，组成一个套料工具，可以类似冲压方式进行加工。

（5）叶片加工。叶片型面形状比较复杂，精度要求较高，采用机械加工困难较大。而采用电解加工，则不受叶片材料硬度和韧性的限制，在一次行程中就可加工出复杂的叶身型面，生产率高，表面粗糙度值小。

(6) 电解抛光。电解抛光可以说是电解加工的鼻祖，是最早利用金属在电解液中的电化学阳极溶解对工件表面进行处理的，它只处理表面，不用于对工件进行形状和尺寸加工。电解抛光时工件与工具之间的加工间隙较大，有利于表面的均匀溶解；电流密度也比较小；电解液一般不流动，必要时加以搅拌即可。因此，电解抛光所需的设备比较简单。

【参考图文】

此外电解加工还有电解倒棱去毛刺、电解刻字等应用。

3.3 激光加工

激光技术与原子能、半导体及计算机一起，是 20 世纪的四大发明。激光是一种因受激而产生的高亮度、大能量及方向性、单色性、相干性都很好的加强光。激光自问世以来已在多领域得到不同的应用。激光加工是利用能量密度极高的激光束照射工件的被加工部位，使其材料瞬间熔化或蒸发，并在冲击波作用下，将熔融物质喷射出去，从而对工件进行穿孔、蚀刻、切割等加工；或采用较小能量密度，使加工区域材料熔融黏合或改性，对工件进行焊接或热处理等加工。

3.3.1 激光加工原理

1. 激光的产生原理

(1) 光的能量与频率及光子的关系。按照光的波粒二象性，光既是有一定波长范围的电磁波，不同光的波长(频率)不一样；又是具有一定能量的以光速运动的粒子流，这种粒子就是光子。一束光的强弱既与频率有关，频率越高能量越大，又与所含的光子数有关，光子越多，能量越大。

(2) 光的自发辐射。通常原子是一个中间带正电的原子核，核外有相应数量的电子在一定的轨道上围绕核转动，具有一定的"内能"，轨道半径增大，内能也增大，电子只有在自己相应的轨道上转动是才是稳定的，称为基态。当用适当的方法(例如用光照射或用高温或高压电场激发原子)传给原子一定的能量时，原子便吸收、增加内能，特别是最外层电子的轨道半径扩大到一定程度，原子被激发到高能级，高能级的原子是很不稳定的，它总是力图回到较低的能级去。在基态时，原子可以长时间地存在，而在激发状态的各种高能级的原子寿命很短(常在 $0.01\mu s$ 左右)。但有些原子或离子的高能级或次高能级却有较长的寿命，这种寿命较长的较高级称为亚稳态能级。当原子从高能级跃迁回到低能级或基态时，常常会以光子的形式辐射出光能量。原子从高能态自发地跃迁到低能态而发光的过程称为自发辐射，日光灯、氙气灯等光源都是由于自发辐射而发光。由于自发辐射发生的时间各不一样，辐射出的光子在方向上也是杂乱无章，频率和波长大小不一。

(3) 光的受激辐射。物质的发光，除自发辐射外，还存在一种受激辐射。当一束光(假设这束光里只有一个光子)入射到具有大量激发态原子的系统中，当这个光子途经(以光速)某个处于激发态的原子，若该光束的频率与该原子的高低能级差相对应(符合某种量子学关系),则处在激发能级上的原子,在这束光的刺激下会迁到较低能级,同时放出一个新光子,这个新光子与原来入射的光子有着完全相同的特性。受激辐射之后,这束光里就有了两个有着相同的频率、初位相、偏振态、传播方向的光子,这一现象如同将入射光放大。

(4) 激光的产生。某些具有亚稳态能级结构的物质,如人工晶体红宝石,基本成分是氧化铝,其中掺有 0.05% 的氧化铬,铬离子镶嵌在氧化铝的晶体中。当脉冲氙灯照射红宝石时,处于基态的铬离子大量受激转为高能级的激发态,由于激发态寿命短,又很快跳到寿命较长的亚稳态。如果照射光足够强,就能够在千分之三秒内,把多数原子转为亚稳态。假定这块红宝石具有圆柱形状,部分原子开始自发辐射后,必有一部分光子辐射方向是与中心轴平行,其他不平行的光子从红宝石的侧面射出,对激光的产生没有多大影响;平行的光子在沿红宝石中心轴方向运动时,将引起路径上处于高能级原子的受激辐射,产生同向、同频的新光子。新光子与原光子一起激励其他原子,辐射出更多特性相同的光子。光子数由 1 到 2,由 2 到 4,……以光速按指数规律增长,就会在圆柱的端部发出一股**频率、位相、传播方向、偏振方向都是完全一致的光,这就是激光**。理论上来说,如果这个红宝石足够长,则不管初始自发辐射有多弱,最终总可以被放大到一定强度。实际上是在其两端各放一块反射镜,使光在红宝石内来回反射多次被不断放大。由此可见,**激光仅在最初极短的时间内依赖于自发辐射,此后的过程完全由受激辐射决定。**

2. 激光能量高的原因

用透镜将太阳光聚集,能引燃纸张木材,却无法进行材料加工。这一方面是由于地面上太阳光的能量密度不高,还因太阳光不是单色光,而是红橙黄绿青蓝紫等多种不同波长的多色光,聚集后焦点并不在同一平面内,不能做到能量的高密度汇集。激光的几个特性使激光具有很高的能量密度。

(1) 亮度高。激光出众的亮度来源于光能在空间和时间上的集中。如果将分散在 180° 立体角范围内的光能全部压缩到 0.18° 立体角范围内发射,则在不必增加总发射功率的情况下,发光体在单位立体角内的发射功率就可提高一百万倍。如果把一秒钟时间内所发出的光压缩在亚毫秒数量级的时间内发射,形成短脉冲,则在总功率不变的情况下,瞬时脉冲功率又可以提高几个数量级,从而大大提高了激光的亮度。据研究,激光的亮度要比氙灯高三百七十亿倍,比太阳表面的亮度也要高二百多亿倍。

(2) 单色性好。在光学领域中,"单色"是指光的波长(或者频率)为一个确定的数值,实际上严格的单色光是不存在的,单色性好是指光谱的谱线宽很小的光。在激光之前,单色性最好的光源是氪灯,激光出现后,单色性比氪灯提高了上万倍。

(3) 方向性好。光束的方向性是用光束的发散角来表征的。普通光源由于各个发光中心是独立地发光,而且各具有不同的方向,所以发射的光束是很发散的。激光的各个发光中心是互相关联地定向发射,所以可以把激光束压缩在很小的立体角内。据研究,激光就是射到月球上光束扩散的截面直径也不到 1km,假设最好的探照灯也能射到月球,其光束扩散的直径将达几百公里。

受激产生的激光已具有很高的能量,其单色性与方向性的特性更有助于通过光学系统使它聚焦成一个极小的光斑(直径仅几微米到几十微米),从而获得极高的能量密度和极高的温度(10000℃以上)。在此高温下，任何坚硬的材料都将瞬时急剧被熔化和气化。

3. 激光加工材料的过程

【参考图文】

激光加工是把激光作为热源，对材料进行热加工，其加工过程大体是：激光束照射材料，材料吸收光能；光能转变为热能使材料加热；通过气化和熔融溅出使材料去除或破坏等几个阶段。

(1) 加工金属。在多个脉冲激光的作用下首先是一个脉冲被材料表面吸收，由于材料表层的温度梯度很陡，表面上先产生熔化区域，接着产生汽化区域，当下一个脉冲来临时，光能量在熔融状材料的一定厚度内被吸收，此时较里层材料中就能达到比表面汽化温度更高的温度，使材料内部气化压力加大，促使材料外喷，把熔融状的材料也一起喷了出来。所以在一般情况下，材料是以蒸气和熔融状两种形式被去除的。功率密度更高而脉宽很窄时，这就会在局部区域产生过热现象，从而引起爆炸性的气化，此时材料完全以气化的形式被去除而几乎不出现熔融状态。

(2) 加工非金属。一般非金属材料的反射率比金属低得多，因而进入非金属材料内部的激光能量就比金属多。若是加工有机材料，如有机玻璃，因具有较低的熔点或软化点，激光照射部分材料迅速变成了气体状态。如是硬塑料和木材、皮革等天然材料，在激光加工中会形成高分子沉积和加工位置边缘碳化。对于无机非金属材料，如陶瓷、玻璃等，在激光的照射下几乎能吸收激光的全部光能，但由于其导热性很差，加热区很窄，会沿加工路线产生很高的热应力，从而产生无法控制的破碎和裂缝。由此，**材料的热膨胀系数也是衡量激光对其加工可行性的一个重要因素。**

有些激光加工工艺，如激光焊接，要求加热温度有一定的限制，但要达到较大的熔化深度。此时应该使用较小的功率密度和较长的作用时间。如果参数选择合适，可使材料达到最大熔化深度。为此在利用激光脉冲进行焊接时，就要增加激光脉冲宽度，同时减小脉冲峰值功率。在利用连续激光器焊接时，为了熔透尽可能厚的材料，一般将激光功率密度人为地减小，使光点聚集于工件表面之外，并选择很小的进给速度。

3.3.2 激光加工的工艺特点及应用

1. 激光加工的工艺特点

(1) 激光加工的功率密度高达 $10^8 \sim 10^{10} \mathrm{W/cm^2}$，几乎可以加工任何材料。耐热合金、陶瓷、石英、金刚石等硬脆材料都能加工。

(2) 激光光斑大小可以聚焦到微米级，输出功率可以调节，因此可用以精密微细加工。

(3) 激光加工所用工具是激光束，是非接触加工，没有明显的机械力，没有工具损耗问题，加工速度快(激光切割的速度与线切割的速度相比要快很多)、热影响区小，加工过程中工件可以运动，容易实现加工过程自动化。

(4) 激光加工不需任何模具制造，可立即根据计算机输出的图样进行加工，既可缩短工艺流程，又不受加工数量的限制，对于小批量生产，激光加工更加便宜。

(5) 激光可通过透明体进行加工，如对真空管内部进行焊接加工等，在大气、真空及各种气氛中进行加工，制约条件少，且不造成化学污染。

(6) 激光加工采用计算机编程，可以把不同形状的产品进行材料的套裁，最大限度地提高材料的利用率，大大降低了企业材料成本。

2. 激光加工的应用

1) 激光打孔

【参考视频】

激光打孔的直径可以小到 0.01mm 以下，深径比可达 50∶1，几乎可在任何材料上打微型小孔。激光打孔主要应用在航空航天、汽车制造、电子仪表、化工等行业。但是，激光钻出的孔是圆锥形的，而不是机械钻孔的圆柱形，这在有些地方是很不方便的。

2) 激光切割

激光如同是人们曾幻想追求的"削铁如泥"的"宝剑"。激光切割技术广泛应用于金属和非金属材料的加工中，可大大减少加工时间，降低加工成本，提高工件质量。与传统的板材加工方法相比，激光切割具有高的切割质量（切口宽度窄、热影响区小、切口光洁）、高的切割速度、高的柔性（可随意切割任意形状）、广泛的材料适应性等优点。

3) 激光微调

【参考图文】

集成电路、传感器中的电阻是一层电阻薄膜，制造误差达 15%～20%，只有对之进行修正，才能提高那些高精度器件的成品率。**激光微调就是利用激光照射电阻膜表面，将一部分电阻膜气化去除，可以精确地调整已经制成的电阻膜片的阻值。** 激光微调精度高、速度快，适于大规模生产。利用类似原理可以修复有缺陷的集成电路的掩模，修补集成电路存储器以提高成品率，还可以对陀螺进行精确的动平衡调节。

4) 激光焊接

【参考视频】

激光焊接不同于激光打孔，不需要那么高的能量密度使工件材料气化，而只要将工件的加工区"烧熔"粘合即可。 与其他焊接技术比较，激光焊接的优点有：

（1）激光焊接速度快、深度大、变形小。不仅有利于提高生产率，而且被焊材料不易氧化，热影响区极小，适合于对热敏感很强的晶体管元件焊接。

（2）激光焊接设备装置简单，没有焊渣，在空气及某种气体环境中均能施焊，并能通过玻璃或对光束透明的材料进行焊接，激光束易实现光束按时间与空间分光，能进行多光束同时加工及多工位加工，很适合微型焊接。

（3）可焊接难熔材料如钛、石英等，不仅能焊接同种材料，而且还可以焊接不同材料，甚至还可焊接金属与非金属，当然，不是所有的异种材料都能很好地焊接。

【参考视频】

5) 激光存储

激光可以将光束聚焦到微米级，可以在一个很小的区域内做出可辨识的标记，由此激光加工可应用在数据存储方面。将影像与声音之类模拟信号转换为数字信号，经过一系列的信息处理形成编码送至激光调制器，使产生的激光束可按编码的变化时断时续，激光射到一张旋转着的表面镀有一层极薄金属膜的玻璃圆盘上，形成一连串凹坑，在玻璃圆盘旋转的同时，激光束也相应地沿着玻璃圆盘半径方向缓慢地由内向外移动，在玻璃圆盘上形成一条极细密的螺旋轨迹。由于凹坑的长度与间隔是按编码形成的，可以用激光读出头识别出来，经一系列信息处理还原为原影像与声音。激光存储技术已与我们现代生活密不可分。

【参考图文】

6) 激光表面强化

加温能使金属固体内部原子聚集状态发生改变或易于发生改变，在不同的冷却速度或外来物质的作用下，重新变为固体的金属会保留下新生成的状态,同样的金属因原子聚集状态的不同,其性能有所不同。激光高能、可控的特点很适合于对工件表面进行这种加温与冷却的处理。因此激光表面强化技术是激光加工技术中的一个重要方面。

(1) 激光表面相变硬化(激光表面淬火)。激光淬火是以激光作为热源的表面热处理,其硬化机制是:当采用激光扫描零件表面时,激光能量被零件表面吸收后迅速达到极高的温度(升温速度可达 $10^3 \sim 10^6 \, ℃/s$),此时工件内部仍处于冷态;随着激光束离开零件表面,由于热传导作用,表面能量迅速向内部传递,使表层以极高的冷却速度(可达 $10^6 \, ℃/s$)冷却,故可进行自身淬火,实现工件表面相变硬化。采用激光淬火加热速度快,淬火变形小,工艺周期短,生产效率高,工艺过程易实现自控和联机操作;淬硬组织细化,硬度比常规淬火提高10%~15%,耐磨性和耐蚀性均有较大提高;可对复杂零件和局部位置进行淬火,如盲孔、小孔、小槽或薄壁零件等;激光可实现自身淬火,不需要处理介质,污染小,且处理后不需后续工序。对汽车发动机进行气孔缸孔表面淬火,可使缸体耐磨性提高三倍以上,延长发动机大修里程达到15万 km 以上。游标卡尺测量面改为激光淬火之后,不仅解决了变形开裂问题、废品率低,而且简化了工序,缩短了生产周期,降低了成本。

(2) 激光表面合金化。**激光表面合金化,即当激光束扫描添加了金属或合金粉末的工件表面时,工件表面和添加元素同时熔化;而当激光束撤出后,熔池很快凝固而形成一种类似急冷金属的晶体组织,获得具有某种特殊性能的新的合金层。**激光表面合金化所需的激光功率密度(约 $10^5 \, W/cm^2$)比激光相变硬化所需的高得多,激光合金化的深度可为 0.01~2mm 厚,由激光功率密度和工件移动速度决定。激光表面合金化层与基体之间为冶金结合,具有很强的结合力。激光表面合金化最大特点是仅在熔化区和很小的影响区内发生成分、组织和性能的变化,对基体的热效应可减少到最低限度,引起的变形也极小。这样既可满足表面的使用需要,同时又不牺牲结构的整体特性。利用激光表面合金化工艺可在一些表面性能差、价格便宜的基体金属表面制出耐磨、耐蚀、耐高温的表面合金,用于取代昂贵的整体合金,节约贵重金属材料和战略材料,使廉价合金获得更广泛的应用,从而大幅度降低成本。

(3) 激光表面熔覆。激光熔覆也称激光包覆,是利用一定功率密度的激光束照射(扫描)被覆金属表层上的外加纯金属或合金,使之完全熔化,而基材金属表层微熔,冷凝后在基材表面形成一个低稀释度的包覆层,从而使基材强化的工艺。激光熔覆的熔化主要发生在外加的纯金属或合金中,基材表层微熔的目的是使之与外加金属达封冶金结合,以增强包覆层与基材的结合力,并防止基材元素与包覆元素相互扩散而改变包覆层的成分和性能。激光熔覆与合金化类似,可根据要求在表面性能差的低成本钢上制成耐磨、耐蚀、耐热、耐冲击等各种高性能表面,来代替昂贵的整体高级合金,以节约贵重金属材料。

(4) 激光熔凝(激光重熔)。**激光熔凝是将材料表面层用激光快速加热至熔化状态,不增加任何元素,然后自冷快速凝固,获得较为细化均质的组织(特殊非晶层——金属玻璃)和所需性能的表面改性技术。**非晶是一种与晶态相反的亚稳态组织,具有类似于液态的结构,金属非晶态比晶态有着高得多的硬度和耐磨性及耐蚀性。实现非晶化必须满足急热骤冷条件,因此采用的激光束的功率密度一般保持在 $10^7 \sim 10^9 \, W/cm^2$。激光束辐射到工件表面使激光辐射区的金属表面产生 1~10μm 薄的熔化层,并与基体间形成极高的温度梯度。而后,熔化层以高达 $10^6 \, ℃/s$ 的速度冷却,使液态金属来不及形核结晶,从而形成了类似玻璃状的非晶态。激光熔凝是利用高密度激光束,以极快的速度扫描,在金属表面形成薄层熔体,同时冷基体与熔体间有很大的温度梯度,使熔层的冷却速度超过形成非晶的临界值,而在表面获得非晶层。利用激光非晶化技术,可以使廉价的金属表面非晶化,以获得良好的表面性能。与其他制造金属玻璃的方法相比,激光熔凝的优点是高效、易控和冷速范围宽等。通过激光熔凝,可以在普通廉价的金属材料表面形成非晶层,既可大大提高制品的性能和寿命,又可节约大量贵重金属。

【参考图文】

(5) 激光冲击硬化。金属表面若经反复冲击敲打,也会使原子聚集状态发生改变,从而使材料表面产生应变硬化。激光具有在材料中产生高应力场的能力,激光产生的应力波使金属或合金产生高爆炸性或快速平面冲击产生变形,类似传统的喷丸强化工艺。当激光脉冲功率足够高时,短时间内金属表面要产生汽化、膨胀、爆炸,产生的冲击波对金属表面形成很大压力,材料表面形成塑变位错等,能明显提高材料硬度、屈服强度和抗疲劳性能。由于激光冲击处理的柔性强,因此可处理工件的圆角、拐角等应力集中部位。由于激光冲击应力波的持续时间极短(微秒),特别是指有效地处理成品零件上具有应力集中的局部区域,可有效地提高铝合金、碳钢、铁基、镍基合金、不锈钢和铸铁等金属材料的硬度和疲劳寿命,如提高成品零件上拐角、孔、槽等局部区域的疲劳寿命。

我国在光电子技术方面与发达国家几乎同时起步。特别在激光科研领域我国并不落后,可以说,国外已有的激光技术,我国也都研究开发过,但由于其他领域发展的滞后,激光技术在我国还没有发挥出应有的作用。

【参考动画】

3.4 超声波加工

超声波加工也叫超声加工,是利用以超声频做小振幅振动的工具,带动工作液中的悬浮磨粒对工件表面进行撞击抛磨,使其局部材料被蚀除而成粉末,以进行穿孔、切割和研磨等,或利用超声波振动使工件相互结合的加工方法。

电火花和电解加工都不易加工不导电的非金属材料,然而超声波加工不仅能加工硬质合金、淬火钢等脆硬金属材料,而且更适合于加工玻璃、陶瓷、半导体锗和硅片等不导电的非金属脆硬材料,同时还可以用于清洗、焊接和探伤等。

人耳对声音的听觉范围为 16~16000Hz。频率低于 16Hz 的振动波称为次声波,频率超过 16000Hz 的振动波称为超声波。加工用的超声波频率为 16000~25000Hz。超声波和声波一样,可以在气体、液体和固体介质中传播,可对其传播方向上的障碍物施加压力(声压),因此,可用这个压力的大小来表示超声波的强度。传播的波动能量越强,则压力也越大。由于超声波频率高,能传递很强的能量,传播时反射、折射、共振及损耗等现象更显著。

3.4.1 超声波加工原理

如图 3.5 所示,超声波发生器将工频交流电能转变为有一定功率输出的超声频电振荡,然后通过换能器将此超声频电振荡转变为超声频机械振动,由于其振幅很小,一般为 0.005~0.01mm,需再通过一个上粗下细的变幅杆,使振幅增大到 0.1~0.15mm。固定在变幅杆端头的工具即受迫振动,并迫使工作液中的悬浮磨粒以很大的速度,不断地撞击、抛磨被加工表面，把加工区域的材料粉碎成很细的微粒后打击下来。虽然每次打击下来的材料很少，但由于每秒打击的次数多达16000次以上，所以仍有一定的加工效率。与此同时，工作液受工具端面超声振动作用而产生的高频、交变的液压正负冲击波和"空化"作用，促使工作液钻入被加工表面的材料的微裂缝处，加剧了机械破坏作用。所谓空化作用，是指当工具端面以很大的加速度离开工件表面时，加工间隙内形成负压和局部真空，在工作液体内形成很多微空腔，当工具端面以很大的加速度接近工件表面时，空泡闭合，引起极强的液压冲击波，可以强化加工过程。此外，正负交变的液压冲击也使悬浮工作液在加工间隙中强迫循环，使变钝了的磨粒及时得到更新。

由此可见，超声波加工是磨粒在超声振动作用下的机械撞击和抛磨作用以及超声空化作用的综合结果，其中磨粒的撞击作用是主要的。既然超声加工是基于局部撞击作用，因此就不难理解，**越是脆硬的材料，受撞击作用遭受的破坏越大，越易超声加工。相反脆性和硬度不大的韧性材料，由于它的缓冲作用而难以加工。**根据这个道理，人们可以合理选择工具材料，使之既能撞击磨粒，又不致使自身受到很大破坏，如用45钢作工具即可满足上述要求。

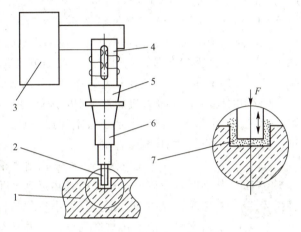

图 3.5　超声波加工原理图

1—工件；2—工具；3—超声波发生器；4—换能器；
5、6—变幅杆；7—磨料悬浮液

3.4.2　超声波加工的工艺特点及应用

由于超声波加工是靠极小的磨料作用，所以加工精度较高，一般可达 0.02mm，表面粗糙度 Ra 值可达 $1.25\sim 0.1\mu m$。

被加工表面无残余应力、组织改变及烧伤等现象；在加工过程中不需要工具旋转，因此易于加工各种复杂形状的型孔、型腔及成形表面；超声波加工机床的结构比较简单，操作维修方便，工具可用较软的材料（如黄铜、45钢、20钢等）制造。

1. 超声波加工的工艺特点

(1) 适合于加工各种硬脆材料，特别是不导电的非金属材料，例如玻璃、陶瓷（氧化铝、氮化硅等）、石英、锗、硅、石墨、玛瑙、宝石、金刚石等。对于导电的硬质金属材料如淬火钢、硬质合金等，也能进行加工，但加工生产率较低。

(2) 由于工具可用较软的材料做成较复杂的形状，故不需要使工具和工件做比较复杂的相对运动，因此超声加工机床的结构比较简单，操作、维修方便。

(3) 由于去除加工材料是靠极小磨料瞬时局部的撞击作用，故工件表面的宏观切削力很小，切削应力、切削热很小，不会引起变形及烧伤，表面粗糙度也较好，Ra 值可达 $1\sim 0.1\mu m$，加工精度可达 $0.02\sim 0.01mm$，而且可以加工薄壁、窄缝、低刚度零件。

2. 超声波加工的应用

超声波加工主要用于各种硬脆材料，如玻璃、石英、陶瓷、硅、锗、铁氧体、宝石和玉器等的打孔（包括圆孔、异形孔和弯曲孔等）、切割、开槽、套料、雕刻、成批小型零件去毛刺、模具表面抛光和砂轮修整等方面。

(1) 型孔、型腔加工。**超声波打孔的孔径范围是 0.1～90mm，加工深度可达 100mm 以上，孔的精度可达 0.05～0.02mm。表面粗糙度在采用 W40 碳化硼磨料加工玻璃时可达 1.25～0.63μm，加工硬质合金时可达 0.63～0.32μm。**

超声波用于型孔、型腔加工的生产效率比电火花、电解加工等低，工具磨损大，但其加工精度和表面粗糙度都比它们好。即使是电火花加工后的一些淬火钢、硬质合金冲模、拉丝模、塑料模具，最后还常用超声抛磨、光整加工。

(2) 切割加工。用普通机械加工切割脆硬的半导体材料是很困难的，采用超声波切割则较为有效。可将多个薄钢片或磷青铜片按一定距离平行焊接在一个变幅杆的端部，一次可以切割多片材料，如切割单晶硅片。

(3) 超声波清洗。超声波在清洗液（汽油、煤油、酒精、丙酮或水等）中传播时，液体分子往复高频热运动产生正负交变的冲击波。当声强达到一定数值时，液体中急剧生长微小空化气泡并瞬时强烈闭合，产生的微冲击波使被清洗物表面的污物遭到破坏，并从被清洗表面脱落下来。即使是被清洗物上的窄缝、细小深孔、弯孔中的污物，也很容易被清洗干净。虽然每个微气泡的作用并不大，但每秒钟有上亿个空化气泡在作用，就具有很好的清洗效果。所以，超声波被广泛用于对喷油嘴、喷丝板、微型轴承、仪表齿轮、手表机芯、印制电路板、集成电路微电子器件的清洗。

(4) 焊接加工。超声波焊接是利用超声频振动作用，去除工件表面的氧化膜，显露出新的本体表面，在两个被焊工件表面分子的高速振动撞击下，摩擦发热并亲和粘接在一起。它不仅可以焊接尼龙、塑料及表面易生成氧化膜的铝制品等，还可以在陶瓷等非金属表面挂锡、挂银、涂复熔化的金属薄层。

此外，利用超声波的定向发射、反射等特性，还可用以测距和探伤等。

3.5 快速原型制造

随着全球市场一体化的形成，制造业的竞争更趋激烈，产品开发的速度和能力已成为制造市场竞争的实力基础。同时，制造业为满足日益变化的个性化市场需求，又要求制造技术有较强的灵活性，能够以小批量甚至单件生产而不增加产品的成本。因此，产品的开发速度和制造技术的柔性就变得十分关键。在此社会背景下，快速原型制造技术于 20 世纪 80 年代在美国问世，它可以快速将设计思想物化为具有一定结构和功能的三维实体，并且可低成本制作产品原型和零件，这大大满足了竞争日益激烈的市场对新产品快速开发和快速制造的要求。

快速原型制造技术（Rapid Prototyping Manufacturing，RPM），也称快速成型制造技术，又称立体打印技术，是直接根据产品 CAD 的三维实体模型数据，经计算机数据处理后,将三维实体数据模型转化为许多平面模型的叠加,然后直接通过计算机进行控制制造这一系列的平面模型并加以联结,形成复杂的三维实体零件。这样,产品的研制周期可以显著缩短,研制费用也可以节省。

3.5.1 快速原型工作原理

零件的快速成型制造过程根据具体使用的方法不同而有所差别,但其基本原理都是相同的。下面以激光快速成型为例来说明快速原型制造的原理。首先在计算机制图系统上设计出三维的虚拟零件模型,然后在计算机上对该虚拟零件进行水平切片分层离散化,薄片越薄,零件制作精度就越高,而制作时间就越长,因此,分层厚度应根据零件的技术要求和加工设备分辨能力等因素统合考虑。分层后对切片进行网格化处理并生成相应文件。数据传输到快速原型制作设备(3D 打印机),该设备形似一个大箱子,内含工作平台、进料机构、抚平机构、激光照射装置及其他进给机构。制造时先在工作平台上铺满一层物料(如液态光敏树脂),激光束由数控的激光照射装置按照每一层薄片的轮廓线和内部网格线进行扫描(激光束的强度、频率等依物料特性而定),使工作平台上的物料有选择地被固化(光致聚合),得到零件第一层的实体平面切片形状。固化过程从工作平台上的第一层表面物料开始,此层固化后,工作平台沿铅垂方向下降一段距离,进料并抚平,让新的一层物料覆盖在已固化层上面,然后再驱动激光束扫描,进行第二层固化。激光束在固化第二层的同时,也使其与第一层粘连在一起。接着,工作平台再沿铅垂方向下降一段距离,进料抚平……,如此重复工作,直到所有的分层切片都被加工出来,然后,通过强紫光光源的照射,使扫描所得的塑胶零件充分固化,从而得到所需零件的实体。另外,没有被激光束照到的物料还可继续用于下一次的制造。

3.5.2 快速原型的工艺特点及应用

1. 快速原型的工艺特点

(1)**能由产品的三维计算机模型直接制成实体零件,而不必设计、制造模具,因而制造周期大大缩短**(由几个月或几周缩短为十几小时甚至几小时)。

(2)能制造任意复杂形状的三维实体零件而无须机械加工。

(3)**能借电铸、电弧喷涂技术进一步由塑胶件制成金属模具,或者能将快速获得的塑胶件当作易熔铸模**(如同失蜡铸造)**或木模,进一步浇注金属铸件或制造砂型**。

(4)能根据 CAE(如有限元分析)的结果制成三维实体,作为试验模型,评判仿真分析的正确性。

(5)由于是堆叠制造,改变了原有要考虑工艺槽、被包容件如何放入包容件等的零件设计思路。

(6)**精度不如传统加工**。数据模型分层处理时不可避免地有一些数据会丢失,另外分层制造必然产生台阶误差,堆积成形的相变和凝固过程产生的内应力也会引起翘曲变形,这从根本上决定了快速原型技术的精度极限。

2. 快速原型技术在加工上的应用

快速原型技术因其神奇的"无中生有"的特点而引起世人的惊艳,在利益的趋动下有好事者将其描述成无所不能的制造神器。然而理想很丰满,现实很骨感。只有便于堆叠的物料才好使用快速原型技术,而不同产品所需材料各有不同,快速原型技术远没有达到人们想象中的按个按钮,要什么有什么的境界。快速原型技术可以应用在新产品开发中,也可以应用在产品功能试验上,虽然已能直接制造一些要求不高的物品,但快速原型技术在加工上更多是用在模具制造中。

(1) 制作硅橡胶模。当制造硅橡胶零件件数较少(批量在 20~50 件)时,可用快速成型件作母模,可以快速、容易而廉价地小批量生产各种塑料零件和石蜡模型,成型件具有较好精度,在航空航天、体育用品、玩具和装饰设备等领域应用广泛。

(2) 金属喷涂制模法。当模具要求的寿命在 3000 件以下时,可将熔化金属充分雾化后以一定的速度喷射到快速成型件的表面,形成模具型腔表面,充填背衬复合材料,制作锌铝合金软模具。该工艺方法简单,周期短,型腔表面及其精细花纹一次同时形成。

(3) 制作钢模。当模具要求的寿命在 3000 件以上时,可将快速成型塑胶零件当作易熔铸模或木模,进一步浇注金属铸件或制造砂型,从而缩短制模周期。这在产品研制阶段,对于缩短研制周期和节约昂贵的制模费用是非常有益的。

也可将获得的塑胶件作为试验模型,评价有限元分析等计算的正确性,为设计性能优越的产品提供可靠的基础。

3.6 数控机床编程基础

将工件的加工工艺要求以数控系统能够识别的指令形式告知数控系统,使数控机床产生相应的加工运动。这种数控系统能够识别的指令称为程序,制作程序的过程称为编程。编程的方法有手工编程和自动编程两种。手工编程是指编制加工程序的全过程,即图样分析、工艺处理、坐标计算、编制程序单、输入程序直至程序的校验等全部工作都通过人工完成。

3.6.1 数控编程的格式

数控加工程序由若干程序段组成,程序段由若干程序字组成。程序字是编程的基本单元,由地址和数字组成。数控程序遵循一定的格式,用数控系统能够识别的指令代码编写。

数控编程中,程序号、程序结束标记、程序段是数控程序都必须具备的三要素,按一定的格式编写在程序中。

1. 程序号

程序号位于程序的开头,是工件加工程序的代号或识别标记,不同程序号代表不同的工件加工程序。程序号必须单独占一程序段。

程序号:O××××——字母 O 后加几位数字组成。有些系统如 SIEMENS802S 系统是两个或多个字母作程序号,字母后也可加数字,如 ABC.MPF、ABC12.MPF。

2. 程序结束标记

程序结束标记用 M 代码(辅助功能代码)表示,必须写在程序的最后,单独占用一个程序段,代表一个加工程序的结束。程序结束标记:M02 或 M30,代表工件加工主程序结束。M99(或 M17)也可用作程序结束标记,但它们代表的是子程序的结束。

3. 程序段的格式

数控程序的主要组成部分是程序段,由 N 及后缀的数字(称为顺序号或程序段号)开头,以程序段结束标记 CR(或 LF)结束;实际使用中用符号";"作为结束标记。

完整程序如下:

O8018;
N10 G90 G01 X100 Y100 F120 S500 M03;
…;
N180 M30;

4. 主程序、子程序

数控程序分为主程序与子程序两种,主程序是工件加工程序的主体部分,是一个完整的工件加工程序。主程序和被加工工件及加工要求一一对应,不同的工件或不同的加工要求,都有唯一的主程序。

为了简化编程,有时将一个程序或多个程序中的重复动作,编写为单独的程序,并通过程序调用的形式来执行这些程序,这样的程序称为子程序。

子程序的调用格式:M98 P□□□□;

作用:调用子程序 O□□□□一次,如 N80 M98 P8101 为调用子程序 O8101 一次。

子程序格式:

O8101;   子程序号
…;
M99;   子程序结束

子程序结束后,自动返回主程序,执行下一程序段的程序内容。

3.6.2　数控系统的指令代码类型

数控系统常用指令代码有准备功能 G 代码、辅助功能 M 代码、进给功能 F 代码、主轴功能 S 代码、刀具功能 T 代码,这些指令代码又分为模态代码和非模态代码,同类代码分组及开机默认代码等。

1. 准备功能 G 代码

G 代码是使机床或数控系统建立起某种加工方式的指令,G 代码由地址码 G 后跟二位数字组成,从 G00~G99 共 100 种。G 代码分为模态代码(又称续效代码)和非模态代码(又称非续效代码)两类。

模态代码表示该代码在一个程序段被使用后就一直有效,直到出现同组代码中的其他任一 G 代码时才失效。同一组的 G 代码在同一程序段中不能同时出现,同时出现时只有最后一个 G 代码生效。

2. 辅助功能 M 代码

M 代码由地址码 M 后跟二位数字组成,从 M00~M99 共 100 种,大多数为模态代码。

M 代码是控制机床辅助动作的指令,如主轴正反转、停止等。常用辅助功能 M 代码指令见表 3-1。

表 3-1 常用辅助功能 M 代码指令

代码	功 能	代码	功 能
M00	程序暂停	M17	子程序结束标记(SIEMENS 系统用)
M01	程序选择暂停	M19	主轴定向准停
M02	程序结束标记	M30	程序结束、系统复位
M03	主轴正转	M41	主轴变速挡 1(低速)
M04	主轴反转	M42	主轴变速挡 2(次低速)
M05	主轴停止	M43	主轴变速挡 3(中速)
M06	自动换刀	M44	主轴变速挡 4(次高速)
M07	内冷却开	M45	主轴变速挡 5(高速)
M08	外冷却开	M98	子程序调用
M09	冷却关	M99	子程序结束标记

M 代码也进行分组,如 M03、M04、M05 为一组;M00、M01 为一组;M07、M08、M09 属同一组;程序段结束标记 M02、M30、子程序调用指令 M98、子程序结束标记 M99 等指令,应占有单独的程序段进行编程。

3. 进给功能 F 代码

F 代码是进给速度功能代码,它是模态代码,用于指定进给速度,单位一般为 mm/min,当进给速度与主轴转速有关时(如车螺纹等),单位为 mm/r,进给速度的指定方法有 F1 位数法、F2 位数法、直接指令法等。

在 F1 位数法、F2 位数法中,F 后缀的数字不代表编程的进给速度,必须通过查表确定进给速度值,目前很少使用这两种指令方式。

在直接指令法中,F 后缀的数字直接代表了编程的进给速度值,可以实现任意进给速度的选择,并且指令值和进给速度值直接对应,目前绝大多数数控系统都是用该方法。

与进给方式有关的准备功能 G 代码:

G94 指令,每分进给率,单位为 mm/min。

G95 指令,每转进给率,单位为 mm/r。G94、G95 均为模态代码。

或者 G98 指令,每分进给率,单位为 mm/min。

G99 指令,每转进给率,单位为 mm/r。G98、G99 均为模态代码(G98、G99 为车床用 FANUC 系统 G 代码 A 体系)。

4. 主轴功能 S 代码

在数控机床上,把控制主轴转速的功能称为主轴功能,即 S 代码。用地址 S 及后缀的数字来指令,单位为 r/min。主轴转速的指定方法有 S1 位数法、S2 位数法、直接指令法等。其作用与 F 功能相同,目前,绝大多数数控系统都使用直接指令法,S 代码是模态代码,S 后缀数字不能为负值。

5. 刀具功能 T 代码

在数控机床上,把指定或选择刀具的功能称为刀具功能,即 T 代码。用地址 T 及后缀的数字来指令。刀具功能的指定方法有 T2 位数法、T4 位数法等。采用 T2 位数法,通常只能用来指定刀具;采用 T4 位数法,可以同时指定刀具和选择刀补。绝大多数数控铣床、加工中心都采用 T2 位数法,刀具补偿号由其他代码(如 D 或 H 代码)进行选择。大多数数控车床采用 T4 位数法,既指定刀具号也指定刀具补偿号。

3.6.3 机床坐标系与工件坐标系

数控机床的加工和程序编制,一般按照建立坐标系、选择尺寸单位和编程方式、确定刀具与切削参数、确定刀具运动轨迹等步骤进行。以上步骤必须根据数控系统的指令代码进行编程。

1. 机床坐标系的建立与选择指令

1) 坐标系的规定

国家标准规定,数控机床的坐标系,采用右手定则的直角坐标系(笛卡儿坐标系),如图 3.6 所示。图中坐标的方向为刀具相对于工件的运动方向,即假设工件不动,刀具相对工件运动的情况。当以刀具为参照物,工件(或工作台)运动时,建立在工件(或工作台)上的坐标轴方向与图示方向相反。

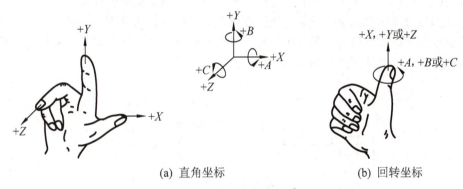

(a) 直角坐标　　　　(b) 回转坐标

图 3.6　右手直角坐标系

2) 坐标轴及方向规定

规定与机床主轴轴线平行的坐标轴为 Z 轴,刀具远离工件的方向为 Z 轴的正方向。当机床有几根主轴(如龙门式铣床)或没有主轴(如刨床)时,则选择垂直于工件装夹表面的轴为 Z 轴,如图 3.7 及图 3.8 所示。

X 轴:是刀具在定位平面的主要运动轴,它垂直于 Z 轴,平行于工件装夹表面。对于数控车床、磨床等工件旋转类机床,工件的径向为 X 轴,刀具远离工件的方向为 X 轴正向。

Y 轴:在 Z、X 轴确定后,通过右手定则确定。

回转轴:绕 X 轴回转的坐标轴为 A;绕 Y 轴回转的坐标轴为 B;绕 Z 轴回转的坐标轴为 C;方向采用右手螺旋定则 [图 3.6(b)]。

附加坐标轴:平行于 X 轴的坐标轴为 U;平行于 Y 轴的坐标轴为 V;平行于 Z 轴的坐标轴为 W;其方向与 X、Y、Z 轴相同。

3) 机床坐标系原点的建立

机床坐标系原点(又称机床零点)的位置是由机床生产厂家设定的,机床进行"回参考点"(又称回零)运动,是建立机床坐标系原点(采用增量测量系统的机床需"回零"运动,绝对测量系统不需"回零"运动)的唯一方法。

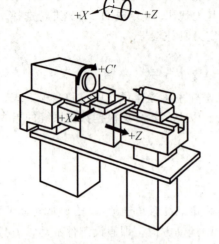

图 3.7 数控车床坐标　　　　图 3.8 数控铣床坐标

数控机床开机后,第一个任务就是回参考点操作,建立机床坐标系。

参考点是为了建立机床坐标系,在数控机床上专门设置的基准点。在任何情况下,通过"回参考点"运动,都可以使机床各坐标轴运动到参考点并定位,数控系统自动以参考点为基准建立机床坐标原点,如图 3.9 所示。

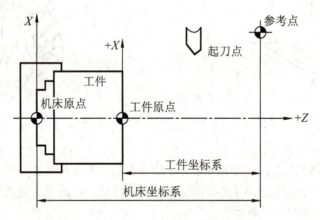

图 3.9 机床坐标系、工件坐标系、参考点

4) 自动回参考点及相关指令(G27、G28、G29)

数控机床回参考点,一般可通过"手动回参考点"操作进行,也可以通过指令使机床自动返回参考点,二者作用相同。

G27 指令格式:G27 X x Y y Z z;

G27 指令是对定位点进行参考点检测。其中:x、y、z 指定的是刀具终点坐标值。执行动作是:刀具快速向终点坐标运动并进行定位,定位完成后,对该点进行参考点检测。

G28 指令格式:G28 X x_1 Y y_1 Z z_1;

G28 为返回参考点 G 代码,其中:x_1、y_1、z_1 指定的是自动"回参考点"过程中,刀具需要经过中间点坐标定位,然后到参考点定位。指令中间点的目的是规定"回参考点"运动最后阶段刀具的运动轨迹,防止产生撞刀。执行 G28 指令将自动撤销刀具补偿。

G29 指令格式：G29 X x_2 Y y_2 Z z_2；

G29(从参考点返回)与 G28 指令相对应。x_2、y_2、z_2 指定的是刀具终点坐标值，执行 G29 指令要进行二次定位，其动作是刀具首先从参考点快速向 G28 指定的中间点(x_1，y_1，z_1)运动并进行定位，定位完成后，再从中间点快速向终点(x_2，y_2，z_2)运动并定位。G29 指令只能在执行 G28 指令之后使用。

G27、G28、G28 都是非模态代码，均为单段有效指令。

5) 机床坐标系的选择(G53)

指令格式：G53 X x Y y Z z；

通过"回参考点"建立机床坐标系，可以用 G53 进行选用，如上执行 G53 指令可将刀具移动到机床坐标系的(x，y，z)点上。

G53 指令为非模态代码，只是单段有效，且必须在机床进行了"回参考点"操作后才能使用。

2. 工件坐标系的建立与选择指令

1) 工件坐标系

机床坐标系的建立保证了刀具在机床上的正确运动，为了简化编程，应使坐标系与零件图的尺寸基准相一致，因此不能直接使用机床坐标系。工件坐标系就是针对某一工件，根据零件图建立的坐标系。

2) 建立工件坐标系

为了明确工件坐标系和机床坐标系的相互关系，保证加工程序能正确执行，必须建立工件坐标系。建立工件坐标系的方法，大多采用通过手动操作各坐标轴到某一特定基准位置进行定位，通过面板操作进行，通过输入不同的"零点偏置"数据，设定 G54～G59 六个不同的工件坐标系，直接建立工件坐标系。

"零点偏置"值就是工件坐标系原点在机床坐标系中的位置值，修改"零点偏置"值即可改变工件坐标系原点位置。"零点偏置"值一经输入，只要不对其进行修改、删除操作，工件坐标系就可以永久存在，其偏置值被系统记忆。

3.6.4 尺寸的米制、英制选择与小数点输入

1. 米制、英制选择(G70、G71、G20、G21)

在数控机床上，为方便编程，通常具备米制、英制选择与转换功能。根据不同的代码体系，可以使用 G70/G71 或 G20/G21 指令进行选择。

G70(或 G20)指令，选择英制尺寸，最小单位为 0.001in。

G71(或 G21)指令，选择米制尺寸，最小单位为 0.0001mm。

米制、英制选择指令对旋转轴无效，旋转轴单位总是度(deg)。

米制、英制选择指令将影响进给速度、刀具补偿、工件坐标系"零点偏置"值等相关尺寸单位。所以这一指令应编辑在程序的起始程序段中；并且同一程序中不可以进行转换。

2. 小数点输入

大部分数控机床上小数点输入法具有特殊作用，它可以改变坐标尺寸、进给速度和时间单位。

通常小数点输入方式：不带小数点的值是以数控机床最小设定单位作为输入单位，如最小输入单位为 0.001mm（0.0001in，0.001deg）的数控机床，输入 X10 代表 0.01mm（0.001in，0.01deg）。带小数点的值则以基本单位制单位（米制为 mm，英制为 in，回转轴为 deg）作为输入单位，如输入 X10. 代表 10mm（10in，10deg）。

计算机小数点输入方式：不带小数点的值是以基本单位制单位（米制为 mm，英制为 in，回转轴为 deg）作为输入单位，即 **X10. 或 X10 都代表 10mm（10in，10deg）**。小数点输入方式可以通过机床参数进行设定和选择；编程过程中，带小数点和不带小数点的值在程序中可以混用。

为编辑方便，本章全部程序均采用计算机小数点输入方式进行编写。

3.6.5 绝对、增量式编程

数控机床刀具移动量的指定方法有绝对式编程、增量式编程两种，根据不同的代码体系，编程的方法不同。

在用指令编程时，用 G90、G91 进行选择，G90 为绝对、G91 为相对式编程。绝对式编程是通过坐标值指定位置的编程方法，以坐标原点为基准给出绝对位置值，用 G90 指令。增量式编程是直接指定刀具移动量的编程方法，它是以刀具现在位置作为基准，给出相对移动的位置值，用 G91 指令。

G90、G91 是同组模态代码，可相互取消，在编程过程中可以根据需要随时转换。

在可变地址格式编程时（数控车床常用），通过改变 X、Z 地址进行编程为绝对编程。采用地址 U、W 时为增量式编程。二者在编程中可以混用。

3.6.6 基本移动指令

1. 快速定位（G00）

指令格式：G00 X x Y y Z z；

执行 G00 指令，刀具按照数控系统参数设定的快进速度移动到终点（x、y、z），快速定位。G00 为模态代码。G00 的运动速度不能用 F 代码编程，只决定于机床参数的设置。运动开始阶段和接近终点的过程，各坐标轴能自动进行加、减速。

在绝对编程方式中，x、y、z 代表刀具运动的终点坐标；

在增量编程方式中，x、y、z 代表 X、Y、Z 坐标轴移动的距离。

执行 G00 指令刀具的移动轨迹有两种方式（移动轨迹的方式由数控系统或机床参数的设置决定）：直线型定位，移动轨迹是连接起点和终点的直线。移动中，移动距离最远的坐标轴按快进速度运动，其余坐标轴按移动距离的大小相应减小速度，保证各坐标轴同时到达终点。非直线型定位，移动轨迹是一条各坐标轴都以快速运动而形成的折线。

2. 直线插补（G01）

指令格式：G01 X x Y y Z z F f；

G01 为模态代码，进给速度通过 F 代码编程，F 代码亦为模态代码，运动速度为机床各坐标轴的合成速度。刀具移动轨迹为连接起点与终点的直线，运动开始阶段与接近终点的过程，各坐标轴都能自动进行加、减速。移动过程中可以进行切削加工。

在绝对编程方式中，x、y、z 代表刀具运动的终点坐标值；

在增量编程方式中，x、y、z代表X、Y、Z坐标轴移动的距离。

3. 加工平面的选择(G17、G18、G19)

数控加工中，根据工件坐标系选择加工表面。加工表面指令有G17、G18、G19。
G17为XOY平面；G18为XOZ平面；G19为YOZ平面。

在数控铣床等三坐标机床中，G17为系统默认平面，编程时可以省略G17指令；在数控车床编程中，G18为系统默认平面，编程时可以省略G18指令。

4. 圆弧插补(G02、G03)

G02为顺时针圆弧插补指令；G03为逆时针圆弧插补指令。G02、G03均为模态代码。
指令格式Ⅰ：
G17 G02 X x　Y y　I i　J j　F f；（XOY平面圆弧插补）
G18 G02 X x　Z z　I i　K k　F f；（XOZ平面圆弧插补）
G19 G02 Y y　Z z　J j　K k　F f；（YOZ平面圆弧插补）
指令格式Ⅱ：
G17 G02 X x　Y y　R r　F f；（XOY平面圆弧插补）
G18 G02 X x　Z z　R r　F f；（XOZ平面圆弧插补）
G19 G02 Y y　Z z　R r　F f；（YOZ平面圆弧插补）
在采用了SIEMENS802S数控系统的车床中，格式Ⅱ的书写为：
G17 G02 X x　Y y　CR=r　F f；（XOY平面圆弧插补）
G18 G02 X x　Z z　CR=r　F f；（XOZ平面圆弧插补）
G19 G02 Y y　Z z　CR=r　F f；（YOZ平面圆弧插补）
其中x、y、z为圆弧终点(x，y，z)的坐标值。
格式Ⅰ中i、j、k用于指定圆弧插补圆心，无论是绝对式编程还是增量式编程，其必须是圆心相对于圆弧起点的增量距离，可能是正值，也可能是负值。
格式Ⅱ中，用r指定圆弧半径，为了区分不同的圆弧，规定对于小于或等于180°的圆弧，r为正值；大于180°的圆弧，r为负值；加工整圆（360°）时，采用格式Ⅰ方式编程。

5. 程序暂停(G04)

指令格式：G04 X x；
G04指令可以使程序进入暂停状态，即机床进给运动暂停，其余工作状态（如主轴）保持不变。G04为非模态代码，只是单程序段有效。暂停时间通过编程设定。指令格式中的x在G04指令中，指定的是暂停时间，单位可以使s或ms。在计算机小数点方式输入G04 X6，代表暂停6s。在通常小数点方式输入G04 X6，代表暂停6ms。
G04指令的应用：沉孔加工、钻中心孔、车退刀槽可以保证孔底和槽底表面光整。

3.6.7　刀具补偿指令

1. 刀具半径补偿指令(G40、G41、G42)

刀具半径补偿就是根据刀具半径和编程工件轮廓，数控系统自动计算刀具中心点移动轨迹的功能。采用刀具半径补偿功能的目的，是为简化编程过程中坐标数值计算的工作量。编程时，只按编程零件轮廓编程，即按刀具中心轨迹编程。但实际加工中存在着铣刀半径或车刀刀尖圆角半径，必须根据不同的进给方向使刀具中心沿编程轮廓偏置一个半径，才能使实际加工轮廓和编程轨迹相一致。刀具半径值通过操作面板事先输入数控系统的"刀具偏置值"存储器中，编程时通过指定刀具半径补偿号选择。

1) 指定刀具半径补偿的方法

编程时指定刀具补偿号(D代码)选择"刀具偏置值"存储器，这一方法适用所有数控镗、铣与加工中心；编程时通过刀具 T 代码指令的附加位选择(如 T0102 中的 02)，不需要再选择"刀具偏置值"存储器，此方法适用数控车床。

2) 刀具快速移动时进行刀具半径补偿的格式

G00 G41 X□□□□ Y□□□□（D□□）；（数控车床不需要 D 代码）

或 G00 G42 X□□□□ Y□□□□（D□□）；

在切削进给时进行刀具半径补偿的格式：

G01 G41 X□□□□ Y□□□□（D□□）；

或 G01 G42 X□□□□ Y□□□□ （D□□）；

G41、G42 用于选择刀具半径补偿的方向。G41 指令——刀具半径左补偿，即沿刀具移动方向，刀具在工件左侧。G42 指令——刀具半径右补偿，即沿刀具移动方向，刀具在工件右侧。G41、G42 均为模态代码，一经输入指令持续有效。G40 指令——刀具半径补偿取消，用 G40 指令可以取消刀具半径补偿指令 G41、G42，如图 3.10、图 3.11 所示。

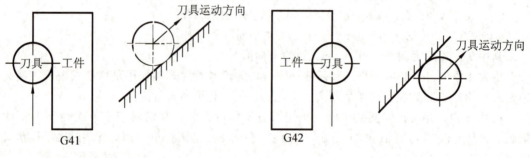

图 3.10　刀具半径左补偿　　　　图 3.11　刀具半径右补偿

3) 刀具半径补偿指令使用注意事项

采用刀具半径补偿可以简化编程，但刀具半径补偿使用不当会引起刀具干涉、过切、碰撞。

(1) 在刀具半径补偿前，应用 G17、G18、G19 指令正确选择刀具半径补偿平面。

(2) 在刀具半径补偿生效期间，不允许存在两段以上的非补偿平面内移动的程序。

(3) 刀具半径补偿建立、取消程序段中，只能与基本移动指令中的 G00 或 G01 同时编程，当编入其他基本移动指令时，数控系统将产生报警。

(4) 为防止在刀具半径建立、取消过程中可能产生"过切"现象，在补偿建立、取消程序段的起始位置、终点位置最好与补偿方向在同一侧。

2. 刀具长度补偿指令(G43、G44、G49)

数控车床的刀尖补偿，在输入"刀具偏置值"、选择"刀具偏置"存储器号后，即能生效;数控铣床的刀具长度补偿需应用 G43、G44、G49 指令进行。

在数控铣床上,刀具长度补偿是用来补偿实际刀具长度的功能,当实际刀具长度与编程长度不一致时,通过长度补偿功能自动补偿长度差值,确保 Z 向的刀尖位置与编程位置相一致。

"刀具长度偏置值"是刀具的实际长度与编程时设置的刀具长度(通常定为"0")之差。"刀具偏置值"通过操作面板事先输入数控系统的"刀具偏置值"存储器中,编程时,在执行刀具长度补偿(G43、G44)时,指定"刀具偏置值"存储器号(H 代码,如 H01),执行长度补偿指令,系统可以自动将"刀具偏置值"存储器中的值与程序中要求的 Z 轴移动距离进行加/减处理,以确保 Z 向的刀尖位置与编程位置相一致。

刀具长度补偿指令格式:G43 Z□□□□ H□□;G44 Z□□□□ H□□;

G43 是选择 Z 向移动距离与"刀具偏置值"相加;G44 是选择 Z 向移动距离与"刀具偏置值"相减。G43、G44 都是模态代码,G49 是取消刀具长度补偿的指令。

3.7 数控机床加工

数控机床是集机、电、液、气、光高度一体化的产品。数控机床由输入/输出装置、数控系统、伺服系统、辅助控制装置、反馈系统及机床本体等组成(图 3.12)。数控加工过程包括编写加工程序、输入程序、程序译码与运算处理、刀具补偿与插补运算、位置控制与机床加工等。

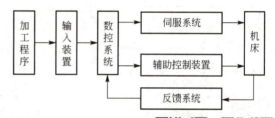

图 3.12 数控机床组成

3.7.1 数控车床加工

数控车床主要用于轴类和盘、套类回转体工件的加工。数控车床加工精度高,具有直线和圆弧插补功能,加工过程中能够自动变速,其加工范围比普通机床更宽。数控车床能通过数控程序的控制自动完成内外圆柱面、圆锥面、圆弧面、螺纹、切槽、钻、扩、铰孔和各种回转曲面等的切削加工。**与普通车床相比,数控车床更适宜加工精度要求高、表面轮廓复杂或带一些特殊类型螺纹的工件。**

数控车床主轴箱结构简单、刚度高,由伺服电动机拖动,能实现主轴无级变速。主轴部件传递功率大、刚度高、抗震性好、热变形小。进给机构由滚珠丝杠螺母副传动,传动链短、间隙小、传动精度高、灵敏度好,由两台电动机分别驱动,实现 X、Z 坐标轴方向的移动。刀架在转位电动机驱动下,可以实现数控程序指定刀具的自动换刀动作。常用卧式数控车床的结构布局有平床身-平滑板、平床身-斜滑板、斜床身-平滑板、斜床身-斜滑板、直立床身-直立滑板等形式。

数控车床采用的数控系统种类较多,下面分别介绍 SIEMENS802S 数控系统、FUNAC 数控系统的数控车床加工。

1. SIEMENS802S 系统数控车床加工

1)准备功能指令

SIEMENS802S 数控系统的 G 代码功能见表 3-2。

表 3-2　常用 SIEMENS802S 数控系统的 G 代码指令

代码	功能	说　明	编程格式
G00	快速移动	01 组：运动指令（插补方式）模态有效	G00 X…Z…
G01*	直线插补		G01 X…Z…F…
G02	顺时针圆弧插补		G02 X…Z…I…K…F…；圆心和终点 G02 X…Z…CR＝…F…；半径和终点
G03	逆时针圆弧插补		G03…；其他同 G02
G33	恒螺距螺纹切削		G33 Z…K…SF＝…；圆柱螺纹 G33 X…I…SF＝…；横向螺纹 G33 Z…X…K…SF＝…；锥螺纹，Z 方向位移大于 X 方向位移 G33 X…Z…K…SF＝…；锥螺纹，X 方向位移大于 Z 方向位移
G04	暂停时间	02 组：非模态代码	G04 F…（暂停时间）或 G04 S…（暂停转数）；
G74	回参考点		G74 X…Z…；
G75	回固定点		G75 X…Z…；
G158	可编程的偏置	03 组：写存储器，非模态代码	G158 X…Z…；
G25	主轴转速下限		G25 S…；
G26	主轴转速上限		G26 S…；
G17	加工中心孔时用	06 组：平面选择，模态有效	
G18*	XOZ 平面		
G40*	刀尖半径补偿取消	07 组：刀尖半径补偿 模态有效	
G41	刀尖半径左补偿		
G42	刀尖半径右补偿		
G500*	取消可设定零点偏置	08 组：可设定零点偏置 模态有效	
G54	第一可设定零点偏置		
G55	第二可设定零点偏置		
G56	第三可设定零点偏置		
G57	第四可设定零点偏置		
G53	按程序段方式取消可设定零点偏置	09 组：取消可设定零点偏置 非模态代码	
G60*	准确定位	10 组：定位性能 模态有效	
G64	连续路径方式		

(续)

代码	功 能	说 明	编程格式
G09	准确定位，单程序段有效	11组：程序段方式准停段方式有效	
G70	英制尺寸	13组：英制/米制尺寸模态有效	
G71	米制尺寸		
G90*	绝对尺寸	14组：绝对尺寸/相对尺寸模态有效	
G91	相对尺寸		
G94	进给率 F，mm/min	15组：进给/主轴模态有效	
G95*	主轴进给率 F，mm/r		
G96	恒定切削速度（F mm/r，S m/min）		G96 …LIMS=…F…;
G97	取消恒定切削速度		
G22	半径尺寸编程	29组：数据尺寸（半径/直径）模态有效	
G23*	直径尺寸编程		

注：带 * 的功能在程序启动时生效（即开机默认代码）。

数控车床有直径编程、半径编程两种方式，一般常采用直径编程方式，编程中绝对、相对尺寸转换时，相对尺寸一般采用变地址 U、W 方式实现。绝对和相对尺寸在程序中可以混编。

(1) 可编程的零点偏置：G158。

指令格式：G158 X…Z…；

如果工件在不同的位置有重复出现的形状或结构；或者选用了新的参考，在这样的情况下就需要使用可编程的零点偏置。由此就产生一个当前工件坐标系，新输入的尺寸均是在该坐标系中的数据尺寸。

G158 指令要求单独占一个程序段；用 G158 可以对所有坐标轴零点进行偏移；必须再编入一个 G158 指令（后边不跟坐标轴名称）取消先前的可编程零点偏置；G158 X…始终作为半径数据尺寸处理。例如：

N10…；
N20 G158 X3 Z5；
N30 L10；
…；
N70 G158；

(2) 恒螺距螺纹切削：G33。

指令格式：

G33 Z…K…；

该格式为圆柱螺纹编程格式，其中，K 为螺距，单位为 mm/r。

G33 指令可以加工恒螺距螺纹的类型：圆柱螺纹、圆锥螺纹、外螺纹/内螺纹、单头螺纹和多头螺纹、多段连续螺纹。螺纹左旋/右旋由主轴转向指令 M03/M04 指令实现。

在多头螺纹加工中，要使用起始点偏移指令 SF＝…（绝对位置）；如加工双头螺纹，起始点偏移 180°，螺纹长度（包括导入空刀量、退出空刀量）100mm，螺距 4mm，右旋螺纹，圆柱表面已经加工过，其程序为：

AB.MPF;

N10 G54 G00 G90 X50 Z0 M03 S500;

N20 G33 Z=100 K4 SF=0;

N30 G00 X54;

N40 Z0;

N50 X50;

N60 G33 Z-100 K4 SF=180;

N70 G00 X54;

…;

N130 M30;

（3）固定循环指令。在 SIEMENS802S 数控车床编程时，为简化编程数控系统，厂家将一些复杂、重复的机床动作编写为 LCYC…标准固定循环指令，方便操作者编程，要求在调用固定循环指令之前 G23（直径编程）指令必须有效。常用标准循环指令见表 3-3。

表 3-3 SIEMENS802S 车床标准循环指令

代　码	功　能	说　明	编程格式
LCYC…	调用标准循环	用一个独立的程序段调用标准循环，传送参数必须已经赋值	
LCYC82	钻削，沉孔加工	R101：退回平面（绝对） R102：安全间隙 R103：参考平面（绝对） R104：最终钻削深度（绝对） R105：到达钻削深度停留时间	N10 R101=…　R102=… … N20 LCYC82；自身程序段
LCYC83	深孔钻削	R101：退回平面（绝对） R102：安全间隙 R103：参考平面（绝对） R104：最终钻削深度（绝对） R105：到达钻削深度停留时间 R107：钻削进给率 R108：第一钻深进给率 R109：起始/排屑停留时间 R110：第一钻削深度（绝对） R111：递减量 R127：加工方式：断屑＝0，退刀排屑＝1	N10 R101=…　R102=… … N20 LCYC83；自身程序段

（续）

代码	功能	说明	编程格式
LCYC93	切槽（凹槽循环）	R100：横向轴起始点 R101：纵向轴起始点 R105：加工方式（1…8） R106：精加工余量 R107：切削宽度 R108：进刀深度 R114：切槽宽度 R116：螺纹啮合角 R117：槽口倒角 R118：槽底倒角 R119：槽底停留时间	N10 R101＝… R102＝… … N20 LCYC93；自身程序段
LCYC94	凹凸切削（E 型和 F 型） （退刀槽切削循环）	R100：横向轴起始点 R101：纵向轴轮廓起始点 R105：形状 E＝55，形状 F＝56 R107：刀尖位置（1…4）	N10 R101＝… R102＝… … N20 LCYC94；自身程序段
LCYC95	切削加工 （坯料切削循环）	R105：加工方式（1…12） R106：精加工余量 R108：进刀深度 R109：粗切削时进刀角度 R110：粗切削时退刀量 R111：粗切削时进给率 R112：精加工时进给率	N10 R101＝… R102＝… … LCYC95；自身程序段
LCYC97	车螺纹 （螺纹切削循环）	R100：起始处螺纹直径 R101：纵向坐标轴起始点 R102：终点处螺纹直径 R103：纵向坐标轴螺纹终点 R104：螺距 R105：加工方式（1 和 2） R106：精加工余量 R109：导入空刀量 R110：退出空刀量 R111：螺纹深度 R112：起始点偏移量 R113：粗切削刀数 R114：螺纹线数	N10 R101＝… R102＝… … N20 LCYC97；自身程序段

2）SIEMENS 802S 数控车床加工实例

加工如图 3.13 所示的工件，毛坯为 ϕ85mm 的棒料，从右端向左端切削，粗加工每次背吃刀量为 1.0mm，粗加工进给量为 1.2mm/r，精加工进给量为 0.2mm/r。

数控车床加工过程分析：

工件原点设在工件右端，换刀点设在工件右上方（120，100）。加工路线是由右至左，即 R15mm 圆弧→ϕ30mm 圆柱面→ϕ50mm 圆柱面→ϕ80mm 圆柱面（以上路线粗、精加工相同,采用主子程序加工),再加工 R50mm 圆弧→切断工件。刀具选择为外圆加工 T0101,割刀为 T0202。

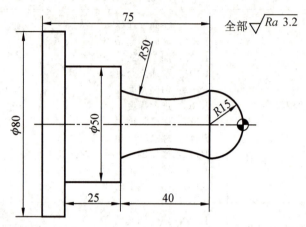

图 3.13 SIEMENS 802S 车床加工工件

数控程序：

程序	说明
ZHU.MPF;	主程序号
N10 G54 G90 G00 X120 Z100;	刀具移动到换刀点
N20 S500 M03;	主轴正转,恒线速度 500m/min
N30 M06 T0101;	换刀 T0101
N40 G01 Z5 X90 F100 M08;	刀具接近工件,冷却液开
N50 _CNAME="ZI"	调用子程序 ZI.SPF,工件轮廓粗、精加工循环
R105=9 R106=0.2 R108=1.0	R105 加工方式 9 为纵向/外部,综合加工
R109=0 R110=2.0 R111=1.2	
R112=0.2	
LCYC95;	
N60 G01 X100 F120;	退刀
N70 Z10;	
N80 X30 F50;	
N90 Z-15;	
N100 G02 X30 Z55 CR=50;	加工 R50mm 圆弧
N110 G01 X100 F100.;	
N120 X120 Z100;	移动到换刀点
N130 M06 T0202;	换割刀 T0202
N140 X82 Z-100;	
N150 X42 F1.5;	
N160 X82 F100;	
N170 G00 X100.;	
N180 Z-95;	
N190 X0 F1.5;	切断工件
N200 G00 X100;	

N210 X120 Z100;	刀具运动到换刀点	
N220 M09 M05;	冷却液关、主轴停转	
N230 M30;	程序结束	

子程序

ZI.SPF;	子程序号
N10 G01 Z0;	车至工件原点
N20 G02 X30 Z-15 CR=15;	车 R15mm 圆弧
N30 Z-55;	车 φ30mm 圆柱面至 Z-55
N40 X50;	退刀
N50 Z-80;	车 φ50mm 圆柱面至 Z-80
N60 X80;	退刀
N70 Z-102;	车 φ80mm 圆柱面至 Z-102
N80 X85;	退刀
N90 M17;	子程序结束

2. FANUC 0i 系统数控车床加工

1) 准备功能指令

准备功能指令见表 3-4。

【参考图文】

表 3-4 常用 FANUC 车床 G 指令

代码	功能	说明	代码	功能	说明
G00*	快速定位	01 组	G50	设定坐标系或限制主轴最高转速	00 组
G01	直线插补				
G02	顺时针圆弧插补		G54*	选择工件坐标系 1	04 组
G03	逆时针圆弧插补		G55	选择工件坐标系 2	
G04	程序暂停	00 组	G56	选择工件坐标系 3	
G10	通过程序输入数据		G57	选择工件坐标系 4	
G11	取消用程序输入数据		G58	选择工件坐标系 5	
G20	英制尺寸输入	06 组	G59	选择工件坐标系 6	
G21*	米制尺寸输入		G65	调用宏程序	00 组
G27	返回参考点的校验	00 组	G66	模态调用宏程序	12 组
G28	自动返回参考点		G67	取消模态调用宏程序	
G29	从参考点返回		G96	线速度恒定限制生效	02 组
G31	跳步功能		G97	线速度恒定限制撤销	
G32	螺纹加工功能	01 组	G98	每分进给	05 组
G40*	刀尖半径补偿取消	07 组	G99	每转进给	
G41	刀尖半径左补偿		G70	精车固定循环	00 组
G42	刀尖半径右补偿		G71	粗车外圆固定循环	

（续）

代码	功能	说明	代码	功能	说明
G72	精车端面固定循环		G90	内、外圆车削循环	
G73	固定形状粗车固定循环		G92	螺纹切削循环	
G74	中心孔加工固定循环	00组	G94	端面车削循环	01组
G75	精车固定循环				
G76	复合型螺纹切削循环				

2）螺纹车削指令

螺纹切削进给速度（mm/r）指令格式：G32/G76/G92 F _ ；其中，F _ 为指定螺纹的螺距。

3）单一固定循环指令

利用单一固定循环可以将一系列连续的动作，如"切入→切削→退刀→返回"，用一个循环指令完成。

指令格式：G90 /G94 X(U) _ Z(W) _ F _ ；

4）复合循环（G70～G76）

运用复合循环 G 代码，只需指定精车加工路线和粗车加工的背吃刀量，系统就会自动计算出粗加工路线和加工次数，因此可大大简化编程。

（1）粗车外圆固定循环指令：G71。

指令格式：G71　U(Δd)　R(e)；

　　　　　G71　P(ns)　Q(nf)　U(Δu)　W(Δw)　F(f)　S(s)　T(t)；

其中：Δd——背吃刀量；

　　　e——退刀量；

　　　ns——精加工轮廓程序段中的开始程序段号；

　　　nf——精加工轮廓程序段中的结束程序段号；

　　　Δu——X 轴方向精加工余量；

　　　Δw——Z 轴方向精加工余量；

　　　f、s、t——F、S、T 指令值。

当给出图 3.14 所示加工形状路线 $A \rightarrow A' \rightarrow B$ 及背吃刀量，就会进行平行于 Z 轴的多次切削，最后再按留有精加工余量 Δu/2 和 Δw 之后的精加工形状加工，适合于需多次走刀切削的工件轮廓粗加工。

注意：在使用 G71 进行粗加工循环式时，只有含在 G71 程序段中的 F、S、T 功能有效，而包含在 ns→nf 精加工程序段中的 F、S、T 指令对粗车循环无效。

零件轮廓必须符合 X 轴、Z 轴方向都是单调增大或单调减小。

（2）精车固定循环指令：G70。

指令格式：G70　P(ns)　Q(nf)；

其中：ns——精加工轮廓程序段中的开始程序段号；

　　　nf——精加工轮廓程序段中的结束程序段号。

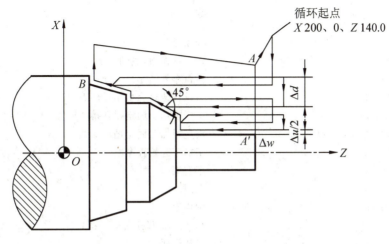

图 3.14 外圆粗加工循环

5）FANUC Oi-M 系统数控车床的编程实例

加工图 3.15 所示的工件，毛坯为 φ45mm 的棒料，从右端至左端轴向走刀切削，粗加工每次背吃刀量为 1.5mm，粗加工进给量为 0.12mm/r，精加工进给量为 0.05mm/r，精加工余量为 0.4mm。

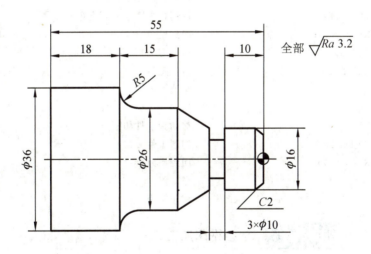

图 3.15 FANUC 车床加工工件

数控车床加工过程分析：

（1）设工件原点和换刀点。工件原点设在工件的右端面，如图 3.15 所示，换刀点（即刀具起点）设在工件的右上方(120，100)点处。

（2）确定刀具加工工艺路线。先从右至左车削外轮廓面。粗加工外圆采用外圆车刀 T0101，精加工外圆采用外圆车刀 T0202，加工退刀槽与切断工件采用割刀 T0303。

其路线为：车倒角 C2mm→车 φ16mm 圆柱面→车圆锥面→车 φ26mm 圆柱面→倒 R5mm 圆角→车 φ36mm 圆柱面，最后用割刀车 3mm 宽退刀槽。

(3) 数控编程。使用 G71、G70 粗精加工固定循环指令编写数控程序如下：

程　　序	说　　明
O8001；	程序号
N10 G50 X120 Z100 S100 M03；	设工件换刀，主轴正转
N20 M06 T0101；	换粗车外圆车刀 T01
N30 G00 X46 Z10；	刀具快速移至粗车循环点
N40 G71 U1.5 R1；	调用粗加工固定循环指令 G71
N50 G71 P60 Q140 U0.4 W0.2 F0.12；	设定粗加工固定循环参数
N60 G01 X46 Z0 F0.05；	精加工起始程序段
N70 X0；	车右端面
N80 X12；	退刀
N90 X16 Z-2；	倒角 C2
N100 Z-13；	车 $\phi 16\mathrm{mm}$ 圆柱面至 Z-13
N110 X26 Z-22；	车圆锥面
N120 Z-32；	车 $\phi 26\mathrm{mm}$ 圆柱面至 Z-32
N130 G02 X36 Z-37 R5；	车圆角 R5
N140 Z-60；	车 $\phi 36\mathrm{mm}$ 圆柱面至 Z-60
N150 G00 X120 Z100；	回到换刀点
N160 M06 T0202；	换外圆精车刀 T02
N170 G00 X46 Z10；	移动到精加工起始点
N180 G70 P60 Q140；	调用精车固定循环指令 G70
N190 G00 X120 Z100；	回到换刀点
N200 M06 T0303；	换割刀 T03
N210 G00 X18 Z-13；	刀具定位
N220 G01 X10 F0.2；	车退刀槽
N230 G00 X40；	退刀
N240 Z-58；	移动到工件切断点至 Z-58
N250 G01 X0 F0.2；	切断工件
N260 G00 X120 Z100；	回到换刀点
N270 M05；	主轴停
N280 M30；	程序结束

3.7.2　数控铣床加工

【参考图文与视频】

数控铣床在机械加工中占有重要的地位，是一种使用较广泛的数控机床，具有一般功能和特殊功能。一般功能是指数控铣床具有的点位控制功能、连续轮廓控制功能、刀具自动补偿功能、镜像加工功能、固定循环功能等。特殊功能是指数控铣床增加特殊装置或附件后，分别具有靠模加工功能、自动变换工作台功能、自适应功能、数据采集功能等。数控铣床能通过数控程序的控制，自动完成铣削、镗削、钻孔、扩孔、铰孔、攻螺纹等多工序加工。**能够高精度、高效地完成平面内具有各种复杂曲线的凸轮、样板、弧形槽及各种形状复杂的曲面模具的自动加工。数控铣床主要还是用来铣削加工，其更适宜加工平面类、曲面类、变斜角类工件。**

数控铣床在结构上比普通铣床复杂。与数控车床等相比较，数控铣床能实现多坐标联动，控制刀具按数控程序规定的平面或空间轨迹运动，实现复杂轮廓的工件连续加工。数控铣床主轴部件具有自动紧刀、松刀装置，能快速完成刀具装卸，主轴部件刚度高、能传递较大扭矩带动刀具旋转。**多坐标数控铣床还具有回转、分度及绕 X、Y 或 Z 轴做一定角度摆动的功能，增加了数控铣床的加工范围。**

数控铣床采用的数控系统种类较多，下面介绍 BEIJING FANUC Oi-MC 数控系统的数控铣床加工。

1. 准备功能

BEIJING FANUC Oi-MC 数控系统常用 G 代码及功能见表 3-5。

表 3-5 常用数控铣床 G 代码功能表

代码	功能	说明	代码	功能	说明
G00	快速点定位	01 组	G54	工件坐标系 1	14 组
G01*	直线插补		G55	工件坐标系 2	
G02	顺时针圆弧(螺旋线)插补		G56	工件坐标系 3	
G03	逆时针圆弧(螺旋线)插补		G57	工件坐标系 4	
G04	程序暂停	00 组	G58	工件坐标系 5	
G15*	取消极坐标编程	17 组	G59	工件坐标系 6	
G16	极坐标编程		G65	调用宏程序	12 组
G17*	选择 XOY 平面	02 组	G66	模态调用宏程序	
G18	选择 XOZ 平面		G67	取消模态调用宏程序	
G19	选择 YOZ 平面		G68	图形旋转生效	16 组
G20	英制尺寸输入	06 组	G69	图形旋转撤销	
G21	米制尺寸输入		G73	钻深孔循环	09 组
G27	返回参考点的校验	00 组	G74	左旋攻螺纹循环	
G28	自动返回参考点		G76	精镗循环	
G29	从参考点返回		G80*	固定循环注销	
G40*	刀尖半径补偿取消	07 组	G81	钻孔循环(点钻循环)	
G41	刀尖半径左补偿		G82	钻孔循环(镗阶梯孔循环)	
G42	刀尖半径右补偿		G83	钻深孔循环	
G43	正向长度补偿	08 组	G84	攻螺纹循环	
G44	负向长度补偿		G85	镗孔循环	
G49*	取消长度补偿		G86	钻孔循环	
G50	比列缩放撤销	01 组	G87	反镗孔循环	
G51	比例缩放生效		G88	镗孔循环	
G53	机床坐标系	00 组	G89	镗孔循环	

(续)

代码	功能	说明	代码	功能	说明
G90*	绝对尺寸	03 组	G98	在固定循环中返回初始平面	00 组
G91	增量尺寸				
G92	坐标系设定	00 组	G99	返回到 R 点（在固定循环中）	
G94	每分进给	05 组			
G95*	每转进给				

2. 孔加工固定循环指令

固定循环通常是用含有 G 功能的一个程序段完成用多个程序段指令才能完成的加工动作，使程序得以简化。其常用参数的含义见表 3-6。

表 3-6　固定循环常用参数的含义

指定内容	地址	说　　明
孔加工方式	G	
孔位置数据	X、Y	指定孔中心在 XY 平面上的位置，定位方式与 G00 相同
孔加工数据	Z	孔底部位置（最终孔深），可以用增量或绝对尺寸编程
	R	孔切削加工开始位置（R 点），可以用增量或绝对尺寸编程
	Q	指定 G73、G83 深孔加工每次切入量或者 G76、G87 中偏移量
	P	指定在孔底部的暂停时间
	F	指定切削进给速度

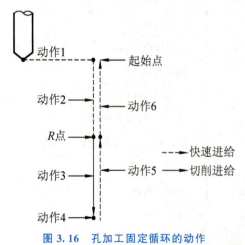

图 3.16　孔加工固定循环的动作

1）固定循环的动作

如图 3.16 所示，固定循环常由 6 个动作顺序组成。

（1）X、Y 平面快速定位。
（2）Z 向快速进给到 R 点。
（3）Z 轴切削进给，进行孔加工。
（4）孔底的动作。
（5）Z 轴退刀。
（6）Z 轴快速回起始位置。

2）孔加工固定循环编程格式

指令格式：G90/G91　G99/G98　G□□
X_ Y_ Z_ R_ Q_ P_ F_ K_ ；

G99、G98 为返回点平面指令，G99 指令返回到 R 点平面，G98 指令返回到初始点平面，如图 3.17 所示。

G90/G91 用绝对值或增量值指定孔的位置，刀具以快速进给方式到达 (X, Y) 点。

Z 为孔加工轴方向切削进给最终位置坐标值，在采用 G90 绝对值方式时，Z 值为孔底坐标值；在采用 G91 增量值方式时，Z 值规定为 R 点平面到孔底的增量距离，如图 3.18 所示。

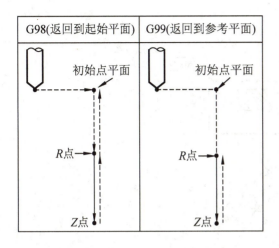

图 3.17 返回初始平面和参考平面

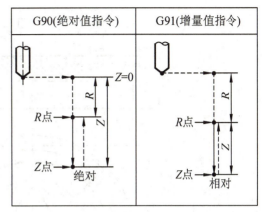

图 3.18 固定循环的绝对值指令和增量值指令

（1）点钻循环指令：G81。

指令格式：G81 X__ Y__ Z__ R__ F__；如图 3.19 所示。

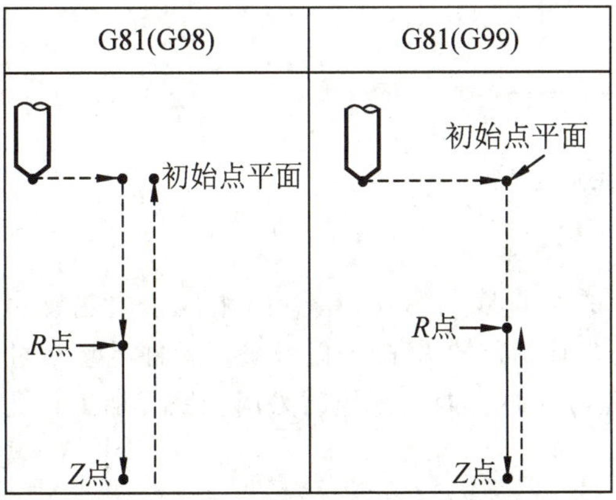

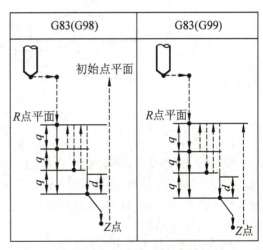

图 3.19 G81 钻孔加工固定循环动作示意

图 3.20 深孔钻削循环

（2）深孔钻削循环指令：G83。

指令格式：G83 X__ Y__ Z__ R__ Q__ F__；如图 3.20 所示。

深孔钻削循环指令 G83（也称啄式钻孔循环），Z 轴方向为分级、间歇进给，每次分级进给都使 Z 轴退到切削加工起始点（参考平面）位置，使深孔加工排屑性能更好。

Q 为每次的切入量，当第二次以后的切入时，先快速进给上次加工到达的底部位置处，然后变为切削进给。**钻削到要求孔深度的最后一次进刀量是进刀若干个 Q 之后的剩余量，它小于或等于 Q。Q 用增量值指令，必须是正值，即使指令了负值，符号也无效。**d 用系统参数设定，不必单独指令。

3. 数控铣床的加工实例

图 3.21 所示为数控铣床加工的工件。

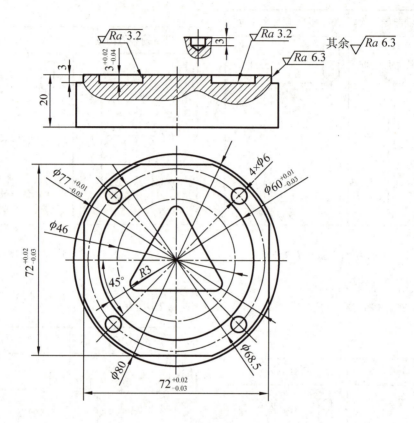

图 3.21　数控铣床加工工件

1）工艺分析

从图 3.21 可知，工件外轮廓由相距 72mm 的两直线与 ϕ77mm 圆弧组成，内轮廓由 ϕ60mm 内圆槽及带 R3mm 圆弧的三角形凸台和 4 个均布的 ϕ6mm 孔组成。工件毛坯尺寸为 ϕ80mm×20mm 的圆料，设计基准与工艺基准为圆心。内、外轮廓采用立铣刀加工，孔采用 ϕ6mm 钻头钻削。

2）走刀路线与工件坐标系确定

走刀路线安排，用立铣刀加工相距 72mm 的直线与 ϕ77mm 圆弧组成的外轮廓，用立铣刀斜切下刀铣 ϕ60mm 内圆槽，铣三角形凸台，铣多余金属，用钻头钻 ϕ6mm 的孔。

采用试切法对刀，工件坐标系原点确定在圆心上，Z 轴原点在工件上表面，设置工件坐标系 G54。

编写数控程序如下：

程序	说明
O3010;	主程序号
N10 G54 G90 G40 G00 X-40 Y-40 Z20 M03 S600;	调用工件坐标系，主轴转动
N20 Z5 M08;	快速下刀至工件表面上 5mm

N30 G41 G01 Z-36 Y-20 Z-2.8 D01 H01 F100;	刀具补偿 D01=4.2mm,H01
N40 M98 P3666;	调用子程序 O3666 粗加工外轮廓
N50 G00 Z50;	提刀
N60 G40 G00 X-40 Y-40;	取消刀补,移动到方便测量点
N70 M00;	暂停,测尺寸,调整刀具补偿值
N80 Z5;	下刀到 Z5
N90 G41 G01 X-36 Y-20 Z-3 D02;	螺旋下刀到 Z-3,刀补 D02=4mm
N100 M98 P3666;	调子程序 O3666,精加工外轮廓
N110 G00 Z5;	提刀 Z5
N120 G01 X0 Y0;	移动到坐标原点
N130 G01 X-10 Y-20 D03;	换刀补 D03=4.2
N140 G03 X0 Y-30 R10 Z-2.8;	螺旋下刀到 Z-2.8
N150 M98 P3366;	调子程序 O3366,粗加工内轮廓
N160 G00 Z50;	提刀,移动到方便测量点
N170 M00;	暂停,测尺寸,调整刀具补偿值
N180 G01 X-10 Y-20 Z2 D04;	下刀,刀补 D04=4mm
N190 G03 X0 Y-30 R10 Z-3;	螺旋下刀到 Z-3
N200 M98 P3366;	调子程序 O3366,精加工内轮廓
N210 G00 X0 Y0 Z200 G40;	取消刀补,移动到换刀点
N220 M00;	暂停,换钻头
N230 G00 Z50 H02;	下刀,调刀具长度补偿 H02
N240 M98 P3100;	调子程序 O3100,钻孔
N250 M05 M09;	主轴停转,冷却液关
N260 M30;	程序结束

子程序一

O3666;	子程序号(铣外轮廓)
N10 G01 X-36 Y13.65;	切直线
N20 G02 X-13.65 Y36 R38.5;	切圆弧
N30 G01 X13.65 Y36;	切直线
N40 G02 X36 Y13.65 R38.5;	切圆弧
N50 G01 X36 Y-13.65;	切直线
N60 G02 X13.65 Y-36 R38.5;	切圆弧
N70 G01 X-13.65 Y-36;	切圆弧,切出工件
N80 G02 X-38.5 Y0 R38.5;	返回加工坐标系原点,程序结束
N90 M99;	子程序结束

子程序二

O3366;	子程序号(铣内轮廓及三角形)
N10 G03 X0 Y-30 I0 J30;	切内圆 $\phi60mm$
N20 G03 X0 Y-11.5 R9.25;	圆弧切出,切入三角形底线中点
N30 G01 X-14.72 Y-11.5;	切到三角形底线左端
N40 G02 X-17.32 Y-7 R3;	切三角形左端圆角
N50 G01 X-2.6 Y18.5;	切三角形左斜线

N60 G02 X2.6 Y18.5 R3；	切三角形上端圆角
N70 G01 X17.32 Y-7；	切三角形右斜线
N80 G02 X14.72 Y-11.5 R3；	切三角形右端圆角
N90 G01 X0 Y-11.5；	切到三角形底线中点
N100 G03 X0 Y-24.5 R6.5；	走半圆切出三角形
N110 G01 X7.79 Y-24.5；	切出右下方多余金属
N120 G03 X25.11 Y5.5 R20；	切出右圆角处多余金属
N130 G01 X17.32 Y19；	切出右上方多余金属
N140 G03 X-17.32 Y19 R20；	切出上端圆角处方多余金属
N150 G01 X-25.11 Y5.5；	切出左上方多余金属
N160 G03 X-7.79 Y-24.5 R20；	切出右圆角处多余金属
N170 G01 X2 Y-24.5；	切出左下方多余金属
N180 M99；	子程序结束

子程序三

O3100；	子程序号（钻 ϕ6mm 孔）
N10 G81 G99 X24.218 Y24.218 F20；	钻右上方孔
N20 X-24.218 Y24.218；	钻左上方孔
N30 X-24.218 Y-24.218；	钻左下方孔
N40 G98 X24.218 Y-24.218；	钻右下方孔
N50 G80 X0 Y0 Z250；	取消钻孔固定循环
N60 M99；	子程序结束

3.7.3 数控铣削加工中心加工

加工中心是一种装备有刀库并能自动更换刀具对工件进行多工序加工的数控机床。加工中心是典型的集高新技术于一体的机械加工设备，已经成为现代数控机床发展的主流方向。应用加工中心加工工件可减少工件装夹、测量和机床调整时间，具有较好的加工一致性、较高生产率、较好的质量稳定性。加工中心适宜加工形状复杂、加工工序内容多、精度要求高的工件，以及在普通加工中需采用多台机床和多种刀具、夹具，并经多次装夹和调整的工件。铣削加工中心在工件一次装夹后，可按数控程序连续对工件自动进行铣削、镗削、钻孔、扩孔、铰孔、攻螺纹等多工序的加工。加工中心最适宜加工箱体类、复杂曲面类、外形不规则类、模具，以及多孔的盘、套、板类工件。

加工中心是在数控机床基础上增加了自动换刀装置和刀库，可实现自动换刀。一般加工中心带有自动分度回转工作台或主轴箱可自动改变角度，使工件一次装夹后，按数控程序完成多个平面或多个角度的多工序加工。带有交换工作台的加工中心，工件在加工位置的工作台上加工的同时，可在装卸位置工作台上装卸工件，生产效率高。

1. 数控铣削加工中心编程特点

由于装备了自动换刀装置和刀库，可实现自动换刀，编程中可以使用 M06 指令换刀，采用主、子程序编程，编程中安排 M00 暂停指令进行工件粗、精加工尺寸测量，便于实时调整刀具补偿值，保证加工精度。

2. 宏程序编程

用户宏程序是 FANUC 数控系统及相似产品中的特殊编程功能。**用户宏程序的实质与子程序相似,也是把一组实现某种特殊功能的指令,以子程序的形式事先存储在系统存储器中,通过宏程序调用指令 G65 或 M98 执行这一功能。**

普通加工程序直接用数值指定 G 代码和移动距离;例如,G01 和 X100.0。宏程序最大的特点就是用变量♯进行编程,并且可以用这些指令对变量进行赋值、运算等处理。

1) 变量♯

计算机允许使用变量名,用户宏程序不行。变量用变量符号(♯)和后面的变量号指定。例如:♯1,表达式可以用于指定变量号。此时,表达式必须封闭在括号中,例如:♯[♯1+♯2−12]。

变量根据变量号可以分成 4 种类型:

(1) 空变量。♯0,该变量总是空,没有值能赋给该变量。

(2) 局部变量。♯1−♯33,局部变量只能用在宏程序中存储数据,例如,运算结果。当断电时,局部变量被初始化为空,调用宏程序时,自变量对局部变量赋值。

(3) 公共变量。♯100−♯199、♯500−♯999,公共变量在不同的宏程序中的意义相同。当断电时,变量♯100−♯199 初始化为空。变量♯500−♯999 的数据保存,即使断电也不丢失。

(4) 系统变量。♯1000,系统变量用于读和写 CNC 运行时各种数据的变化,例如,刀具的当前位置和补偿值。

小数点的省略,当在程序中定义变量值时,小数点可以省略。例:当定义♯1=123;变量♯1 的实际值是 123.000。

当用表达式指定变量时,要把表达式放在括号中。例如:G01X[♯1+♯2] F♯3;被引用变量的值根据地址的最小设定单位自动地舍入。

说明:程序号、顺序号和任选程序段跳转号不能使用变量。下面是变量使用的错误用法:O♯1;/♯2G00X100.0;N♯3Y200.0。

2) 变量♯的运算

宏程序常用的运算表达式见表 3−7,运算可以在变量中执行,运算符右边的表达式可包含常量和/或由函数或运算符组成的变量。表达式中的变量♯j 和♯k 可以用常数赋值,左边的表达式也可以用表达式赋值。

表 3−7 宏程序的运算表达式

功　　能	运算表达式	备　　注
赋值	♯i=♯j	
加法	♯i=♯j+♯k	
减法	♯i=♯j−♯k	
乘法	♯i=♯j*♯k	
除法	♯i=♯j/♯k	
正弦	♯i=SIN [♯j]	
反正弦	♯i=ASIN [♯j]	
余弦	♯i=COS [♯j]	角度以度数指定,90°30′表示为 90.5°
反余弦	♯i=ACOS [♯j]	
正切	♯i=TAN [♯j]	
反正切	♯i=ATAN [♯j]	

(续)

功　能	运算表达式	备　注
平方根	♯i＝SQRT［♯j］	
绝对值	♯i＝ABS［♯j］	
舍　入	♯i＝ROUNND［♯j］	
自然对数	♯i＝LN［♯j］	
指数对数	♯i＝EXP［♯j］	

3）宏程序语句和 NC 语句

宏程序语句为：包含算术或逻辑运算的程序段；包含控制语句的程序段；包含宏程序调用指令的程序段。在宏程序语句中，有转移与循环操作语句 3 种：

（1）无条件转移（GOTO 语句）：转移到标有顺序号 n 的程序段，可用表达式指定顺序号，例如 GOTOn。

（2）条件转移（IF 语句）表达式：IF［＜条件表达式＞］GOTOn，如果条件表达式满足时，转移到标顺序号 n 的程序段，如果指定条件表达式不满足，执行下一个程序段。

（3）IF［＜条件表达式＞］THEN，如果条件表达式满足，执行预先决定的宏程序语句，只执行一个程序语句。

条件表达式必须包括运算符，运算符插在两个变量中间或变量和常数中间，并且用（［,]）封闭，表达式可以替代变量，常用运算符见表 3-8。

表 3-8　常用运算符

运算符	含　义
EQ	等于（＝）
NE	不等于（≠）
GT	大于（＞）
GE	大于等于（≥）
LT	小于（＜）
LE	小于等于（≤）

（4）循环（WHILE 语句）：在 WHILE 后指定一个条件表达式，当条件满足时，执行从 DO 到 END 之间的程序，否则，执行 END 后面的程序。

4）宏程序编程实例

用宏程序加工长轴为 96mm，短轴为 72mm，高度为 5mm 的椭圆柱体的程序如下：

O9832；
N10 G54 G90 S1500 M03；
N20 G00 X48 Y-12 Z1 G41 D01；
N30 G01 Z-5 F150；
N40 G02X36 Y0 R12；
N50 ♯101＝ 0；
N60 WHILE［♯101 LE 360］DO1；

N70 #102=36*cos[#101];
N80 #103=48*sin[#101];
N90 #101=#101+0.1;(角度变化量)
N100 G01 X#102 Y#103;
N110 END1;
N120 G02 X48 Y12 R12;
N130 G00 X100 Y100 Z200 G40;
N140 M05;
N150 M30;

3. 数控铣削加工中心的加工实例

用数控铣削加工中心加工如图 3.22 所示工件。

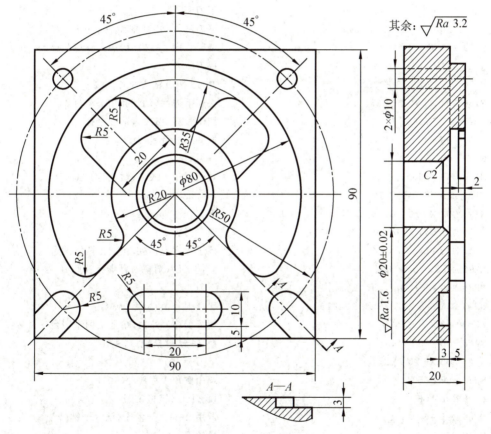

图 3.22　数控铣削加工中心加工工件

1) 工艺分析

工件毛坯尺寸为 90mm×90mm，其图形由 5mm 高的圆环形凸台、两个 2mm 深的凹台、两个 ϕ10mm 通孔、一个需倒角的 ϕ20mm 通孔和 3 个键槽组成，需要进行铣削、钻削、倒角、铰孔多工序。

2) 工序顺序与工件坐标系确定

工件的加工顺序为用 ϕ20mm 立铣刀铣削加工圆环凸台，用 ϕ9.8mm 钻头钻削 3 个孔，

用 φ20mm 扩孔钻扩孔，用 φ8mm 立铣刀铣凹台，用 φ8mm 键槽铣刀倒 φ20mm 的 C2 角（使用宏程序），用 φ10mm 键槽铣刀铣 3 个键槽。

工件坐标系的原点选在工件上表面中心位置，设为坐标系 G54。

编写工件数控程序如下：

O6001；	主程序号
N10 G54 G90 G40 M06 T01 H01；	工件坐标系,换 φ20mm 立铣刀,H01
N20 M03 S500 G00 X80 Y-80 Z-4.8；	快速下刀 Z=-4.8mm,主轴正转
N30 G01 G41 Y-27 D01 F200；	左刀补 D01=10.2mm
N40 M98 P6101；	调用子程序 O6101 粗加工环形凸台
N50 G00 Z50；	提刀
N60 G40 G00 X-80 Y-80；	取消刀补,移动到方便测量点
N70 M00；	暂停,测尺寸,调整刀具补偿值
N80 Z5；	下刀到 Z5
N90 G01 G41 Y-27 Z-5 D02；	下刀到 Z-5,刀补 D02=10mm
N100 M98 P6101；	调子程序 O6101,精加工环形凸台
N110 G00 Z200；	提刀
N120 M06 T02 G43 H02；	换 φ9.8mm 钻头 T02,H02
N130 G00 X0 Y0 Z30 S500；	快速下刀,移动到孔中心坐标
N140 M98 P6201；	调子程序 O6201,钻 3 个孔
N150 M06 T03 G43 H03；	换 φ20mm 钻头 T03,H03
N160 G00 Z30；	下刀
N170 M98 P6301；	调子程序 O6301,钻孔至 φ20mm
N180 M06 T04 G43 H04；	换 φ8mm 立铣刀
N190 G00 X0 Y0 Z-1.8 ；	下刀
N200 G01 G41 X12.73 Y0 D03F150；	建立刀补 D03=4.2mm
N210 M98 P6401；	调子程序 O3366,粗加工两个凹台
N220 M00；	测量工件,调整刀具半径补偿值
N230 G00 X0 Y0 Z-1.8；	下刀
N240 G01 G41 X12.73 Y0 D04F150；	建立刀补 D03=4.0mm
N250 M98 P6301；	调子程序 O6301,精加工两个凹台
N260 M06 T05 H05；	换 φ8mm 键槽铣刀,H05
N270 G00 X0 Y0 Z-2；	下刀
N280 M98 P6501；	调用倒角子程序 O6401
N290 M06 T06 ；	换 φ10mm 键槽铣刀
N300 M98 P6601；	调用 O6501 子程序,铣 3 个键槽
N310 M06 T07；	换铰刀
N320 98 P6701；	调用子程序 O6601
N330 M30；	程序结束

子程序一

O6101；	子程序号(铣圆环凸台)
N10 X-41；	铣下方直线,去除多余金属
N20 Y23.5；	铣左方直线,去除多余金属

N30 X-23.5 Y41；	铣左上方直线，去除多余金属
N40 X23.5；	铣上方直线，去除多余金属
N50 X41 Y23.5；	铣上方直线，去除多余金属
N60 Y-41；	铣右方直线，去除多余金属
N70 X17.32 Y-17.32；	铣凸台斜线
N80 G02 X16.68 Y-11.03 R5；	铣角
N90 G03X-16.68 Y-11.03 R-20；	铣凸台内圆
N100 G02 X-17.32 Y-17.32 R5；	铣圆角
N110 G01 X-24.49 Y-24.49；	铣凸台斜线
N120 G02 X-32.03 Y-23.95 R5；	铣圆角
N130 X32.03 Y-23.95 R-40；	铣凸台外圆
N140 X24.49 Y-24.49 R5；	铣圆角
N150 G01 X10 Y-10；	铣出凸台
N160 Z50；	提刀
N170 G00 G40 X0 Y0；	回原点，取消半径补偿
N180 M99；	子程序结束

子程序二

O6201；	子程序号（钻 3 个 ϕ10mm 孔）
N10 G99 G73 X0 Y0 Z-24 R10 Q4F 60；	钻中圆孔
N20 X35.36 Y35.36；	钻右上方圆孔
N30 X-35.36；	钻左上方圆孔
N40 G80 G00 Z30；	取消钻孔循环
N50 M99；	子程序结束

子程序三

O6301；	子程序号（钻 ϕ20mm 孔）
N10 G81 Z-25 F20；	钻 ϕ20mm 孔
N20 G80 Z50 F400；	取消钻孔循环
N30 M99；	子程序结束

子程序四

O6401；	子程序号（铣两个凹台）
N10 X27.39 Y14.66；	铣右凹台右直面
N20 G03 X27.83 Y21.23 R5；	铣圆角
N30 X21.23 Y27.83 R35；	铣凹台大圆角
N40 X14.66 Y27.39 R5；	铣圆角
N50 G01 X0 Y12.73；	铣右凹台左侧直面
N60 X-14.66 Y27.39；	铣左凹台右直面
N70 G03X-21.23Y27.83R5；	铣圆角
N80 X-27.83 Y21.23 R35；	铣凹台大圆角
N90 X-27.39 Y14.66 R5；	铣左凹台左直面
N100 G01 X-12.73 Y0；	铣出凹台
N110 G01 G40 X0；	取消刀补

N120 X18 Y18;	铣右凹台中间多余金属
N130 X0 Y0;	退刀
N140 X-18 Y18;	铣左凹台中间多余金属
N150 X0 Y0;	退刀
N160 Z100;	提刀
N170 M99;	子程序结束

子程序五

O6501;	子程序号(铣φ20mm孔的C2倒角)
N10 #101=10;	中心孔半径
N20 #102=2;	倒角Z向深度
N30 #103=45;	倒角线与垂直线夹角
N40 #104=0;	深度循环变量
N50 #105=4;	刀具半径
N60 #108=0.1;	每次高度递增0.1
N70 #107=#101-#105;	第一层切到工件时刀具中心与孔中心的距离
N80 WHILE [#104 LE #102] DO1;	
N90 #106=#104*TAN [#103];	倒角X向偏移量
N100 G01X [#107+#106-#105] Y-#105F400;	每层初始切入点X、Y坐标
N110 G01Z [-#102+#104];	每层初始切入点Z坐标
N120 G03X [#107+#106] Y0R#105;	1/4圆弧切入
N130 G03I-[#107+#106];	每层整圆加工
N140 G03X [#107+#106-#105] Y#105R#105;	1/4圆弧切出
N150 #104=#104+#108;	循环变量递增
N160 END1;	
N170 G00 Z50;	提刀
N180 M99;	子程序结束

子程序六

O6601;	子程序号(铣键槽)
N10 G40 G43 H06 G00 X60 Y-60 Z50;	下刀点
N20 G01 Z-8 F50;	下刀
N30 G01 X35.36 Y-35.36;	铣右键槽
N40 Z5;	提刀
N50 G00 X10 Y-35;	中间键槽下刀点
N60 G01 Z-8;	下刀
N70 X-10;	铣槽
N80 Z5;	提刀
N90 G00 X-35.36 Y-35.36;	左键槽下刀点
N100 G01 Z-8;	下刀
N110 X-60 Y-60;	铣槽
N120 G00 Z50;	提刀
N130 G00 X0 Y0;	回原点
N140 M99;	子程序结束

子程序七

```
O6701;                              子程序号(铰2个φ10mm孔)
N10 G40G43H07G00X35.36Y35.36Z50;    下刀点
N20 G99 G81 Z-22 R5 F50;            铰右孔
N30 X-35.36;                        铰左孔
N40 G80 G00 Z50;                    取消固定循环
N60 M99;                            子程序结束
```

3.8 数控特种加工技术

数控特种加工技术包括数控电火花加工、数控电火花线切割加工、数控电化学加工、数控激光加工、数控射流加工等有关技术，本节主要介绍数控电火花加工及数控电火花线切割加工技术。

3.8.1 数控电火花加工机床的组成

【参考视频】

电火花加工的原理及应用见本书3.1节。电火花数控加工机床在提高精度和自动化程度同时，向小型化发展。能提高零件加工精度，类似于加工中心的精密多功能微细电火花加工机床，可实现电火花电极磨削加工、电火花复杂形状微细孔加工及电火花铣削加工等功能，并正向实现微细电火花三维形体加工发展。

为提高自动化程度，多轴联动数控电加工机床发展趋势是集多功能于一体，这些功能包括旋转分度、自动交换电极、自动放电间隙补偿、电流自适应控制以及加工规准的实时智能选择等，从而实现从加工规准的选择到零件的加工全过程自动化。

1. 电火花成形加工机床的组成

如图3.23所示，**数控电火花成形加工机床组成包括机床本体、脉冲电源和数控系统、伺服进给系统、工作液循环过滤系统四大部分。**

1) 机床本体

机床本体由床身和立柱、工作台和控制工件与工具电极之间的放电间隙的主轴头组成。主轴头是电火花加工机床的一个关键部件，由伺服进给机构、导向机构、辅助机构三部分组成。

2) 脉冲电源和数控系统

脉冲电源的作用是把工频交流电转换成一定频率的单向脉冲电源，以供给火花放电间隙所需要的能量来蚀除金属。数控系统是数控电加工机床的核心部分，根据数控程序当中指令完成电加工和机床辅助动作。

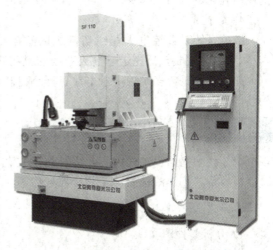

图3.23 常见的数控电火花加工机床

3）伺服进给系统

与数控机床的伺服进给系统类似。

4）工作液循环过滤系统

电火花加工的工作液循环过滤系统包括工作液泵、容器、过滤器及管道、管接头等，使工作液（主要是煤油）强迫循环并过滤。

2. 电火花线切割加工机床的组成

数控电火花线切割机床主要由机床本体、脉冲电源、数控系统、工作液循环系统等组成。**根据电极丝的运动速度可以分为高速（7～10m/s）走丝（快走丝）和低速（低于0.2m/s）走丝（慢走丝）机床。**

1）机床本体

机床本体是由床身、坐标工作台、运丝机构、丝架、工作液箱、附件和夹具等组成。

床身是机床的基础件，决定机床的基础精度。坐标工作台由 X、Y 向组成的十字拖板、滚动导轨、丝杠传动副组成，在伺服电动机驱动下完成 X、Y 坐标组成的各种平面图形。

运丝机构的作用：高速走丝机床上，将电极丝卷绕在储丝筒上，采用恒张力装置控制电极丝张力，同时控制机床加工一段时间后电极丝伸长的变化。储丝筒通过联轴节与驱动电动机相连。为往复使用一段电极丝，驱动电动机由换向机构控制正反转。在运动过程中，电极丝由丝架支撑，并依靠上下导轮保证电极丝与工作台垂直或倾斜的角度（锥度切割）。

进行模具锥度加工时，下丝架固定不动，上丝架沿 X、Y 轴移动一定距离形成了 U、V 轴。

2）脉冲电源

数控电火花线切割机床的脉冲电源的脉宽较窄（2～60μs），单个脉冲能量下的平均峰值仅为1～5A，所以电火花线切割加工一般采用正极加工。

3）工作液循环系统

工作液的作用是冷却电极、工件，排除电蚀产物。工作液种类的选择是：低速走丝电火花线切割机床大多采用去离子水作为工作液；高速走丝电火花线切割机床大多采用线切割专用乳化液作为工作液。

4）数控系统

数控系统是数控电火花线切割机床的控制核心，由运算器、数控装置、译码器及输入/输出线路组成。低速走丝电火花线切割机床采用伺服电动机闭环控制系统；高速走丝电火花线切割机床多采用步进电动机开环控制系统。数控系统实现运动轨迹控制与加工过程控制。

3.8.2　数控线电火花切割加工工艺

数控线切割加工工艺内容：零件图的工艺分析、工艺准备。工艺准备包括工件准备、线电极准备、工作液选配、工艺参数选择等内容。

1. 零件图的工艺分析

1）分析零件图样

根据电火花线切割加工过程中工艺要求，选择电火花线切割加工可以加工的零件，即能够满足的零件形状结构、尺寸精度和表面粗糙度。重点分析凹角、尖角及过渡圆角半径。

2) 编制数控程序

根据加工工艺，同时考虑工件精度和提高生产效率确定切割路线，外轮廓宜采用顺时针切割方向，对于工件上的孔等内轮廓宜采用逆时针切割方向，计算相关偏移量，确定过渡圆角半径，根据数控编程指令编制数控程序。

2. 工件加工前准备

准备工作内容为确定工件作为电源正极进行切割加工；工件加工前应进行热处理，消除内部残余应力，并进行去磁处理；工件合理装夹，避免电极丝碰到工作台，并对工件进行基准校准；合理选择穿丝孔位置，一般放在容易修磨的凸尖位置。

3. 线电极准备

1) 线电极材料的选择

常用的线电极材料有钼丝、钨丝、黄铜丝等，常用线电极特性见表3-9。

表3-9 各种电极丝的特点

材料	线径/mm	特　点
纯铜	0.1~0.25	适合于切割速度要求不高或精加工时用。丝不易卷曲，抗拉强度低，容易断丝
黄铜	0.1~0.3	适合于高速加工，加工面的蚀屑附着少，表面粗糙度和加工面的平直度也比较好
专用黄铜	0.05~0.35	适合于高速、高精度和理想的表面粗糙度加工及自动穿丝，但价格高
钼	0.06~0.25	由于其抗拉强度高，一般用于快走丝，在进行微细、窄缝加工时也可用于慢走丝
钨	0.03~0.10	由于抗拉强度高，可用以各种窄缝的微细加工，但价格昂贵

2) 线电极直径的选择

线电极的直径应根据工件加工的切缝宽窄、工件厚度及拐角尺寸大小等进行选择。如加工带尖角、窄缝的小型模具宜选用较细的电极丝；加工厚度大的工件或进行大电流切割，则应选用较粗的电极丝，具体选择依据见表3-10。

表3-10 线径与拐角极限和工件厚度的关系　　　　　　（单位：mm）

线电缆直径 d	拐角极限 R_{min}	切割工件厚度
钨0.05	0.04~0.07	0~0.10
钨0.07	0.05~0.10	0~0.20
钨0.10	0.07~0.12	0~0.30
黄铜0.15	0.10~0.16	0~0.50
黄铜0.20	0.12~0.20	0~100
黄铜0.25	0.15~0.22	0~100

4. 工作液选配

工作液对切割速度、表面粗糙度、加工精度等都有较大影响，应合理选择。常用工作液有乳化液和去离子水。**快速走丝加工常用乳化液，厚大工件，乳化液浓度应降低，增加工作液的流动性；工件较薄时，工作液的浓度应适当提高。**乳化液是由乳化油和工作介质（浓度为5%~10%）配制。工作介质可用自来水、高纯水和磁化水。**慢速走丝使用去离子水。**为了提高切割速度，在加工时要加进提高切割速度的导电液以增加工作液的电阻率。加工淬火钢，使电阻率在 $2×10^4 Ω·cm$ 左右；加工硬质合金，电阻率在 $3×10^5 Ω·cm$ 左右。

5. 工艺参数的选择

电火花线切割工艺参数包括脉冲电源为主的电参数、线电极的张力及走丝速度，工作台的进给速度及工作液的电阻率（或浓度）、流量及压力大小等。

脉冲参数主要有电流峰值、脉冲宽度、脉冲间隔、空载电压、放电电流等。选择原则是：如果要获得好的表面粗糙度时，所选用的电参数要小；如果要求较高的切割速度，选用的电参数要大一些，但加工电流的大小受排屑条件和电极丝截面限制，防止断丝。快速走丝线切割加工脉冲参数的选择见表3-11。

表3-11 快走丝线切割加工脉冲参数的选择

应 用	脉冲宽度 t_i/μs	电流峰值	脉冲间隔 t_0/μs	空载电压/V
快速切割加工	20~40	>12	为实现稳定加工，一般选择 t_0/t_i = 3~4	一般为70~90
半精加工 Ra=2.5~1.25μm	6~20	6~12		
精加工 Ra<1.25μm	2~6	<4.8		

当需要多次加工时的电参数选择见表3-12。

表3-12 多次切割加工参数选择

条 件		薄 工 件	厚 工 件
空载电压/V		80~100	
峰值电流/A		1~5	3~10
脉宽/间隔		2/5	
电容量/μF		0.02~0.05	0.04~0.2
加工进给速度/(mm/min)		2~6	
线电极张力/N		8~9	
偏移量增范围/min	开阔面加工	0.02~0.03	0.02~0.06
	切槽中加工	0.02~0.04	0.02~0.06

3.8.3 数控电火花线切割编程指令与加工实例

1. 数控电火花线切割编程指令

1）标准 ISO 数控编程指令

数控电火花线切割加工常用指令，见表3-13。

表 3-13　数控电火花线切割加工常用的 G 指令和 M 指令代码

代码	功能	代码	功能
G00	快速定位	G55	加工坐标系 2
G01	直线插补	G56	加工坐标系 3
G02	顺圆插补	G57	加工坐标系 4
G03	逆圆插补	G58	加工坐标系 5
G05	X 轴镜像	G59	加工坐标系 6
G06	Y 轴镜像	G80	接触感知
G07	X、Y 轴交换	G82	半程移动
G08	X 轴镜像，Y 轴镜像	G84	微弱放电找正
G09	X 轴镜像，X、Y 轴交换	G90	绝对尺寸
G10	Y 轴镜像，X、Y 轴交换	G91	相对尺寸
G11	Y 轴镜像，X 轴镜像，X、Y 轴交换	G92	定起点
G12	取消镜像	M00	程序暂停
G40	取消间隙补偿	M02	程序结束
G41	左偏间隙补偿	M05	接触感知解除
G42	右偏间隙补偿	M96	主程序调用文件程序
G50	取消锥度	M97	主程序调用文件结束
G51	锥度左偏	W	下导轮到工作台面高度
G52	锥度右偏	H	工件厚度
G54	加工坐标系 1	S	工作台面到上导轮高度

完整的 ISO 格式加工程序是由程序名、程序主体（若干程序段）指令和程序结束指令组成，例如：

K55；
N10 G92 X0 Y0；
N20 G01 X1000 Y1000；
N30 G01 X8000 Y5000；
N40 G01 X2500 Y2500；
N50 G01 X0 Y0；
N60 M02；

程序名——由文件名和扩展名组成。K55 为程序文件名。扩展名最多 3 个字母，如 K55.ISO。

X1000 为移动距离，单位为 μm，代表 X 轴移动 1mm。如 X10，代表 X 轴移动 10mm。G92 X0 Y0 确定加工起点坐标位置。

2) 3B 格式编程

3B/4B 的编程格式是我国独创的一种编程格式，其中 3B 代码编程格式常用于快速走丝机床，而 4B 格式多用于慢速走丝机床，主要介绍 3B 编程格式。

程序格式：B X B Y B J G Z；

其中：B 为分隔符，该程序格式中出现了 3 个 B，故称为 3B 格式；

X、Y 为相对坐标；

J 为加工线段的计数长度；

G 为加工线段的计数方向；

Z 为加工指令；

例：B3000 B1000 B3000 GX L1；

(1) 坐标系和 XY 的确定方法。数控电火花线切割加工属于平面加工，可将工作台面作为坐标平面。面向机床，左、右为 X 坐标，右为正向；前、后为 Y 坐标，前为正向。

编程采用相对坐标系，即加工原点随程序移动，加工直线时，坐标原点为加工线段起点，X、Y 坐标值是线段终点坐标。加工圆弧时，坐标原点为圆弧的圆心坐标，X、Y 坐标值是圆弧的起点坐标。X、Y 坐标值的单位为微米(μm)，坐标值的负号不写。

(2) 计数方向 G 的确定方法。加工直线时，终点靠近 X 轴，计数方向就取 X 轴，记作 GX，反之记作 GY；如果加工直线与坐标轴成 45°，则取 X 轴或 Y 轴均可。

加工圆弧时，终点靠近 X 轴，则计数方向必须选 Y 轴，反之取 X 轴；倘若加工圆弧的终点坐标与坐标轴成 45°时，则取 X 轴或 Y 轴均可。

(3) 计数长度 J 的确定方法。计数长度是被加工的线段或圆弧在计数方向坐标轴上的投影的绝对值总和，单位为微米(μm)。

(4) 加工指令 Z 的确定方法。加工直线时有 4 种指令：L1、L2、L3、L4，如图 3.24 所示。当直线在第 Ⅰ 象限(包括 X 轴正方向而不包括 Y 轴)时，加工指令记作 L1；当直线在第 Ⅱ 象限(包括 Y 轴而不包括 X 轴负向)时，加工指令记作 L2；L3、L4 依此类推。

加工顺时针圆弧时有 4 种加工指令：SR1、SR2、SR3、SR4，如图 3.25 所示。当圆弧起点在第 Ⅰ 象限(包括 Y 轴而不包括 X 轴正方向)时，加工指令记作 SR1；当圆弧起点在第 Ⅱ 象限(包括 X 轴而不包括 Y 轴正方向)时，加工指令记作 SR2；SR3、SR4 依此类推。

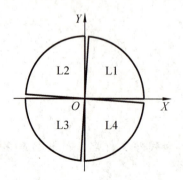

图 3.24　加工直线时的指令范围

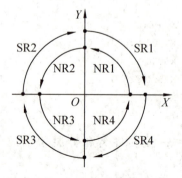

图 3.25　加工圆弧的指令范围

加工逆时针圆弧时有 4 种加工指令：NR1、NR2、NR3、NR4，如图 3.25 所示。当圆弧起点在第 Ⅰ 象限（包括 X 轴而不包括 Y 轴正方向）时，加工指令记作 NR1；当圆弧起点在第 Ⅱ 象限（包括 Y 轴而不包括 X 轴负方向）时，加工指令记作 NR2；NR3、NR4 依此类推。

2. 数控电火花线切割加工实例

1) 加工工艺性分析

图 3.26 为工件加工图。工件尺寸为 75mm×70mm，毛坯尺寸为 85mm×80mm，工件厚度为 1.2mm。对刀位置必须设在工件之外，以点 $G(-35,-15)$ 作为起刀点，$A(-20,-15)$ 点作为起割点，为便于计算编程时不考虑钼丝直径，走刀顺序为逆时针方向。

【参考图文】

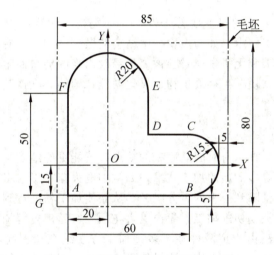

图 3.26 数控电火花线切割加工工件

2) 编制加工程序

数控电火花线切割加工程序（ISO 编程指令）如下：

```
G92 X-20000 Y-1500;           以 O 点为原点建立工件坐标系的起刀点坐标
G01 X15000 Y0;                从 G 点走到 A 点，A 点为起割点
G01 X60000 Y0;                从 A 点到 B 点
G03 X0 Y30000 I0 J15000;      从 B 点到 C 点
G01 X-20000 Y0;               从 C 点到 D 点
G01 X0 Y20000;                从 D 点到 E 点
G03 X-20000 Y0 I-20000 J0;    从 E 点到 F 点
G01 X0 Y-50000;               从 F 点到 A 点
G01 Z-1.1;                    加工方向为 Z 向，加工深度 1.1mm
G01 X-15000 Y0;               从 A 点回到起刀点 G
M00;                          程序结束
```

3.9 特种加工技术与数控加工技术的发展趋势

3.9.1 特种加工技术的发展趋势

当今,机械制造学科的结构和内容已经发生了重大变革,它融合了数学、材料、微电子、信息、管理等科学技术的最新成果,使自己焕发出了蓬勃生机,继续维持着自身在人类社会中的支柱地位。特种加工技术将因其广泛而普遍的使用,显得不再特殊,而成为制造业的一种常规加工技术。基于成熟与完善的各种加工技术,特种加工技术还将进一步的发展。

1. 继续引进其他学科的研究成果

它山之石可攻玉,创新的路上要善于发现新的契机,为我所用。随着其他学科的发展,涌现出一些新的加工技术,如与生物技术结合的微生物加工。有种氧化铁硫杆菌,它们依赖空气中的二氧化碳和无机物(如铁)被氧化释放出来的能量而生存繁衍,从某种意义上讲,这是一类靠"吃铁块"生存的生物,氧化铁硫杆菌的"吃铁"特性就可以转化成微生物加工方法。

2. 各加工手段重新整合

单一原理的特种加工技术有时因其固有的缺点,不能更好地满足加工的要求。人们将对其重新整合,开发出更多的新的加工技术,如微细电火花加工。将普通电火花的放电电路加以改进,使放电能量降到原来的百分之一,从而使加工精度达到微米级、表面粗糙度达到超微米级。如超声振动切削加工、超声电火花加工、超声电解加工、超声调制激光打孔等。这些复合加工方法由于把两种甚至多种加工方法结合在一起,起到取长补短的作用,使加工效率、加工精度及加工表面质量能显著提高,因此越来越受到人们的重视。

3. 融入先进生产模式

特种加工已与数控技术有了紧密的联系,如快速原型技术的激光束运动,以及几乎所有的进给运动。随着科学技术的发展,制造技术除了寻求微细加工尺寸的极限外,还无止境进地追求更高水平的加工自动化。特种加工未来除了与微电子、信息处理技术融合,进一步充实柔性制造自动化技术,还将因工商管理学科的发展,促进计算机集成制造系统的完善,而成为先进生产模式的重要部分。

3.9.2 数控加工技术的发展趋势

为进一步提高加工效率、降低成本,提高零件的表面加工质量,缩短产品的研究与制造周期,加速产品的更新换代,近年来,生产制造技术的发展重点转移到中小批量生产领域中,这就要求数控机床的功能必须向高速、高效、高精度、智能化、工序集中化、环保等方面发展。

1. 高速

要实现高速加工,数控机床就应该满足高速主轴的高稳定、高刚度、良好冷却;精确的热补偿系统;高速处理能力的控制系统(具有 NURBS 插补功能和预处理能力的控制系统)。

高速加工时，数控机床主轴转速应达到 12000～40000r/min，进给速度应达到 20～40m/min 以上，快速移动速度应达到 80m/min；加速度达到 1g（g 为重力加速度，g=9.80665m/s²）。

在数控机床高速化上，国外直线电动机驱动技术应用于进给驱动已实用化、普及化；主轴转速一般都在 10000r/min 以上，快移速度也因普遍采用直线电机而提高到 100m/min 以上，很多机床的直线运动加速度达到 1g～2g，少数可达 3g 以上。如瑞士的 MIKRON 公司生产的 HSM 立式加工中心，在主轴转速为 30000r/min（12.5kW）、进给速度为 40m/min、加速度为 17m/s² 的情况下，实现平稳运行。

高速切削加工正与硬切削加工、干切削和准干切削加工以及超精密切削加工相结合；正从铣削向车、钻、镗等其他工艺扩展；同时也正向较大切削负荷方向发展。

2. 高效

缩短换刀时间；采用新的刀库和换刀机械手，使选刀动作与机动时间重合；采用多种形式交换工作台，使装卸工件时间与机动时间重合，同时缩短工作台交换时间；采用脱机编程、图形模拟技术，实现前台加工、后台程序输入与编辑，缩短新的加工程序在机调试时间；采用快换夹具、刀具装置以及实现对工件原点快速确定等措施，缩短机床调整时间。

在加工过程中有大量的时间消耗，希望将不同的加工功能整合在同一台数控机床上，因此，复合功能的机床成为近年来发展很快的机种。

3. 高精度

工件的加工精度主要取决于机床精度、编程精度、插补精度和伺服精度。高速高精度数控机床应具有高的切削速度、高进给速度和加速度，同时应当具有微米级的加工精度。在高精度机床领域，直线电动机驱动和滚珠丝杠驱动方式虽然还会并存相当长一段时间，但总的趋势是直线电动机驱动所占比例越来越大，很有可能在不久的将来成为此种机床进给驱动的主流。

当前，在数控机床精密化方面，美国的水平最高，不仅生产中小型精密机床，而且由于国防和尖端技术的需要，研究开发了大型精密机床。其代表产品有 LLNL 实验室研制成功的 DTM-3 型精密车床和 LODTM 大型光学金刚石车床，它们是世界公认水平最高的、达到当前技术最前沿的大型精密机床。我国北京机床研究所也研制成功了 JCS-027 型超精密车床、JCS-031 型超精密铣床、JCS-035 型数控超精密车床等。

4. 智能化

智能机床是指加工过程中数控机床能模拟人类专家的智能活动，能对制造过程主动做出最优运动决策的机床。智能机床将为实现全盘自动化创造条件，减少机床管理的工作量，并能获得最大功效和稳定的加工精度。

日本 MAZAK 公司的日本工厂是世界上为数不多的智能管理的代表。整个工厂实行计算机网络智能化管理。2006 年在美国 IMTS 和日本 JIMTOF 的国际机床展览会上，日本 MAZAK 公司展出智能机床具有自动抑制振动、优化控制热位移、防止碰撞的智能安全防护及语音提示四大智能。智能机床已取得了突破性的进展，预见在今后 10 年内它将在不断完善的基础上逐步推广应用，成为高档数控机床的一个主要技术发展方向。

5. 工序集中化

将多工序集中在一台数控机床上，减少了由于工序分散、工件多次装夹引起的定位误差，提高加工精度，同时能有效提高生产效率和数控机床加工的经济效益，已成为数控机床技术重要的发展方向。

以工序集中为目标，数控机床必须以功能复合为手段，将不同的加工功能整合在同一台数控机床上。近几年，数控机床复合在向更高层次发展。

国际上已经出现了加工中心与车削中心复合机床，加工中心与激光加工复合机床，集车、磨、铣、钻、铰、镗、滚齿等工序于一体的车磨复合机床，集平磨、内圆磨、外圆磨为一体的磨削中心，集各种机床及测量机于一体的虚拟轴机床，五轴联动激光切割机等。

6. 环保

随着人们环境保护意识的加强，不仅要求在机床制造过程中不产生对环境的污染，也要求在机床的使用过程中不产生二次污染。在这种形势下，装备制造领域对机床提出了无冷却、无润滑、无气味的环保要求，机床的排屑、除尘等装置也发生了深刻的变化。绿色加工工艺越来越受到机械制造业的重视，目前在欧洲的大批量机械加工中，已有10％～15％的加工实行了干切削或准干切削。

我国干切削技术的研究也已起步。成都工具研究所、山东工业大学和清华大学等单位对超硬刀具材料（如陶瓷、立方氮化硼、金刚石等）及刀具涂层技术进行过系统的研究，并取得了不少的研究成果。北京机床研究所开发成功的KT系列加工中心已能实现高速干切削。

现代制造技术向着高速、高效、高精度方向发展，数控机床向着高速、高精度、智能化方向发展，数控机床将是集现代先进制造技术、计算机技术、通信技术、控制技术、液压气动技术、光电技术于一体，具有高效率、高精度、高自动化、高柔性特点的数字化控制技术与精密制造技术有机结合的机电一体化产品。

小　　结

本章简单介绍了几种有一定代表性的特种加工技术及数控加工技术。特种加工的提法主要是有别于传统的硬碰硬（工具比工件硬）、力对力（切削力大于材料分子间引力）的去除材料加工方法。特种加工是一个宽泛的概念，本身还在不断发展中，不能简单地说包含有几种加工模式；对于工程训练或金工实习，数控加工实习是其重要内容之一，也是为以后走上工作岗位做好准备。因此，数控加工的基础知识及编制简单的数控车、铣及电火花加工程序，是本章要求掌握的重点内容。

囿于现有技术只会使人故步自封，有志于从事机械制造的同学们不要因从事机械而变得头脑"机械"，要知其然更要知其所以然。学校只能学到现有技术的皮毛，掌握真正的技术要投身于实际生产中去，更多的知识与技术有待有志者未来的发现与创新。

在未来人人都会计算机操作的时代，现在热门的只要一台计算机与互联网连接就有望成功的信息业，以及其他四肢不勤、学习成本较低的行业将会成为门槛较低的行业，竞争是可以想象的激烈。而在未来讲究精细化的机械制造业，不再是人们心目中的只要四肢健全、稍有文化的普通人就能从事的低门槛行业。在需要专业知识、设备实体、经验、技术的行业里，如果不接触到实际设备，不从实践中获取经验，那就很难学有所成。有机会亲身体验的同学，您会把握机会吗？

复习思考题

3.1 特种加工技术自测题

【参考答案】

一、简述题（每小题 10 分，共 100 分）
1. 特种加工与传统切削加工方法在加工原理上的主要区别有哪些？
2. 电火花加工必须解决的问题有哪些？
3. 简述电火花加工用的脉冲电源的作用和输出要求。
4. 简述快走丝线切割机床的工作过程。
5. 简述电化学反应加工的基本原理。
6. 简述激光加工的基本原理。
7. 简述电子束加工原理。
8. 简述离子束加工原理。
9. 简述超声波加工的原理。
10. 简述快速成型技术（RP）的原理。

3.2 数控特种加工技术自测题

【参考答案】

一、简述题（每小题 5 分，共 50 分）
(1) 数控机床主要由哪几部分组成？
(2) 数控机床的特点是什么？
(3) 简述数控编程的步骤。
(4) 数控机床插补过程中的 4 个节拍是什么？
(5) 简述刀具补偿功能的作用。
(6) 简述刀位点、起刀点和换刀点的区别。
(7) 刀库的作用是什么？有哪些形式？
(8) 简述交流伺服电动机为什么将取代直流伺服电动机调速？
(9) 数控机床按伺服系统分哪几类？
(10) 现代数控机床的发展有哪些特点？

二、编程题（1、2 小题每题 10 分，3、4 小题每题 15 分，共 50 分）
(1) 编写图 3.27 所示零件的精加工程序，编程原点建在左下角的上表面，用左刀补。（10 分）

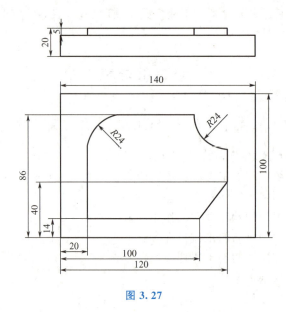

图 3.27

(2) 编写图 3.38 所示零件的精加工程序。工件坐标系原点建在工件右端面中心。(10 分)

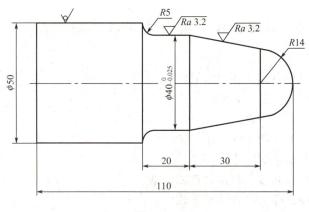

图 3.28

(3) 用子程序编写图 3.29 所示零件的加工程序。工件毛坯直径为 30mm，用 2mm 宽的割刀，工件坐标系原点建在工件右端面中心。(15 分)

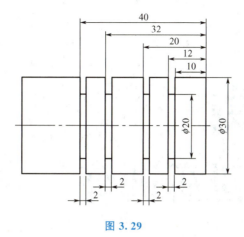

图 3.29

（4）编写图 3.30 所示零件外轮廓的精加工程序，编程原点建在中心上表面处，工件厚度为 5mm。（15 分）

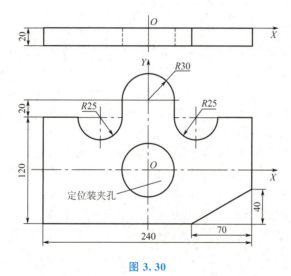

图 3.30

第 4 章
综合与创新训练

教学提示

综合是指把分析过程的对象或现象的各个部分、各属性联合成一个统一的整体，或是把不同种类、不同性质的事物按一定的规律有机地组合在一起。创新是把知识感悟和技术转化为能够创造新的市值、驱动经济增长和提高生活标准的新的产品、新的过程与方法和新的服务。创新是一个创造性过程，是开发一种新事物的过程。创新包括技术创新、工艺创新和组织管理上的创新。创新并非一定是全新的东西，旧的东西以新的形式出现是创新，模仿提高也是创新，总之，能够提高资源配置效率的新活动都是创新。本章旨在通过创新思维方法，让学生在各个工种获得的比较零散的、难以掌握的冷热加工工艺加以综合运用，使获得的知识系统化、一体化，并希望为培养学生独立思考能力、综合运用知识能力、分析问题和解决问题能力及创新能力打下一个良好的基础。

教学要求

本章要求学生了解综合与创新训练的内容、方法和意义，熟悉毛坯的选择方法，掌握典型零件综合工艺过程，要求通过综合与创新训练，培养学生的创新思维能力和创新精神，养成勤于思考、勤于实践的好习惯。

4.1 综合与创新训练概述

工程训练是一门实践性很强的技术基础课，是机械类各专业学生学习机械制造的基本工艺方法，完成工程基本训练，培养工程素质和创新精神的重要必修课。通过工程训练，同学们初步具备了进行工艺分析和选择加工方法的能力，在主要工种上具有独立完成简单零件加工的实践能力，在此基础上，通过综合与创新训练，使学生进一步建立安全、质量、环保、群体、责任、管理、经济、竞争、市场及创新等工程意识，具备初步的工艺创新能力。

4.1.1 综合与创新训练简介

【参考视频】

工程训练是一门涉及面很广的复杂的教学过程，具有实践性强、与工程实际联系紧密等特点，在培养创新思维能力方面有着其他课程不可替代的作用，因此在工程训练中非常适宜对学生进行创新能力的培养。在工程训练中进行综合与创新训练，就是通过有组织有计划的训练形式，在训练过程中构建具有创造性、实践性的学生主体活动形式，通过学生主动参与、主动实践、主动思考、主动探索及主动创造，培养学生的创新意识。

传统的金工实习模式是围绕各个实习工种展开的，且以教师为主体，学生被动地按照他人设计的零件和工艺进行加工，在学生大脑中形成的是孤立和分散的机械加工工艺知识。他们无法对机械加工工艺过程形成系统的和整体的深刻印象，也就难以将工艺知识灵活地运用到生产实践中去解决实际问题。

综合与创新训练是一个全方位培养和提高学生工程素质和创新意识的教学环节，它是将所学知识应用于工艺综合分析、工艺设计和制造过程的一个重要的实践环节；是学生获取分析问题和解决问题能力、创新思维能力、工程指挥和组织能力的重要途径；以学生为主体，学生变被动为主动，按照自己的意愿设计产品，制订加工工艺，通过教师的引导与提示，完成一件产品的整个设计与制造过程。教师起着引导制定方案、审核图样资料、协助设计工装及提供安全服务的作用。

综合与创新训练的过程主要有：进行市场调研、设计产品方案、设计产品图样、设计加工工艺、加工产品零件和组装成品等环节；要求在教学目的、内容、工程训练报告等工程训练全过程贯彻创新思维的理念。

4.1.2 综合与创新训练的意义

"创新是一个民族进步的灵魂，是国家兴旺发达的不竭动力"，这是江泽民同志的著名论断。高校作为我国培养人才的重要场所，关于创新人才的培养工作已经起步，进行了很多探索，并取得了一定的经验。尤其是以清华大学傅水根教授为首的同仁经过多年的实践证明，在工程训练中进行综合与创新训练在培养基础宽、能力强、素质高和富于创新精神的工程技术人才和管理人才中起着重要的作用。

（1）**可以锻炼学生的工程实践能力**。提高质量、成本、效益和安全等工程素质，培养学生刻苦钻研、一丝不苟、团结协作等优良品质和工作作风，有利于锻炼学生在实践中获取知识的能力，有利于培养高素质的工程技术人才。

（2）**可以激发学生的创新思维，培养学生创造性地解决工程实践问题的能力**。学生在已掌握的工艺基础知识和操作技能的基础上，按照工程训练动员中老师布置的创新性训练题目，在老师的启发及引导下，把所学到的零散的知识加以综合并灵活的运用，提高分析问题和解决工程实践问题的能力，建立起与生产实践的密切关联。

（3）**可以激发学生的工程训练兴趣和创造热情，培养学生的创新能力**。工程训练中要求学生独立完成的创新产品要外形美观、工艺合理，并且经济适用。创新产品完成的过程中，学生既可以采用普通的切削加工技术也可采用现代加工技术，开拓了学生的视野，培养了学生的创新能力,提高工程训练的积极性和主动性,使学生工程训练由被动转变为主动。

综合与创新训练计划还为学生创造了与教师密切联系、平等交流与合作的机会和有利的条件,在培养高素质的工程技术人才的过程中具有重要地位和作用。

4.2　毛坯与加工方法的选择

毛坯是指根据零件(或产品)所需要的形状和工艺尺寸等要素,制造出的为进一步加工做准备的加工对象。机械零件多数是通过铸、锻、焊和冲压等方法把原材料制成毛坯,然后再经切削加工制成合格的零件,装配成机器。如果为了减少机械加工余量,降低机械加工成本,对选择的毛坯质量要求过高,就会使毛坯的制造成本提高,因此毛坯的种类和制造方法与机械加工是相互影响的,所以,应合理地选择毛坯的种类,合理地选择机械加工方法。

4.2.1　毛坯的选择

1. 毛坯的种类

【参考图文】

【参考图文】

【参考图文】

【参考图文】

目前,在机械加工中,**毛坯的种类很多,有型材、铸件、锻件、焊接件、冷冲压件和粉末冶金件等。**

(1) 型材。机械制造用的型材按截面形状可分为圆钢、方钢、六角钢、扁钢、角钢、工字钢、槽钢和其他特殊截面的型材。按型材的成形方法又可分为热轧型材和冷拉型材两类。轧制的型材组织致密、力学性能较好。热轧型材尺寸较大,精度较低,多用于一般零件的毛坯;冷拉型材尺寸较小,精度较高,易实现自动送料,适用于毛坯精度要求较高的中小型零件。

(2) 铸件。受力不大或以承受压应力为主的形状复杂的零件毛坯,宜采用铸造方法制造。目前生产中的铸件大多数是用砂型铸造的,少数尺寸较小和精度较高的铸件可以采用特种铸造。砂型铸造的铸件精度较低,加工余量相应也比较大。砂型铸造对金属材料的选择没有限制,应用最多的是铸铁。

(3) 锻件。受重载、动载及复杂载荷的重要零件毛坯,宜采用锻件。锻件有自由锻锻件和模锻锻件两种。自由锻锻件精度低,加工余量大,多用于形状简单的毛坯。模锻锻件的精度及表面质量比自由锻锻件好,锻件的形状也复杂一些,加工余量也比较小。

(4) 焊接件。焊接件是将型材或经过局部加工后的半成品用焊接的方法连接成一个整体,也称组合毛坯。焊接件的尺寸、形状一般不受限制,制造周期也比锻件和铸件短得多。

2. 毛坯的选择

选择毛坯应在满足使用要求的前提下,尽量降低生产成本,在选择毛坯过程中,应全面考虑下列因素。

(1) 零件材料及力学性能要求。凡受力较简单、以承压为主及形状较复杂的零件毛坯选择铸件;凡受力较大、载荷较复杂、工况条件较差及形状较简单的重要毛坯选择锻件;凡连接成形的零件毛坯选择焊接件。例如,采用铸铁、铸造青铜等脆性材料的零件,无法锻造只能铸造；承受交变的和冲击载荷的轴类零件，应该选用锻件，因为金属坯料经过锻压加工后，可使金属组织致密，从而可提高金属材料的力学性能。

从零件的工作条件找出对材料力学性能的要求，这是选择毛坯的基本出发点。零件实际工作条件包括零件工作空间、与其他零件之间的位置关系、工作时的受力情况、工作温度和接触介质等。

(2) 零件的结构和外形尺寸。零件的结构和外形尺寸是影响毛坯种类的重要因素。例如，对于阶梯轴，若各台阶直径相差不大，可直接选用型材(圆棒料)；若各台阶直径相差较大，为了节约材料和减少切削加工工作量，宜选用锻造毛坯；大型零件一般采用砂型铸件、自由锻件或焊接件；中小型零件则可考虑用模锻件或特种铸造件；形状简单的一般零件宜选用型材，以节约费用；套筒类零件如油缸，可选用无缝钢管；结构复杂的箱体类零件，多选用铸件。

(3) 零件的生产类型和生产条件。零件的生产类型不同，毛坯的制造方法也不同。常见制坯方法及其特性见表 4-1。

4.2.2　加工方法选择及经济性分析

合理的加工方法必须满足优质、高产、低耗及安全的要求，即选择加工方法时，应在保证产品全部技术要求的前提下，选择生产率最高、加工成本最低及工人有良好的劳动条件的加工方法，即做出合理的经济性分析。

加工方法的选择，实质上是对零件上常见的表面，如外圆、内孔及平面等的加工方法的选择。各表面的作用不同，其技术要求也不相同，故应采用的加工方案也不相同。

1. 外圆表面加工方案选择

1) 外圆表面的种类

根据外圆表面在零件上的组合方式，它可分为如下两大类：

(1) 单一轴线的外圆表面组合。轴类、套筒类、盘环类零件大都具有外圆表面组合。这类零件按长径比(长度与直径比)的大小分为刚性轴($0<L/D\leqslant 12$)和柔性轴($L/D>12$)。加工柔性轴时，由于刚度差，易产生变形，车削时应采用中心架或跟刀架。大批量的光轴还可采用冷拔成形。

(2) 多轴线的外圆表面组合。根据轴线之间的相互位置关系，可分为轴线相互平行的外圆表面组合(如曲轴、偏心轮等)和轴线互相垂直的外圆表面组合(如十字轴等)，这类零件的刚度一般都较差。

2) 外圆表面的技术要求

外圆表面的技术要求包括：尺寸精度(直径和长度的尺寸精度)、形状精度(外圆面的圆度、圆柱度)、位置精度(与其他外圆表面或孔的同轴度、与端面的垂直度等)和表面质量(表面粗糙度、表层硬度、残留应力和显微组织等)。

3) 外圆表面加工方案分析

外圆表面是轴、套、盘类等零件的主要表面，往往具有不同的技术要求，这就需要结合具体的生产条件，拟定合理的加工方案。外圆表面常见的加工方案见表 4-2。

表 4-1 常见制坯方法及其特性

制坯方法		尺寸或质量		形状复杂程度	毛坯精度/mm	表面质量	材料	生产类型
类别	种类	最大	最小					
型材	棒料分割	随棒料规格	随棒料规格	简单	0.5~0.6（视尺寸和割法）	粗	各种材料	不限
铸造	砂型铸造	通常100t	壁厚3~5mm	极复杂	1~10（视尺寸）	极粗	不限	单件、小批
	金属型铸造	通常100kg	20~30g,有色金属壁厚为1.5mm	简单和中等（视铸件能否从铸型中取出）	0.5~1	光	有色金属为主	中批量、大量
	压力铸造	10~16kg	壁厚:锌为0.5mm,其他合金为1.0mm	只受铸型能否制造的影响	0.05~0.2,在分型方向还要小一些	极光	有色金属为主	大批量、大量
	熔模铸造	通常5kg	壁厚0.8mm	极复杂	0.05~0.15	极光	特别适用于难切削的材料	多用于中批量、大量
	离心铸造	通常200kg	壁厚3~5mm	多半为旋转体	1~8	光	不限	中批量、大量
锻压	自由锻造	通常200t	—	简单	1.5~25	极粗	碳钢和合金钢	单件、小批
	锤上锻造	通常100kg	壁厚2.5mm	受模具能否制造的限制	0.4~3.0,在垂直分模线方向还要小一些	粗	碳钢和合金钢	中批量、大量
	曲柄压力机模锻	通常100kg	壁厚1.5mm	受模具能否制造的限制	0.4~1.8	光	碳钢和有色金属	大批量、大量

(续)

制坯方法类别	种类	尺寸或质量 最大	尺寸或质量 最小	形状复杂程度	毛坯精度/mm	表面质量	材料	生产类型
锻压	挤压	直径约200mm	铝合金壁厚为1.5mm	简单	0.2~0.5	光	碳钢和有色合金	大批量、大量
锻压	辊锻	通常50kg	铝合金壁厚为1.5mm	简单	0.1~2.5	粗	碳钢和有色合金	大批量、大量
锻压	冷热精压	通常100kg	壁厚1.5mm	受模具能否制造的限制	0.05~0.10	极光	碳钢和有色合金	大批量、大量
冷压	冷镦	直径5mm	直径3.0mm	简单	0.1~0.25	光	钢和其他塑性材料	大批量、大量
冷压	板料冲裁	厚度25mm	厚度0.1mm	复杂	0.05~0.5	光	各种板料	大批量、大量
压制	粉末金属和石墨的压制	横截面积100cm²	壁厚2.0mm	简单,受模具形状及在凸模行程方向的限制	在凸模行程方向0.1~0.25,在与此垂直方向0.25	极光	各种金属和石墨	大批量、大量
压制	塑料压制	壁厚8mm	壁厚0.8mm	受压型能否制造的限制	0.05~0.25	极光	含纤维状和粉状填充剂的塑料	大批量、大量
焊接					略			

表 4-2 外圆面加工方案

序号	加工方法	经济精度 IT	表面粗糙度 $Ra/\mu m$	适用范围
1	粗车	13~11	25~6.3	适用于淬火钢以外的各种金属
2	粗车→半精车	10~8	6.3~3.2	
3	粗车→半精车→精车	8~7	1.6~0.8	
4	粗车→半精车→精车→滚压(或抛光)	8~6	0.2~0.025	
5	粗车→半精车→磨削	8~7	0.8~0.4	主要用于淬火钢,也可用于未淬火钢,但不宜加工有色金属
6	粗车→半精车→粗磨→精磨	7~6	0.4~0.1	
7	粗车→半精车→粗磨→精磨→超精加工	6~5	0.1~0.012	
8	粗车→半精车→粗磨→精磨→研磨	5级以上	0.1	
9	粗车→半精车→粗磨→磨→镜面磨	5级以上	0.05	
10	粗车→半精车→精车→金刚石车	6~5	0.2~0.025	主要用于要求较高的有色金属

注:有色金属不适于选择磨削。

为了使加工工艺合理从而提高生产率,外圆表面加工时,应合理选择机床。**对精度要求较高的试制产品,可选用数控机床**;对一般精度的小尺寸零件,可选用仪表车床;对直径大、长度短的大型零件,可选用立式车床;对单件小批量生产轴、套及盘类零件,选用卧式车床;对成批生产套及盘类零件,一般选用回轮或转塔车床;对成批生产轴类零件则选用仿形或多刀车床;对大量生产轴、套及盘类零件,常选用自动或半自动车床或无心磨床。

2. 孔加工方案的选择

1) 孔的种类及技术要求

孔是组成零件的基本表面之一,零件上有多种多样的孔,常见的有:

(1) 紧固孔,如螺钉孔,其他非配合的油孔等。

(2) 回转体零件上的孔,如套筒、法兰盘及齿轮上的孔。

(3) 箱体类零件的孔系,如主轴箱箱体上的主轴孔和传动轴承孔等。

(4) 深孔,即长径比 $5<L/D<10$ 的孔,如车床主轴上的轴向通孔等。

(5) 圆锥孔,如车床主轴前端的锥孔以及装配用的定位销孔等。孔的技术要求与外圆表面相似。

2) 孔加工方案分析

对于轴类零件中间部位的孔,通常在车床上加工较为方便;支架、箱体类零件上的轴承孔,可根据零件结构形状、尺寸大小等采用车床、铣床、卧式镗床或者加工中心;盘套类或支架、箱体类零件上的螺纹底孔、螺栓孔等可在钻床上加工;**对盘形零件中间轴线上的孔,为保证其与外圆、端面的位置精度,一般在车床上与外圆和端面在一次装夹中同时加工出来**;在**大量生产时,可以采用拉床进行加工**。常用的孔加工方案见表 4-3。

【参考图文】

【参考动画】

表 4-3 孔加工方案

序号	加 工 方 法	经济精度 IT	表面粗糙度 $Ra/\mu m$	适 用 范 围
1	钻	13~11	12.5	加工未淬火钢及铸铁的实心毛坯，也可加工有色金属，孔径>15~20mm
2	钻→铰	9~8	3.2~1.6	
3	钻→粗铰→精铰	8~7	1.6~0.8	
4	钻→扩	11~10	12.5~6.3	
5	钻→扩→铰	9~8	3.2~1.6	
6	钻→扩→粗铰→精铰	8~7	1.6~0.8	
7	钻→扩→机铰→手铰	7~6	0.4~0.2	
8	钻→扩→拉	9~7	1.6~0.1	大批量生产，精度由拉刀决定
9	粗车(扩)	13~11	12.5~6.3	加工未淬火钢及铸件，毛坯有铸孔或锻孔
10	粗车(粗扩)→半精车(精扩)	10~9	3.2~1.6	
11	粗车(粗扩)→半精车(精扩)→精车(铰)	8~7	1.6~0.8	
12	粗车(粗扩)→半精车(精扩)→精车→浮动车刀车	7~6	0.8~0.4	
13	粗车(扩)→半精车→磨	8~7	0.8~0.2	主要用于淬火钢，也可用于未淬火钢，但不宜加工有色金属
14	粗车(扩)→半精车→粗磨→精磨	7~6	0.2~0.1	
15	粗车→半精车→精车→金刚石车	7~6	0.4~0.05	主要用于精度要求高的有色金属
16	钻(扩)→粗铰→精铰→珩磨(研磨)	7~6	0.2~0.025	精度要求高的黑色金属的大孔加工
17	钻(扩)→拉→珩磨(研磨)	7~6	0.2~0.025	
18	粗车(扩)→半精车→精车→珩磨(研磨)	7~6	0.2~0.025	

注：有色金属不适于选择磨削。

3. 平面加工方案的选择

1) 平面的种类及技术要求

平面是盘、板和箱体类零件的主要表面。根据所起作用的不同，大致可分为：

(1) 非结合面。属低精度平面，只是在外观或防腐蚀需要时才进行加工。
(2) 结合面和重要结合面。属中等精度平面，如零部件的固定连接平面等。
(3) 导向平面。属精密平面，如机床的导轨面等。
(4) 精密测量工具的工作面等。属精密平面。

平面的技术要求与外圆表面相似。

2) 平面加工方案分析

除回转体零件上的端面常用车削加工之外，铣削、刨削和磨削是平面加工的主要方

【参考视频】

法。常用的平面加工方案见表4-4，表中公差等级是指平行平面间距离尺寸的公差等级。

表4-4 平面加工方案

序号	加工方法	经济精度 IT	表面粗糙度 Ra/μm	适用范围
1	粗车	13~11	25~6.3	用于未淬火钢、铸铁及有色金属的端面加工
2	粗车→半精车	10~8	6.3~3.2	
3	粗车→半精车→精车	8~7	1.6~0.8	
4	粗车→半精车→磨	8~6	0.8~0.4	用于钢、铸铁的端面加工
5	粗刨（粗铣）	13~11	25~6.3	一般用于未淬火的平面加工
6	粗刨（粗铣）→半精刨（半精铣）	10~8	6.3~3.2	
7	粗刨（粗铣）→半精刨（半精铣）→精刨（精铣）	8~7	3.2~1.6	
8	粗刨（粗铣）→半精刨（半精铣）→精刨（精铣）→刮研	6~5	0.8~0.1	用于精度要求较高的平面加工
9	粗刨（粗铣）→半精刨（半精铣）→精刨（精铣）→宽刃刀低速精刨	5	0.8~0.1	
10	粗刨（粗铣）→半精刨（半精铣）→精刨（精铣）→磨削	6~5	0.4~0.2	
11	粗铣→精铣→磨削→研磨	5级以上	<0.1	
12	粗铣→拉	9~7	0.8~0.2	用于大批量生产的未淬火的小平面

注：有色金属不适于选择磨削。

4. 加工经济性分析

在生产中，人们总是希望以较低的成本生产出更多更好的产品来满足社会需求。技术经济分析就是从经济的角度来研究技术问题，对生产中实施的各种技术方案的经济效果进行分析、比较，以达到先进技术与合理经济的最佳结合，取得好的经济效益和优化的资源配置。在机械制造业，也有同样的问题需要考虑和解决。

技术经济分析的主要参数是成本。零件的实际生产成本是制造它所支出的总费用。工艺成本是指与加工工艺过程有关的那一部分费用，占零件生产成本的70%~75%，因此，对机械制造工艺过程而言，技术经济分析只对加工工艺成本进行分析、比较。技术经济分析涉及的因素较多，具有明显的综合性。例如，生产小套筒零件，可用铸造、锻造、型材切削加工或粉末冶金方法来制造，这就需要根据零件的结构、性能、生产批量和企业生产条件来制订工艺方案。但是，不同的加工工艺方案取得的经济效果是不相同的，它应该是现有生产条件下最优技术方案和最佳经济效果的结合。

4.3 典型零件的综合工艺过程

常见机械零件按形状和用途不同，可分为轴类、盘套类、机架箱体类等。零件的结构特征、工作条件和受力状态不同,它们的加工方法也不相同。本节将分别对他们的工作条件、性能要求、材料、毛坯和工艺路线进行分析,以达到提高学生综合运用所学知识分析和解决实际问题的能力。

4.3.1 轴类零件

轴类零件主要用来支承传动零件和传递转矩。轴类零件的结构特点是其轴向尺寸远大于径向尺寸。轴类零件的轴颈(与轴承配合的轴段)、安装传动件的外圆、装配定位用的轴肩等尺寸精度、形位精度和表面粗糙度等是要解决的主要工艺问题。

1. 材料与毛坯

轴类零件大都承受交变载荷,工作时处于复杂应力状态,其材料应具有良好的综合力学性能,常选用 45 钢、40Cr 和低合金结构钢等。

光轴的毛坯一般选用热轧圆钢或冷轧圆钢。阶梯轴的毛坯,可选热轧或冷轧圆钢,也可选用锻件。**产量越大,直径相差越大,采用锻件越有利。当要求轴具有较高力学性能时,应采用锻件**。单件小批量生产采用自由锻,成批生产采用模锻。对某些大型、结构复杂的轴可采用铸件,如曲轴及机床主轴可用铸钢或球墨铸铁制作毛坯。在有些情况下可选用铸-焊或锻-焊结合方式制造轴类零件毛坯。

2. 加工工艺过程

轴类零件加工时常以两端中心孔或外圆面定位,以顶尖或卡盘装夹。在加工过程中应体现基准先行的原则和粗精分开的原则。

轴类零件的主要组成表面有外圆面、轴肩、螺纹和沟槽等。外圆用于安装轴承、齿轮和带轮等;轴肩用于轴本身或轴上安装零件时定位;螺纹用以安装各种锁紧螺母或调整螺母;沟槽是指键槽或退刀槽等;轴的两端一般要钻出中心孔;轴肩及端面一般要倒角。

图 4.1 所示为传动轴,材料为 45 钢,其单件小批量生产加工工艺过程见表 4-5。

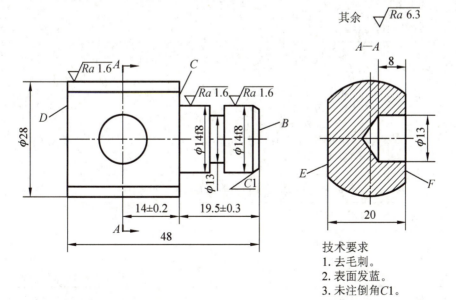

图 4.1 传动轴

表 4-5 传动轴单件小批量生产加工工艺过程　　　　　　（单位：mm）

工序号	工序名称	工序内容	设备
1	下料	$\phi 35 \times 55$	锯床 GN7106
2	车	（1）用三爪自定心卡盘夹 $\phi 28$ 外圆左端，粗车、半精车端面 B （2）粗车 $\phi 14$ 外圆，长度大于 20，直径留量 2 （3）粗、精车 $\phi 14f8$ 外圆至尺寸 （4）车 $\phi 13$ 外圆至尺寸 （5）车端面 C，保证尺寸 19.5 ± 0.3 （6）倒角 $C1$ （7）调头车 $\phi 28$ 外圆至尺寸，车端面 D，保证尺寸 48	车床 C6132
3	铣	铣削平面 E、F	铣床 X6132
4	划线	划 $\phi 13$ 孔中心线	划线平台
5	钻	钻、扩 $\phi 13$ 孔至尺寸，去毛刺	立钻 Z5025
6	热处理	表面发蓝	
7	检验	按图样要求检验	

表 4-5 属单件小批量生产，采用了工序集中的原则。其特点是工序数目少，工序内容复杂，工件安装次数少，生产设备少，易于生产组织管理，但生产准备工作量大。相反，如果大批、大量生产则采用工序分散原则，以便组织流水线生产，见表 4-6。

表 4-6 传动轴大批量生产加工工艺过程　　　　　　（单位：mm）

工序号	工序名称	工序内容	设备
1	下料	$\phi 35 \times 55$	锯床 GZ7125
2	车	（1）用三爪自定心卡盘夹 $\phi 28$ 外圆左端，粗车、半精车端面 B （2）粗车 $\phi 14$ 外圆，长度大于 20，直径留量 2 （3）粗、精车 $\phi 14f8$ 外圆至尺寸 （4）车 $\phi 13$ 外圆至尺寸 （5）车端面 C，保证尺寸 19.5 ± 0.3 （6）倒角 $C1$	车床 C6132
3	车	调头车 $\phi 28$ 外圆至尺寸，车端面 D，保证尺寸 48	车床 C6132
4	铣	铣削平面 E	铣床 X6132
5	铣	铣削平面 F	铣床 X6132
6	钻	钻、扩 $\phi 13$ 孔至尺寸	立钻 Z5025
7	钳工	去毛刺	钳工台

（续）

工序号	工序名称	工序内容	设备
8	热处理	表面发蓝	
9	检验	按图样要求检验	

4.3.2 盘套类零件

【参考图文】

盘套类零件的结构特点是纵向尺寸与横向尺寸差别不大（零件的直径一般大于长度）、形状各异，主要用于配合轴类零件传递运动和转矩。这类零件在各种机械中的工作条件和使用要求差异很大。其主要组成表面有内圆面、外圆面、端面和沟槽等。

盘套类零件的重要表面为内、外旋转表面，零件壁厚较薄易变形。盘套类零件的内孔和外圆表面有尺寸精度要求，对于长一些的套还有圆度和圆柱度的要求，而且外表面与孔还有同轴度要求。若端面作为定位基准时，孔轴线与端面有垂直度要求。

1. 材料与毛坯

盘套类零件一般选用钢、青铜或黄铜等材料。有些滑动轴承采用双金属结构，即用离心铸造法在钢或铸铁套的内壁上浇注巴氏合金等轴承材料，这样既可节省贵重的有色金属，又能提高轴承的寿命。

盘套类零件毛坯的选择与所用材料、零件结构和尺寸等有关。孔径小于 $\phi 20mm$ 时，一般选用热轧或冷拉棒料，也可用实心铸件。孔径较大时，常采用无缝钢管或带孔的铸件及锻件。大量生产时，可采用冷挤压和粉末冶金等先进的毛坯制造工艺，以提高生产率，节约金属材料。

2. 加工工艺过程

图 4.2 所示为轴承套，材料为 HT200，其单件小批量生产加工工艺过程见表 4-7。

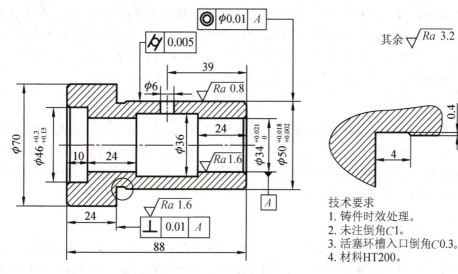

图 4.2 轴承套

表4-7　轴承套单件小批量生产加工工艺过程　　　　　　　　　　（单位：mm）

工序号	工序名称	工序内容	设备
1	铸造	铸造，清理	
2	车	（1）三爪自定心卡盘装夹 $\phi50^{+0.018}_{+0.002}$ 外圆，车左端面 （2）粗车、精车 $\phi70$ 外圆至尺寸 （3）钻孔至 $\phi28$ （4）车 $\phi34^{+0.021}_{0}$ 孔至尺寸 （5）车 $\phi36$ 沉孔至尺寸，长度至30，且控制沉孔左端面距轴承套左端面距离为34 （6）车 $\phi46^{+0.3}_{+0.15}$ 台阶孔至尺寸，长度至10 （7）调头，上心轴，车右端面，保证总长至 88 ± 0.2 （8）粗车、半精车、精车 $\phi50^{+0.018}_{+0.002}$ 外圆，$\phi70$ 外圆右端面，并保证 $\phi70$ 外圆长24	车床 C6132
3	钳	划 $\phi6$ 孔加工线	
4	钻	钻 $\phi6$ 孔	台钻　Z512
5	检验	按图样要求检验	

4.3.3　箱体类零件

箱体类零件是机械的基础零件，它将一些轴、套和齿轮等零件组装在一起，使它们保持相互正确的位置关系，按照一定的传动关系协调地运动，构成机械的一个重要部件。

箱体的加工质量对机械精度、性能和寿命有直接的影响。箱体结构形式的共同特点是尺寸较大，形状较复杂，壁薄且不均匀，内部呈腔形，**加工前需要进行时效处理**；在箱壁上有许多精度较高的轴承支承孔和平面需要加工，而且对主要孔的尺寸精度和形状精度、主要平面的平面度和表面粗糙度、孔与孔之间的同轴度、孔与孔的轴间距误差、各平行孔轴线的平行度、孔与平面之间的位置精度等有要求；此外有许多精度较低的紧固孔、螺纹孔、检查孔和出油孔等也需要加工。

1. 材料和毛坯

机架箱体类零件起支承及封闭作用，形状复杂，但承载一般不大，因此多选用灰铸铁件毛坯，其牌号根据需要可选用HT100～HT350。有些承载较大的箱体，可采用球墨铸铁件或铸钢件毛坯。只有在单件小批量生产时，为缩短毛坯制造周期，才采用钢板焊接。航空发动机或仪器仪表的箱体零件，常用铝镁合金精密压铸，以减轻重量。

2. 加工工艺分析

机架箱体类零件在单件小批量生产中要安排划线工序。通过划线，可以合理分配各加工表面的加工余量，调整加工表面与非加工表面之间的位置关系，并且提供定位的依据。机架箱体类零件在加工过程中，**其定位方法一是以一个平面和该平面上的两个孔定位**，称为一面两孔定位；二是以装配基准定位，即以机架箱体的底面和导向面定位。机架箱体类零件在单件小批量生产中常用螺钉、压板等直接装夹在机床工作台上；在大批量生产中则多采用专用夹具装夹。

箱体零件的机械加工主要是加工平面和孔。箱体平面的粗加工和半精加工，主要采用刨削和铣削，铣削的生产率一般比刨削高，在成批和大量生产中，多采用铣削。箱体平面的精加工，单件、小批量生产时，除一些高精度的箱体仍需要用手工刮研外，一般多以精刨代替手工刮研；当生产批量大而精度又较高时，多采用磨削。箱体零件的重要孔的加工常用镗削，小孔多用钻—扩—铰。在加工时，通常采用先面后孔的加工原则；安排时效热处理以消除内应力；常采用通用的设备和工装。

4.4　工程训练全过程进行创新训练

在工程训练中进行创新训练，要求指导教师不再是师傅带徒弟，不再是照本宣科，而是在对学生进行基本功训练的同时指导学生懂得从哪里得到知识，掌握获取知识的能力和方法，引导学生对认识未来。指导教师要有创新精神、创新观念才能培养出具有创新精神的学生。即教师应改变传统的教学方法，改变教师要有一桶水才能倒给学生一瓶水的传统教学观念，要从一个送水的人转变成帮助学生找水的引路人。将"教育是有组织地和持续不断地传授知识的工作"的观念，转变为"教育被认为是导致学习的、有组织的及持续的交流活动"的观念，使教师从知识的传授者、教学的组织领导者转变成为学习过程中的咨询者、指导者和合作伙伴。

4.4.1　各类思维方式及其创造性

思维是运用大脑分析、解决问题或得出结论的过程，是人们对事物的理性认识活动。只有大脑深层次的思考和认识活动，才具有创造性。因此，要善于引导学生在工程训练的过程中进行深度思维。为了更好地在工程训练中创新，应了解各类思维形式及其创造性，以便更好地在工程训练全过程中进行运用。

(1) 发散思维。发散思维是以某个问题为中心点，从这里出发，寻觅多种方法，向四面八方展开，既不受一定的方向和范围的限制，也不受任何条件的约束，在广阔的领域里探索问题新答案的一种开放性的思维活动。应用时注意防止思维过度扩散、停留于表面而一事无成，应和集中思维有机结合。

(2) 集中思维。集中思维是指人们在寻求某个问题答案时，把该问题作为研究中心，从不同方面、不同的角度，对这个问题进行反复探讨，来揭示其本质属性和规律。当问题一直都得不到解决时，集中思维应与发散思维有机地结合，避免过度集中，而使思维僵化。

(3) 系统思维。系统思维是指把事物作为一个多元素和多层次并相互作用、相互依赖的统一有机体而进行思考的活动。系统思维在大的科学工程项目中是绝对不可缺少的一环。

(4) 直觉思维。直觉是直接领悟的思维活动，或者说，是通过对事物的直觉感，对其做出猜测、设想或顿悟的思维活动。这里的顿悟是事先未经准备的，不含有逻辑推理的活动，但在一瞬间的顿悟中，理性活动和抽象化的形象交叉其中进行。"实验物理的全部伟大发现都来源于一些人的直觉",在一定情况下,直觉对创新活动是起作用的。顿悟不会凭空产生,只有在思维活动积累到一定程度的情况下才会产生。

【参考图文】

(5) 形象思维。形象思维是人们凭借对事物的具体形象和表象进行联想的思维活动,其作用是能使深奥的理论变得简明,有助于产生联想,促进创新思维进程。

(6) 灵感思维。灵感思维是用已知的知识探索未知的答案,在构思中所产生的超智力的思维活动火花。灵感在创新者的头脑里停留的时间极短,所以当创新者获得灵感时,应立即把它记录下来,否则,很快会在大脑中消失。

(7) 逆向思维。逆向思维是跳出束缚人们思路的习惯性思维,用挑剔的眼光多问几个为什么,甚至是把问题加以颠倒,反向探求,倒转思考的一种思维方式。逆向思维有时可能会有意想不到的收获。

(8) "两面神"思维。"两面神"思维是人们在进行创新思维活动时,要同时构思出两个或多个并存的、同样起作用(或同样正确)的、相反(或对立)的概念(或思想或形象)。运用"两面神"思维不是一件易事,但它蕴藏着巨大的创造力,已成为现代科学家创新中的主要思维方式。

(9) 想象式思维。想象式思维是人脑中所储存信息之间的联系,经过重新加工、排列和组合而形成新的联系的过程。历史上,许多科学家之所以有创新,想象起了很大的作用。

4.4.2 工程训练全过程进行创新训练

每个大学生都具有创新的潜质和潜力,如何发掘大学生的潜质,使其创新的潜力释放,**应该在工程训练全过程贯穿创新思维培养、参与创新训练。具体体现在工程训练动员及工程训练目的、工程训练内容、工程训练方法、工程训练态度、工程训练重点、工程训练效果、工程训练报告方面的创新。**

(1) 工程训练动员创新。好的开端等于成功的一半,如果工程训练动员能引人入胜,那么工程训练就成功了一半。一个生动的工程训练动员,能使同学们在疑问、好奇、兴奋和快乐中度过。

针对一些同学不愿意进行热加工训练的现状,可以利用集中思维方式教育学生,可以列举下列事实:在河北藁城出土的商朝铁刃铜钺,它是我国发现的最早锻件,这证明3000年前我国就掌握了锻造技术。同时我国又是应用铸造技术最早的国家,在1939年河南安阳出土的青铜祭器后母戊大方鼎,便是3000多年前的商朝冶铸的。这个大方鼎重达875kg,体积庞大,花纹精巧……这些事实证明,我国古代在热加工工艺方面的科学技术远远超过同时代的欧洲。现在,我国已成功地进行了耗钢水达490t的轧钢机架铸造、锻造能力达12kt水压机的生产及50kt远洋油轮的焊接。从上面的热加工工艺史可知热加工工艺是在实践当中发展起来的一门学科,作为一名工程技术人员,掌握一定的热加工工艺和毛坯的生产知识,对今后的工作是非常有必要的……通过这种集中思维的教育方式,使同学深刻认识到一个不懂热加工工艺的人员,不是一个好的工艺人员。

在工程训练动员时,还应给学生讲解创新训练的意义及方法,并且给学生布置创新性训练题目,如布置学生进行创新设计制作各种产品,要求该产品美观、经济、适用。从资料检索、工程训练作品的构思、设计、制图、毛坯的选择、零部件的加工制作及整体的装配,要求学生独立完成或以组为单位协作完成。

在工程训练动员中要求学生在工程训练中不但动手实践，而且要积极开动脑筋，细致观察工程训练中机床、工具、夹具、量具及工艺过程的每一个细节，去发现问题和提出问题。在工程训练结束后，提交一份创新思维报告。

(2) 工程训练内容创新。在工程训练内容方面，不仅要注重系统传授冷热加工工艺内容，重视"无探索性"问题，重视智力因素的培养，而且要注重灵活施教，重视"有探索性"问题及重视非智力因素的培养。应注意的是，工程训练内容的新颖绝不等于工程训练内容的创新。重点应该偏重思维能力的训练，强化智力开发，挖掘大脑潜能，而不应该偏重系统传授知识，强化记忆力，对大脑功能不开发或开发较少。

例如，在学习机床结构时，可以探索第一台机床是如何生产出来的：机床是用来制造机器的机器，所以也称为工作"母机"。既然如此，机床和机器之间就好比"鸡"和"蛋"之间的关系，那么第一台机床是如何产生的呢？通过这种逆向思维式的质疑，使学生的思维处于激发状态，就像一粒石子在学生的脑海中激起千层浪，从而诱发学生与教师同步思维，达到学生与教师的思维共鸣。

再如，在学习电火花加工时还可以利用逆向思维方法探索创造性加工的问题：机床（母机）的精度总要比被加工零件的精度高，这一规律称为"蜕化"原则，或称"母性"原则。对于精密加工和超精密加工，由于被加工零件的精度要求很高，用高精度的"母机"有时甚至不可能，这时可否利用精度低于工件精度要求的机床和设备呢？如果用了，这与传统的机械加工格格不入，与"人巧不如家什妙""相违背"，与工欲善其事，必先利其器"不统一"……当学生们的思维调动起来之后，可以接着学习电火花加工，电火花加工能借助于工艺手段和特殊工具，直接加工出精度高于"母机"的工件，这是直接的"进化"加工。而用较低精度的机床和工具，制造出加工精度比"母机"精度更高的机床和工具（即第二代"母机"和工具），用第二代"母机"加工高精度工件，为间接式的"进化"加工，称创造性加工。

又如学习确定刀具角度的几个辅助平面时可以采用形象思维的方法，用教室内的同学们比较熟悉的墙壁做比喻，前面的墙就相当于主剖面，侧面墙就相当于切削平面，水平的地面就相当于基面，这三面墙在空中无论怎样旋转都是互相垂直相交的，同理，确定刀具角度的几个辅助平面无论在空中怎样旋转也都是互相垂直相交的。当刀具的主偏角为90°时，三个辅助平面的位置和前面的墙壁、侧面墙壁、地面的位置是一致的。通过这种形象思维的训练方法，发现同学们会很快掌握这一难点内容。既传授了知识，又培养了学生的思维能力。

在工程训练内容方面，不断充实探索性问题，可以使工程训练收到事半功倍的效果。

(3) 工程训练方法创新。

因为工程训练目的不仅是掌握知识，提高知识水平，而且要活学活用知识，发现新知识。掌握知识、提高知识水平固然重要，但更重要的是如何活学活用所学的知识，这样才能使所学的知识放射出光彩，发挥其应有的作用。因此，在工程训练方法上应重在激发学生的思维能力，教会学生怎样创新，而不只是灌输知识，完成教学任务。单纯的灌输知识、培养学生运用知识解决问题的能力固然重要，但更重要的是培养学生的思维能力。思维能力人人都有，关键在于如何激发。在教学中，教师应注重教学活动的均衡性，要避免重逻辑思维能力轻创新思维能力培养的倾向。要克服从众心理，培养学生独立思维的习惯；克服凡事正向思维、定向思维的习惯，培养学生的逆向思维、侧向思维、立体思维、发散思维等多种思维形式。

在工程训练过程中除了考核学生对基本加工工艺、装夹方式、刀具与量具的使用及设备的操作技能等问题的掌握程度，教师可引导学生采用不同的材料，或不同的切削用量，或不同的工艺路线等去加工同一零件，分析所加工的零件为什么会存在质量差异，以加强学生的工艺分析能力。

例如，车工训练前布置给学生设计任务，让他们设计出一个综合件，这些综合件要求只用车工工艺（因为这时其他工艺还没有学习），在车工训练中学生边学习车工工艺知识边进行综合件的设计，设计了如蜡台、火炬、运载火箭、组合手柄等，在车工工艺学完之后，指导教师开始检查本组学生的综合件图纸及工艺，检查合格后再加工成产品，这种设计活动的开展，发挥了学生的聪明才智，培养了学生的创新意识和创新能力从而大大提高了工程训练质量。

再如，在钳工训练时，可以增加一项由学生自行设计并制造完成的创新项目。仍然要求学生自行独立完成选材、结构设计、毛坯制作、加工路线安排及成品的加工制作。在创新项目完成的过程中指导教师根据出现的不同问题及时进行启发，让学生通过查阅书籍、资料加以解决。如可以设计学校的校徽、各部门的标志、食品的商标、测量用的多功能卡钳及多功能直尺等。在这个过程中学生进行了材料的选用、零件结构的设计、技术参数的确定和加工工艺选择的一次综合性演练，使理论与实践得到了很好的结合，从而启迪了学生的思维和求知欲，激发了学生的责任心，使学生保持了浓厚的工程训练兴趣，发挥了学生的创造力。通过这种工程训练模式提高了学生的创新意识以及工程训练的积极性，使学生变被动为主动，由"要我训练"转变为"我要训练"。

工程训练中应该教育学生大胆怀疑，敢于和指导老师争论，敢于向学术权威挑战。 在过去相当长的一段时间内，人们认为知识是人类经验的积累和升华，教学过程中掌握知识是最重要的内容，而现代知识观则认为知识具有主观性、相对性，认为知识是对现实的一种假设、一种解释，因此，反对"惟师是从"、墨守成规、循规蹈矩、恭顺温驯和迷信学术权威。教师对待学生应该宽宏大量，允许学生标新立异。教师可根据教学内容利用发散性思维、逆向思维等方法激发学生的想象力，因为"想象力作为一种创造性的认识能力，是一种强大的创造力量，他从实际自然所提供的材料中，创造出第二自然"。知识是有限的，而想象力却是无限的，它推动着社会的进步，成为知识进化的源泉。

（4）工程训练报告创新。

工程训练创新应该注重多出创新成果。不但要鼓励已转化为生产力的创新成果，而且还要鼓励没有转化为生产力的创新成果，比如，一个创新的设计、一个创新的思想、一个创新的小产品等。在工程训练效果方面不容忽视的是创新的思想，因为没有创新思想，就不可能有将来转化为生产力的创新成果。创新思想是孕育着创新成果的胚芽。训练过程中，随着学生对机械加工工艺知识的不断积累，他们的构思会不断成熟。当完成基本功训练进入设计制作阶段时，大部分学生已经完成了自己的设计。经教师检查无误后，学生可以进行创新制作。在检查过程中，老师引导学生独立思考，学生勇于发表不同的意见，并和老师探讨自己的其他设计方案，并最后优化出合理的方案。在工程训练结束时根据工程训练动员的要求，每一个同学交一份创新思维报告。创新思维报告最早是在1999年由傅水根教授提出并率先在清华大学实施的。报告应对工程训练中所用的机床、工、夹、量具等一两个具体问题提出改进思路，也可以是日常生活中的新思路、新想法，甚至是对制造行业的现状和发展进行思考。由于创新思维报告可以促使学生更加热爱制造业，激发学生工程训练积极性和创造热情，因此这一创新的做法目前已被一些院校借鉴使用。

创新思维的创造力量是巨大无穷的，难以用公式定量地加以描述，工程训练的创新形式是多种多样的，难以定性地加以说明。每一种形式的创新思维又有着各自应用的场合和时空性。在高校应将创新的思想融入包括工程训练的每一个教学环节当中，这样才能使创新之树常青！

4.5 创 新 实 例

创新包括技术创新、工艺创新和组织管理上的创新，本节主要是介绍结合工程训练进行的单工种工艺创新和多工种工艺创新训练实例。

4.5.1 结合工程训练进行综合创新训练过程

在工程训练中进行创新训练，可以综合单一工种的工艺进行，也可以综合多个工种的工艺进行。主要包括以下几个方面：

（1）学习各类思维方法，熟悉各类思维及其在创造中的启发。

（2）根据创新设计任务，学生检索并搜集资料，独立制订一种或多种设计方案。

（3）教师审核设计方案，并和学生共同分析所设计的零部件的结构工艺性和技术要求是否合理，如外形和内腔结构的复杂程度、装配和定位的难度、各零件的尺寸精度和表面粗糙度的高低及生产批量的大小等。教师在审核方案的过程中，引导学生确定结构合理、技术可行、经济适用及外形美观的零、部件为最终设计方案。

（4）学生根据零件的结构工艺性和性能要求选择合适的材料和制造方法。要分析材料的铸造性、锻造性、焊接性、切削加工性及冲压性能，以便确定合适的材料成形和机械加工方法。

（5）编制工艺卡片或数控程序。

（6）进行加工、制造和装配。按照相关的工艺卡片或数控加工程序进行材料的成形和加工，测量各零件的尺寸精度、形状精度、位置精度和表面粗糙度，选购相关标准件进行部件的装配和调试。

（7）零件和部件的质量分析及创新思维报告。对零件和部件的内部质量、外观质量、尺寸精度、位置精度和表面粗糙度进行综合分析，总结优缺点，对不足之处提出创新方案，并写创新思维报告。

（8）收获及体会。说明自己通过创新训练在创新思想、动手能力、实践技术、获得知识的能力、分析问题和解决问题的能力等方面有哪些收获与体会并对训练做出自己的评价，提出自己的建议。

4.5.2 结合单一工种进行综合创新训练实例

工程训练的每个工种，如车工、铣工、刨工及磨工等都可以进行综合创新训练。 下面举几个单一工种进行创新训练的例子，以启发同学们的思维。

1. 车工综合创新训练实例

在车床上能加工外圆、端面及内孔等，这些都是回转体表面，那么能不能加工非回转体表面呢？例如，能不能加工椭圆？

如果用习惯性思维方法，车床主轴带动工件的回转运动为主运动，刀具的纵向或横向移动为进给运动，这种运动方式肯定是加工不出非回转体表面的。

现在**我们用逆向思维的方法，让工件和刀具的位置变换，得出的结果却大不一样**。如图4.3所示，工件4装在中滑板上，可以随中滑板做纵向或横向进给。联轴器6一端与三爪自定心卡盘相连，另一端与刀杆2相连，刀杆2由支架1和支架5支承，并与工件轴向间夹角为ϕ。镗刀3装在刀杆2上。主轴旋转时带动刀杆2旋转，刀杆2又带动镗刀3旋转，实现了刀具的旋转运动为主运动。这样，镗刀3做旋转运动，工件4纵向进给，便可车出椭圆。为了车出符合要求的椭圆，应注意以下两点：

(1) 保证镗刀3的刀体与刀杆2垂直。且镗刀3的刀体与工件4的径向之间的夹角为ϕ。

(2) 镗刀3的刀体与工件4的径向之间的夹角ϕ为

$$\phi = b/a$$

式中：ϕ为镗刀刀体与工件径向之间的夹角(°)；a为椭圆长轴(mm)；b为椭圆短轴(mm)。

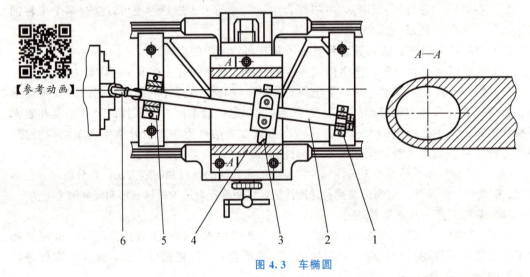

图4.3 车椭圆

1、5—支架；2—刀杆；3—镗刀；4—工件；6—联轴器

2. 铣工综合创新训练实例

在铣床上可以加工各种沟槽，如果要求在某轴的两侧铣键槽，该如何保证键槽的对称度呢？

如果用习惯性思维方法，那只能选用标准的V形块，结果加工完一侧的键槽后，无法保证另外一侧键槽的位置精度。

如果用发散思维方法，以保证键槽对称度为中心点，寻觅多种方法，不受标准V形块的约束，可以设计非标准V形块。正是这种开放性的思维活动，满足了保证键槽对称度的要求。如图4.4所示，在自行设计的非标准V形块1的中部，有一个圆柱孔，用以和圆柱销4配合。加工轴上一侧键槽时，先不插入圆柱销4。当加工轴上另一侧键槽时，再将圆柱销4的一侧插入V形块1的中部孔内，圆柱销4的另一侧则对刚刚加工完的键槽起定位作用，这样就能保证另一侧键槽的对称度了。

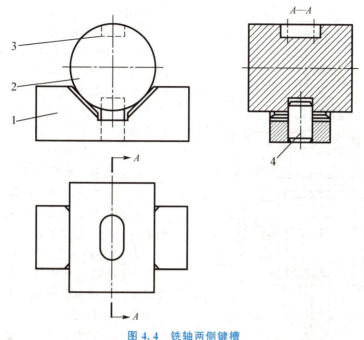

图 4.4 铣轴两侧键槽

1—V 形块；2—工件；3—键槽；4—圆柱销

3. 刨工综合创新训练实例

在刨床上可以加工 V 形槽、燕尾槽等沟槽，如果大批量刨削尺寸较大的凸圆弧面，该如何加工呢？

我们**可以用逆向思维、发散思维和集中思维相结合的方式来解决这样的问题。用集中思维方法目的是避免思维过度发散，远离要求的结果，避免加工质量达不到要求。**分析思路是：

（1）用现有的设备及机床附件加工。如果凸圆弧面尺寸较小可以用成形刨刀加工，凸圆弧面尺寸较大，可以用刀架的垂向进给和工作台的间歇横向进给相结合，用尖头（圆头）刨刀加工。但这两种方法生产率都较低，只适合单件小批量生产，而题目要求的是大批量生产。

此方法行不通，还要考虑其他方法。

（2）联想车床加工成形面用的靠模法。

此方法可行，可以设计靠模。

（3）设计靠模结构。图 4.5 所示为用靠模刨凸圆弧面。靠模 8 中间一段圆弧面和加工后的工件 3 的圆弧面是一对形状相反的圆弧面。将工作台 6 的垂直丝杠拆出，下边装上滚轮 7，在工作台的自重下，滚轮 7 支承在靠模 8 上，当工作台纵向间歇进给时，滚轮沿靠模面滚动，带动工作台上面的工件对刨刀做曲线运动，刨出与靠模 8 形状相反的圆弧面。

4. 磨工综合创新训练实例

材料为 W18Cr4V，硬度为 66 HRC 的某矩形板长 200mm，宽 60mm，要求磨削该平板的上下两平面，尺寸 $7^{+0.01}_{-0.01}$mm，平行度公差为 0.01mm，表面粗糙度 Ra 值为 0.4μm。

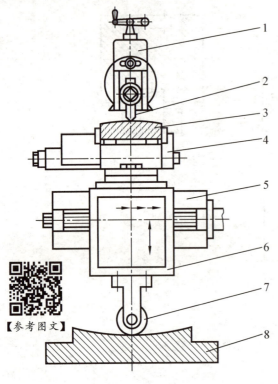

图 4.5 用靠模刨凸圆弧面
1—刀架；2—刨刀；3—工件；
4—机用平口钳；5—横梁；
6—工作台；7—滚轮；8—靠模

分析思路是：

1) 常规磨削工艺

(1) 合理选择和修整砂轮。选择磨料为白刚玉(WA)的砂轮，由于材料硬，磨削力大，应选择粗粒度、硬度软的砂轮。为了分散磨削时的磨削力，将砂轮修整成台阶状。

(2) 将工件装夹在电磁吸盘上。

(3) 粗磨、精磨分开进行。

(4) 采用乳化液，以降低磨削区温度。

但是，检查常规工艺磨削的工件，发现平行度公差超过了 0.01mm。

2) 改进磨削工艺

(1) 分析出现质量问题的原因：工件比较薄，当被电磁吸盘吸紧时，已发生弹性变形，磨削后取下工件，由于弹性恢复，使磨平的表面又产生翘曲。

(2) 在工件和电磁吸盘间垫入一层 0.5mm 以下的橡胶皮或纸片，以减少电磁吸盘的吸力，以减少工件的弹性变形，但此种方法适合磨削力较小的场合。

由于本工件较硬，磨削力较大，不适合用上述方法。

(3) 跳出常规装夹工件的思维方式，将夹紧力改变 90°，如图 4.6 所示，采用压板螺栓从侧面夹紧。由于工件宽度方向的刚度较大，不会产生较大的夹紧变形。待磨平一个平面后，再将工件吸在电磁吸盘磨削。

改进夹紧力的方向后，工件的平行度公差符合要求。

4.5.3 结合多个工种进行综合创新训练实例

在完成各个工种的基本工艺知识的学习和操作技能训练后，可以结合多个工种进行综合创新训练，这期间教师的任务是：对设计方案引导启发并允许学生犯错误，对设计图纸的审核并引导同学思考加工中会遇到哪些问题，对制作过程中所用的工、夹及量具的准备，在学生零件加工或装配过程中做必要的协助，以及提供工程训练安全保障。

1. 车工、磨工、热处理与钳工综合创新训练实例

某工厂生产的液压泵经常发生漏油现象，且密封圈磨损严重、寿命低。检查发现主要是活塞杆的制造工艺存在问题。图 4.7 所示为活塞杆的零件图，材料为 40Cr，热

图 4.6 磨薄板时工件的安装

处理要求达到 24~28 HRC，试编制活塞杆制造工艺。

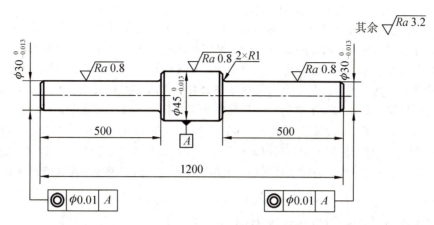

图 4.7　活塞杆零件

原活塞杆的制造工艺如下：

工序 1　下料：$\phi 50\mathrm{mm}\times 1205\mathrm{mm}$；

工序 2　车：粗车及半精车外圆及端面至 $\phi 48\mathrm{mm}\times 1202\mathrm{mm}$；

工序 3　检验：超声探伤；

工序 4　车：按工序图一（图 4.8）粗车、半精车工件各段外圆及端面，倒圆角 $R1$，锐边倒角 $C1$；

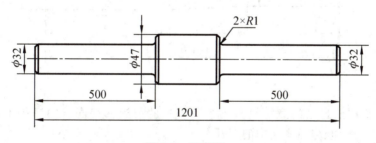

图 4.8　工序图一

工序 5　热处理：调质 24~28 HRC；

工序 6　车：按工序图二（图 4.9）粗车、半精车各尺寸，打两端中心孔 A3；

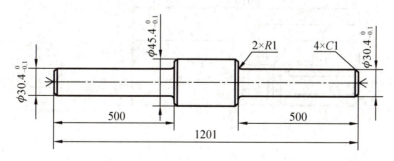

图 4.9　工序图二

工序 7　磨：磨 $\phi 45_{-0.013}^{0}\mathrm{mm}$、$\phi 30_{-0.013}^{0}\mathrm{mm}$ 外圆至尺寸；

工序8　检验：表面探伤；

工序9　检验：终检合格后油封入库。

由以上加工工艺过程可见活塞杆的最后一道机加工工序是磨外圆。将活塞杆磨后的外圆表面的微观几何形状放大，可以观察到外圆表面实际轮廓存在凸凹不平。在液压泵工作时活塞杆沿轴线做直线往复运动，运动会对固定不动的橡胶密封圈造成很大的磨损以致漏油。

如何改变这一状况呢？首先想到的是采用精密磨削提高活塞杆表面质量，降低其表面粗糙度数值，但这样做会加大加工难度，尤其是对于细长杆，其加工成本很高。因此考虑应采用一种既经济又简单的工艺方法解决以上问题，经试验采用以下方法：**活塞杆外圆经过磨削后，增加一道钳工工序，即用金相砂纸沿轴向抛光，用此工序改变活塞杆外圆加工纹理的方向使之与轴向及运动方向一致。通过上述措施，既解决了漏油问题又解决了密封圈寿命低的问题。**

2．车工、钳工、数控加工综合创新训练实例

（1）已知锤柄零件图，设计锤头零件图。

图4.10为事先设计好的锤柄，请学生根据这张图样，用想象式思维的方式加工出自己设计的锤头零件，要求锤头零件能够与图4.10中的锤柄配合。

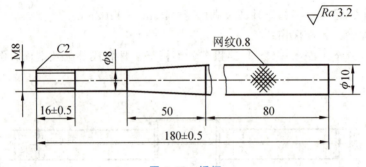

图4.10　锤柄

结果学生们按照自己的意愿设计出各种各样的与锤柄相配合的锤头工件，图4.11、图4.12及图4.13为众多锤头当中的三种。

（2）制订图4.11所示的锤头1的钳工加工工艺。

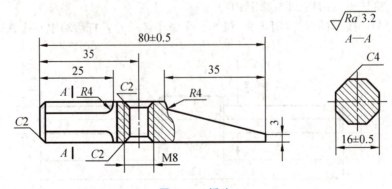

图4.11　锤头1

（3）制订图4.12所示的锤头2的普通车削加工工艺。

（4）制订图4.13所示的锤头3的数控车削加工工艺，并编制其数控车削加工程序。

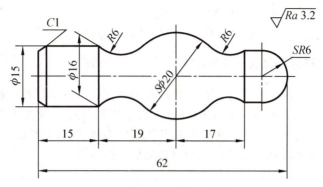

图 4.12 锤头 2

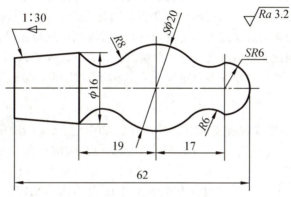

图 4.13 锤头 3

(5) 进行加工制造,并分析不同工艺下的锤头质量。
(6) 提出改进及创新方案。

3. 设计、锻造、热处理综合创新训练实例

Cr12MoV 钢制冷挤模的寿命一般为 4000～6000 件,但有时只有 1000 来件甚至几百件就破裂失效。采用下列措施可把模具寿命提高到 28000～43000 件。

(1) 改进模具圆角 R。将图 4.14 中 $R1$ 改为 $R2.5$ 可避免产生应力集中和开裂。
(2) 改进模具锻造工艺。采用模锻的方法以细化碳化物和改善碳化物分布状态,提高模具韧性。

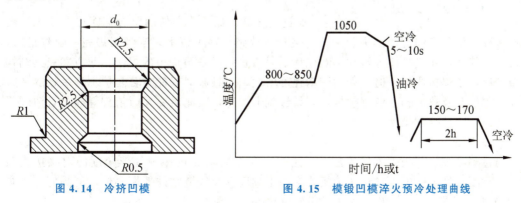

图 4.14 冷挤凹模　　　　图 4.15 模锻凹模淬火预冷处理曲线

（3）改进淬火工艺。模具加热保温后，先进行 5~10s 的空冷（图 4.15），然后油淬，并将回火后的硬度控制在 59~61HRC，可得到良好的强韧性配合。

4.5.4 机械产品创新设计实例分析

机械产品创新设计应该具有独创性和新颖性的特点；具有实用性的特点，纸上谈兵无法体现真正的创新；具有多方案选优的特点，机械创新设计涉及多种学科，如机械、液压、电力、气动、热力、电子、光电、电磁及控制等多种学科的交叉、渗透与融合。下面以熔敷金属力学性能测试试板的焊接工装设计为例进行分析。

1. 设计目的

焊接变形一直是焊接生产中需要面对和解决的问题，焊接变形不仅使焊接工件的尺寸难以满足设计要求，造成安装困难或影响产品美观，因此生产上有时采用夹紧防变形的方式，然而这种方式将产生较大的焊接应力。熔敷金属力学性能测试试板在焊接中同样会产生较大的变形或焊接应力，因此非常有必要设计一种熔敷金属力学性能测试用试板焊接工装，目的是减少焊接应力，使工件能够快速准确定位，防止不同角度变形，减轻工人劳动强度。

2. 设计方案

熔敷金属力学性能测试试板按 GB/T 25774.1—2010 制备，标准中规定试板在焊接前应予以反变形或拘束，以防止角变形。试板的形状及尺寸如图 4.16 所示。焊条直径不同，最小板厚 T、坡口角度 α 及根部尺寸 C 也不同。GB/T 25774.1—2010 标准中还规定，焊接的层数根据焊条直径最少是 5~7 层，最多是 10~12 层，每层是两道焊道。这样当焊工焊完一道焊道时，需搬动工件使工件旋转 180°，进行下一道焊道的焊接，增加了工人的劳动强度。因此当焊接的材料和厚度不同时，所发生的角变形也不同（一般变形角度在 30°以内），因此反变形的工装也不同。另外焊接前如果对工件进行拘束，在工件中将产生较大的应力，影响焊接质量。因此需设计一种不对工件进行约束的工装，使工件自由变形。

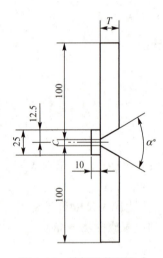

图 4.16 试板形状及尺寸

1）方案一

通过刻度盘、托板等零件的配合，能在一套工装上完成多种变形角度的对接接头装配。将夹具体放到焊接工位上，当焊工焊完一道焊道时，搬动工件使工件在夹具体上转动 180°角度后，再进行下一道焊道的焊接。此方案夹具结构简单，保证了焊接质量，但工人的劳动强度增大，而且搬动工件时若防护不当手还容易被烫伤。刻度盘及铰链轴上没有护板，容易迸溅上焊瘤，因此需要及时清理焊瘤，且清理不当容易影响焊接装配精度。

2）方案二

通过刻度盘、托板等零件的配合，能在一套工装上完成多种变形角度的对接接头装配。在刻度盘及铰链轴上增设了护板，提高了刻度盘及铰链轴的使用寿命，但焊完一个焊道后仍然需要手工搬动工件，工人的劳动强度并没有降低。

3) 方案三

通过刻度盘、托板等零件的配合，能在一套工装上完成多种变形角度的对接接头装配。夹具体不和焊接工位接触，由和夹具体相连的底座放在焊接工位上。夹具体可以在水平面旋转180°并被快速夹紧。刻度盘上有刻度盘护板，铰链轴上有铰链轴护板。护板便于拆卸。避免了方案一和方案二缺点，而且设计了不同尺寸的可换挡板，适于不同的焊接工件的快速装配。因此选择方案三作为本设计方案。

3. 焊接工装结构及夹具工作原理

焊接工装是焊接工艺的重要组成部分，随着计算机软硬件技术的日益完善，计算机辅助工装设计方法已成为主流，应用数字化技术开展焊装过程的模拟是预先发现焊装过程中存在问题的最为有效方法之一。

图 4.17 所示为熔敷金属力学性能测试用试板焊接工装结构图，支架 12 安装在夹具体 1 上，铰链轴 10 穿过托板 5 的两个孔，托板 5 的一端安装到支架 12 上，托板 5 的另一端在支撑 8 的作用下可以绕着铰链轴 10 转动所需要的 30°以内的任意角度。刻度盘 2 安装在夹具体 1 上，刻度盘 2 上的刻度分布中心与托板 5 安装工件用的上表面的回转中心同轴，通过刻度盘 5 可以读出托板 5 上工件的安装角度。将托板 5 调整到所需角度后，在调整垫块 7 下方塞入一定尺寸的塞尺，使工件和垫板接触，以保证焊缝成形和防止烧穿。当焊完一道焊道时，抽出后小星形把手 16，使与后小星形把手 16 相连的斜楔 17 也被抽出。将夹具体通过法兰盘 4 绕丝杠 6 顺时针(或逆时针)转动 180°插入前小星形把手 15，与前小星形把手 15 相连的斜楔实现夹紧，使夹具体固定不动，以方便下一道焊道的焊接。焊完之后，抽出前小星形把手 15，再逆时针(或顺时针)转动夹具体 180°，插入后小星形把手 16，进行焊接，如此往复，一直到焊接完毕。为了防止焊接迸溅，还安装了铰链轴护板 11 以保护铰链轴 10，安装了刻度盘护板 3 用以保护刻度盘 2。为了适应不同试板的根部间隙，设计了不同尺寸的可换挡板 9。

4. 焊接工装三维装配图

利用 UG NX 7.0 的装配模块，对焊接工装进行三维装配设计，将零部件按照一定的约束关系组合在一起，检查零件间的间隙及匹配，经分析各个零部件之间不存在工艺中的结构性和空间性的干涉情况。焊接工装的三维装配图如图 4.18 所示。

为了对装配间的关系更加明确地表示出来，现对装配图进行爆炸处理，各个零件间的关系如图 4.19 所示。

5. 焊接工装结构特点分析

本次熔敷金属力学性能测试用试板焊接工装的特点是：

(1) 夹具体 1 不和焊接工位接触，底座 13 直接放在焊接工位上。夹具体 1 可以绕丝杠 6 在水平面旋转 180°并被快速夹紧。

(2) 刻度盘 2 上有刻度盘护板 3，铰链轴 10 上有铰链轴护板 11。护板便于拆卸。

(3) 设计了不同尺寸的可换挡板 9，以适于不同的焊接工件的快速装配。

(4) 丝杠 6 在底座 13 中由紧定螺钉 14 紧定不动，保证了丝杠的稳定性。

6. 结论

(1) 通过刻度盘、托板等零件的配合，能在一套工装上完成多种变形角度的对接接头装配，避免了一种变形角度需要一种工装的浪费现象。

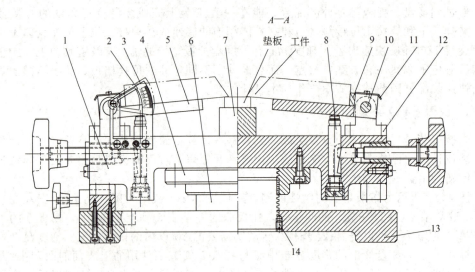

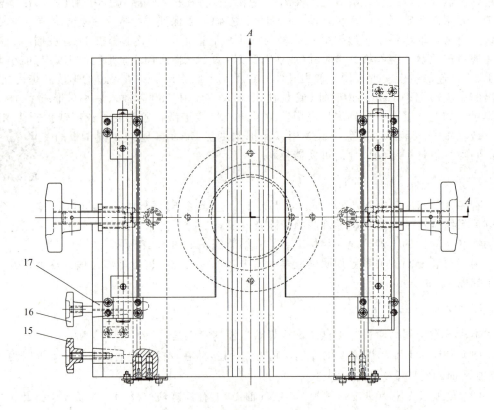

图 4.17 焊接工装结构图

1—夹具体；2—刻度盘；3—刻度盘护板；4—法兰盘；5—托板；6—丝杠；
7—调整垫块；8—支撑；9—可换挡板；10—铰链轴；11—铰链轴护板；
12—支架；13—底座；14—紧定螺钉；15—前小星形把手；16—后小星形把手；17—斜楔

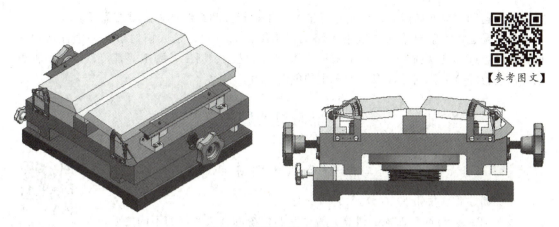

图 4.18　焊接工装三维装配图

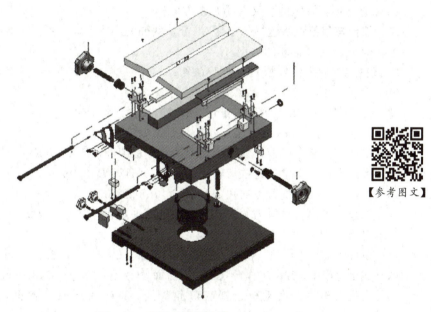

图 4.19　焊接工装爆炸图

（2）夹具体能带动工件在水平面内旋转和快速定位，提高了生产率，减轻了工人的劳动强度。

（3）焊接火花进溅不到刻度盘及铰链轴上，提高了焊接工装的使用寿命。

（4）设计了不同尺寸的可换挡板，可以满足不同焊接根部间隙装配要求，避免了需要设计不同工装的浪费现象，降低了生产成本。

小　　结

综合与创新训练是一个全方位培养和提高学生工程素质和创新意识的教学环节，它是将所学知识应用于工艺综合分析、工艺设计和制造过程的一个重要的实践环节，是学生获得分析问题和解决问题能力、创新思维能力、工程指挥和组织能力的重要途径。

思维是运用大脑寻找问题解决思路或得出结论的过程,是人们对事物的理性认识活动,各种思维都具有创造性。每个工种,如车工、铣工、刨工、磨工等都可以运用各种思维方法进行综合创新训练,以提高学生的创新能力。

复习思考题

4 综合与创新训练自测题

【参考答案】

一、简述题(每小题10分,共20分)

1. 阐述综合与创新训练的概念,说明它与传统的金工实习的不同之处,并简述其基本过程。
2. 综合与创新训练的意义有哪几个方面?

二、综合与创新训练题(每小题20分,共80分)

1. 如何正确选择毛坯的类型?
2. 试决定下列零件外圆面的加工方案。
 (1) 紫铜小轴,$\phi 20h7$,$Ra0.8\mu m$。
 (2) 45钢轴,$\phi 50h6$,$Ra0.2\mu m$,表面淬火 40-50HRC。
3. 试决定下列零件的孔的加工方案。
 (1) 单件小批量生产中,铸铁齿轮上的孔,$\phi 20H7$,$Ra1.6\mu m$。
 (2) 大批大量生产中,铸铁齿轮上的孔,$\phi 50H7$,$Ra0.8\mu m$。
 (3) 高速钢三面刃铣刀上的孔,$\phi 28H6$,$Ra0.2\mu m$。
 (4) 变速箱箱体(材料为铸铁)上传动轴的轴承孔,$\phi 62J7$,$Ra0.8\mu m$。
4. 试决定下列零件平面的加工方案:
 (1) 单件小批量生产中,机座(铸铁)的底面,$L \times B = 500mm \times 300mm$,$Ra3.2\mu m$。
 (2) 成批生产中,铣床工作台(铸铁)台面,$L \times B = 1250mm \times 300mm$,$Ra1.6\mu m$。
 (3) 大批大量生产发动机连杆(45钢调质,217-255HB)侧面,$L \times B = 25mm \times 10mm$,$Ra3.2\mu m$。

附录

附1　工程训练报告

限于篇幅，工程训练报告作为链接资源出现，请下载学习。

【工程训练报告】

附2　正弦规在钳工中的使用

正弦规（图F.1）是利用三角函数关系中的正弦关系，与量块（图F.2）、杠杆表（图F.3）及表座（图F.4）等配合测量工件角度、平面度、平行度及尺寸等的精密量具。由于可以在一次测量中，同时完成尺寸、平面度、角度等的测量要求，钳工在加工精度较高的由多种平面组成的工件时会用到正弦规。

图F.1　正弦规

图F.2　量块

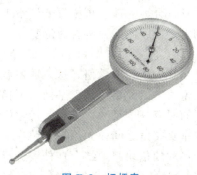
图F.3　杠杆表

图F.4　安装了杠杆表的表座

1. 正弦规的构造及原理

1) 正弦规的构造

如图 F.1 所示，正弦规是由一长方体与固定在两端的两个相同直径的圆柱体，以及附着在长方体旁边的可拆卸挡板组成。两个圆柱体的中心距要求很准确，根据规格有轴心线距离 100mm 或 200mm 两种。

2) 正弦规工作原理

正弦规的两圆柱轴线与长方体上平面三者平行，在平板上，将正弦规的某一个圆柱体用量块垫起来，由于两个圆柱体的中心距是固定的，正弦规的倾斜角度与量块的高度按正弦定理（$\sin\alpha = H/L$，式中 H 为量块组尺寸，L 为两个圆柱体的中心距）一一对应，如图 F.5 所示规格 100mm 的正弦规，用 50mm 的量块垫起来，其呈现的角度就是 30°。

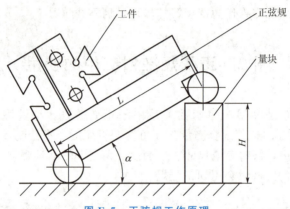

图 F.5　正弦规工作原理

2. 正弦规使用方法

1) 正弦规的摆放角度

利用正弦规测量时，首先是将正弦规摆成所需的角度，即根据要测量的工件角度需要，计算出所需垫起量块的总高度，如图 F.5 中要测量的工件为 60°燕尾盲配，所需角度为 30°，规格 100mm 的正弦规所用到的量块高度为 50mm。大多情况下所需量块高度的数值是多位小数，要精确到量块的最小位数，在量块盒中按先满足最小位数数值，后满足较大位数数值的方式选取量块，组成所需的量块组。注意组合方式不是简单的叠放，是用所谓分子力吸附的手法进行组合。就是擦拭干净的两片量块，十字交叉，轻轻相互搓动，直到体会到两者产生吸附力，再顺势捻搓至两个量块平齐，合为一体。再根据要测量工件的需要将量块组垫在相应的圆柱体下方，这样正弦规的上平面就倾斜为所需的角度。

2) 正弦规的原点高度尺寸

工件放在正弦规上，相当于工件上相关尺寸都要增加一个相对数值，这个数值就是正弦规的原点高度尺寸。所谓原点高度，是指垫了相应量块之后的正弦规上平面与下挡板面的交线的高度，如图 F.6 中的 h，这是整个测量计算的原点高度尺寸，确定其尺寸的方法是将样棒自然放置于正弦规上平面与下挡板面形成的垂直夹角之间，先用高度游标卡尺大体量出此时样棒的最高点尺寸，然后用量块拼成这个尺寸的量块组，结合杠杆表进行验证（杠杆表的有效测量行程很小，测量时可掰动测量杆到合适位置确保测量有效），最终确定放在正弦规上的样棒最高点尺寸为 H，再根据三角函数关系利用科学计算器进行相应计算，最终得到原点的高度尺寸 h，初学者可采用以下算式计算原点高度尺寸：

$$h = H - r - \sqrt{2}r\cos|45° - \alpha|$$

式中，h 为原点高度尺寸，H 为样棒的最高点尺寸，r 为样棒半径，α 为正弦规所需摆成的角度。图 F.6 中 β、x 仅为辅助思考的参数。

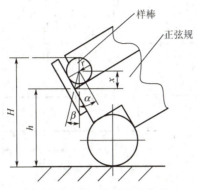

图 F.6　如何得到原点高度

3) 工件对应于基准点的相应尺寸

测量工件上与三大基准平行的尺寸用不着正弦规，只有与 3 个基准成一定角度的平面尺寸才要换算。由于工件形状及安排工艺的不同，每一个需用正弦规测量的平面所选用的工件上的基准点也不一定相同。首先要确定工件上需要用正弦规测量的每个面将采用哪个基准点与正弦规原点重合，然后算出每个面水平放置时，这个面与原点间高度是多少。如图 F.7 所示，这是一个要求盲配的复杂工件，配合间隙要求小于 0.04mm。如果只采用游标卡尺、百分尺、角尺、万能量角器等这些量具就不好制作，甚至做不了。如图 F.7 中右上角那个斜面 A，就难以测量与定位；燕尾处的平面尺寸，普通百分尺测量不了，只能用游标卡尺的尖端测量，而游标卡尺的本身精度只有 0.02mm；就是现场制作角度样板，因积累误差的存在，特别是要求盲配的情况下，其角度配合也很难达到配合间隙小于 0.04mm 的要求。

如果采用正弦规做法，这个工件就不难了，工件中所有与长、宽基准面平行的面，在精确划线之后，在游标卡尺与角尺的配合下，可以很快去除大部分余量，然后在量块、杠杆表及靠铁的辅助下可以比较容易的达到精度要求。只剩下 8 个斜面要用到正弦规，而这 8 个面只涉及两种角度，正弦规只要调定两个位置即可；其中 4 个面可采用杠杆表"反打"的方法进行测量，因此工件的基准点可以只要选择图 F.7 中 a、b 两点；同时工件的各个面几乎都是独立完成，最大限度减少了积累误差，有利于保证精度。

所谓反打，是相对于习惯上将杠杆表的触头放在被测面上方测量的另一种测量方法，反打时，杠杆表的触头是在被测面的下方，相应的量块除了要按计算结果选定组合，还要多一块在保持分子粘性的情况下推出一小段，其推出部分的底部就是反打时的测量对照面。

如图 F.7 所示，可以看出测量 A 面时要将正弦规摆为 45°，如果选择 a 点为工件的基准点，计算 A 面到 a 点的尺寸为 21.92mm。那么测量 A 面时要使用的量块组尺寸就是正弦规摆为 45°时的原点高度尺寸加 21.92mm。同理可以计算出其他面所需的量块组尺寸。

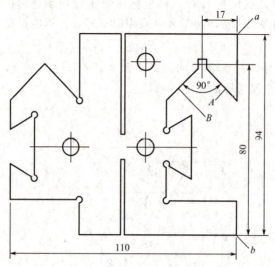

图 F.7 复杂盲配件

以上介绍了正弦规在钳工操作中的核心应用方法，读者可在实践中自己摸索更多的使用技巧。例如，在加工一些特殊的工件形状时，有时为了保留或确定工件基准点，安排工艺时会有意留一部分最后加工；加工一个内部各平面有较高精度的角度要求，外部为圆形且为自由公差的工件时，为了方便加工内部，可以在外部为方形时确定工件基准点，根据工件基准点先加工精度较高的内部，之后加工精度要求不高的外部。

参 考 文 献

- [1] 傅水根. 探索工程实践教育 [M]. 北京：清华大学出版社，2007.
- [2] 傅水根. 车工实习专题课 [EB/OL]. http：//www.enetedu.com/mycourse_upfile.asp. 2009.6.
- [3] 清华大学金属工艺学教研室. 金属工艺学实习教材 [M]. 3 版. 北京：高等教育出版社，2003.
- [4] 李喜桥. 创新思维与工程训练 [M]. 北京：北京航空航天大学出版社，2005.
- [5] 郭永环，姜银方. 工程训练 [M]. 3 版. 北京：北京大学出版社，2014.
- [6] 郭永环，姜银方. 金工实习 [M]. 北京：中国林业出版社，北京大学出版社，2006.
- [7] 吴鹏，迟剑锋. 工程训练 [M]. 北京：机械工业出版社，2005.
- [8] 朱江峰，肖元福. 金工实训教程 [M]. 北京：清华大学出版社，2004.
- [9] 朱世范. 机械工程训练 [M]. 哈尔滨：哈尔滨工程大学出版社，2003.
- [10] 刘舜尧. 机械工程工艺基础 [M]. 长沙：中南大学出版社，2002.
- [11] 中国机械工程学会铸造分会. 铸造手册 [M]. 2 版. 北京：机械工业出版社，2003.
- [12] 魏华胜. 铸造工程基础 [M]. 北京：机械工业出版社，2002.
- [13] 王文清，李魁盛. 铸造工艺学 [M]. 北京：机械工业出版社，2004.
- [14] 孟庆桂. 铸工实用技术手册 [M]. 南京：江苏科学技术出版社，2002.
- [15] 机械工业技师考评培训教材编审委员会. 铸造工技师培训教材 [M]. 北京：机械工业出版社，2002.
- [16] 杜西灵，杜磊. 袖珍铸造工艺手册 [M]. 北京：机械工业出版社，2001.
- [17] 梁延德. 实习报告分册(机械类) [M]. 大连：大连理工大学出版社，2005.
- [18] 陈国桢，肖柯则，姜不居. 铸件缺陷和对策手册 [M]. 北京：机械工业出版社，2003.
- [19] 罗敬堂. 铸造工实用技术 [M]. 沈阳：辽宁科学技术出版社，2004.
- [20] 黄纯颖. 机械创新设计 [M]. 北京：高等教育出版社，2000.
- [21] 劳动人事部培训就业局编. 钳工工艺学 [M]. 北京：劳动人事出版社，1990.
- [22] 陈君若. 制造技术工程实训 [M]. 北京：机械工业出版社，2007.
- [23] 盛定高，郑晓峰. 现代制造技术概论 [M]. 北京：机械工业出版社，2003.
- [24] 卢小平. 现代制造技术 [M]. 北京：清华大学出版社，2003.
- [25] 张宝忠. 现代机械制造技术基础实训教程 [M]. 北京：清华大学出版社，2004.
- [26] 黄康美. 数控加工实训教程 [M]. 北京：电子工业出版社，2004.
- [27] 陈志雄. 数控机床与数控编程 [M]. 北京：电子工业出版社，2004.
- [28] 龚仲华. 数控技术 [M]. 北京：机械工业出版社，2005.
- [29] 何亚飞. 数控机床编程与操作 [M]. 北京：中国林业出版社，2006.
- [30] 邓三鹏. 数控机床机械结构及维修 [M]. 北京：国防工业出版社，2008.
- [31] 罗春华，刘海明. 数控加工工艺简明教程 [M]. 北京：北京理工大学出版社，2007.
- [32] 朱晓春. 数控技术 [M]. 北京：机械工业出版社，2009.
- [33] 刘镇昌. 制造工艺实训教程 [M]. 北京：机械工业出版社，2006.
- [34] 陈宏钧. 典型零件机械加工生产实例 [M]. 北京：机械工业出版社，2005.
- [35] 机械工业技师考评培训教材编审委员会. 车工技师培训教材 [M]. 北京：机械工业出版社，2002.

[36] 机械工业职业技能鉴定指导中心. 刨、插工技术 [M]. 北京：机械工业出版社，2000.

[37] 殷作禄，陆根奎. 切削加工操作技巧与禁忌 [M]. 北京：机械工业出版社，2007.

[38] 梁炳文. 机械加工工艺与窍门精选(第3集) [M]. 北京：机械工业出版社，2004.

[39] 范希营. 谈高校教师教学方法的创新 [J]. 教育探索，2003(8)：12.

[40] 郭永环. 高理论课创新教法研究 [J]. 教育探索，2003(9)：7-8.

[41] 郭永环. 课堂教学导语的创新模式 [J]. 黑龙江高教研究，2004(5)：94-96.

[42] 郭永环. 金工实习中创新能力的培养 [J]. 发明与革新，2001(6)：28.

[43] 彭杰. 创造工程 [M]. 北京：中国科学技术出版社，1993.

[44] 郭永环. 创造学引入金工教学的实践 [J]. 发明与革新，1999(5)：30.

[45] 葛霆. 要准确理解"创新"的概念及其本质 [J]. 中国科学院院刊，2005，20(6)：515.

[46] 张武城. 铸造冶炼技术 [M]. 北京：机械工业出版社，2004.

[47] 熊守美，许庆彦，康进武. 铸造过程模拟仿真技术 [M]. 北京：机械工业出版社，2004.

[48] 任正义. 材料成形工艺基础 [M]. 哈尔滨：哈尔滨工程大学出版社，2004.

[49] 王宗杰. 熔焊方法及设备 [M]. 北京：机械工业出版社，2007.

[50] 中国机械工程学会焊接学会. 焊接手册(第一卷) [M]. 2版. 北京：机械工业出版社，2001.

[51] 柳秉毅. 金工实习(上册) [M]. 北京：机械工业出版社，2004.

[52] 赵熹华，冯吉才. 压焊方法及设备 [M]. 北京：机械工业出版社，2005.

[53] 任家列，吴爱萍. 先进材料的连接 [M]. 北京：机械工业出版社，2000.

[54] 栾国红，关桥. 高效、固相焊接新技术——搅拌摩擦焊 [J]. 电焊机，2005(9).

[55] 杨光. 焊接自动化技术的现状与展望 [J]. 现代制造，2004(11).

[56] 中华人民共和国机械工业部. GB/T 3375—1994 焊接术语 [S]. 北京：中国标准出版社，1994.

[57] 全国钢标准化技术委员会. GB/T 228.1—2010 金属材料室温拉伸试验方法 [S]. 北京：中国标准出版社，2011.

[58] 许凌云. 高速切削加工技术及应用 [C]. 2011年海南省机械工程学会年会，1999(5)：Ⅱ-140-143.

[59] 李金富，薛志馨，王天彬等. 干切削加工技术应用探究 [J]. 中国科技信息，2012(15)：41.

[60] 吕雅妍. 试论数控高速切削加工技术的发展与应用研究 [J]. 中国新技术新产品，2013(6)：14.

[61] 邓和平，肖远见，刘忠. 浅析数控高速切削加工 [J]. 科学时代，2013(2下半月)：128.

[62] 机械工业出版社. 机械创新设计制作课件 [EB/OL]. http://www.cmpedu.com. 2013.5.

[63] 范希营，郭永环，刘海宽等. 一种试板焊接工装 [P]. 中国专利：201310403020.9，2013.9.

[64] 张远明，陈君若，梁延德. 工程实践教育探索与创新 [M]. 南京：东南大学出版社，2007.

[65] Michael Fitzpatrick 著. 机械加工技术 [M]. 卜迟武，唐庆菊，岳雅璠，晏祖根，孟爽，王巍，译. 北京：科学出版社，2009.

[66] 劳动和社会保障部中国就业培训技术指导中心组织编写. 国家职业资格培训教程－机修钳工(技师技能高级技师技能) [M]. 北京：中国劳动社会保障出版社，2008.

[67] 张力重，王志奎. 图解金工实训 [M]. 武汉：华中科技大学出版社，2008.

[68] 费从荣. 机械制造工程实践 [M]. 北京：中国铁道出版社，2000.

[69] 刘世平，贝恩海. 工程训练(制造技术实习部分) [M]. 武汉：华中科技大学出版社，2008.

[70] 贺小涛，曾去疾，汤小红. 机械制造工程训练 [M]. 长沙：中南大学出版社，2003.

[71] 庄品，周根然，张明宝. 现代制造系统 [M]. 北京：科学出版社，2005.

[72] 刘晋春，赵家齐. 特种加工［M］. 北京：机械工业出版社，1994.

[73] 冯之敬. 制造工程与技术原理［M］. 北京：清华大学出版社，2004.

[74] ［美］Steve F，Krar Arthur R. Gill Peter Smid. 机械加工设备及应用［M］. 段振云，张幼军，于慎波，等译. 北京：科学出版社，2009.

[75] 张福润，徐鸿本，刘延林. 机械制造技术基础［M］. 武汉：华中理工大学出版社，1999.

[76] 中国机械工程学会塑性工程分会. 第14届全国塑性工程学术年会论文集［C］. 安徽：合肥，2015.10.

北京大学出版社教材书目

✧ 欢迎访问教学服务网站 www.pup6.com，免费查阅已出版教材的电子书(PDF 版)、电子课件和相关教学资源。
✧ 欢迎征订投稿。联系方式：010-62750667，童编辑，13426433315@163.com，pup_6@163.com，欢迎联系。

序号	书 名	标准书号	主 编	定价	出版日期
1	机械设计	978-7-5038-4448-5	郑 江，许 瑛	33	2007.8
2	机械设计	978-7-301-15699-5	吕 宏	32	2013.1
3	机械设计	978-7-301-17599-6	门艳忠	40	2010.8
4	机械设计	978-7-301-21139-7	王贤民，霍仕武	49	2014.1
5	机械设计	978-7-301-21742-9	师素娟，张秀花	48	2012.12
6	机械原理	978-7-301-11488-9	常治斌，张京辉	29	2008.6
7	机械原理	978-7-301-15425-0	王跃进	26	2013.9
8	机械原理	978-7-301-19088-3	郭宏亮，孙志宏	36	2011.6
9	机械原理	978-7-301-19429-4	杨松华	34	2011.8
10	机械设计基础	978-7-5038-4444-2	曲玉峰，关晓平	27	2008.1
11	机械设计基础	978-7-301-22011-5	苗淑杰，刘喜平	49	2015.8
12	机械设计基础	978-7-301-22957-6	朱 玉	38	2014.12
13	机械设计课程设计	978-7-301-12357-7	许 瑛	35	2012.7
14	机械设计课程设计	978-7-301-18894-1	王 慧，吕 宏	30	2014.1
15	机械设计辅导与习题解答	978-7-301-23291-0	王 慧，吕 宏	26	2013.12
16	机械原理、机械设计学习指导与综合强化	978-7-301-23195-1	张占国	63	2014.1
17	机电一体化课程设计指导书	978-7-301-19736-3	王金娥，罗生梅	35	2013.5
18	机械工程专业毕业设计指导书	978-7-301-18805-7	张黎骅，吕小荣	22	2015.4
19	机械创新设计	978-7-301-12403-1	丛晓霞	32	2012.8
20	机械系统设计	978-7-301-20847-2	孙月华	32	2012.7
21	机械设计基础实验及机构创新设计	978-7-301-20653-9	邹旻	28	2014.1
22	TRIZ 理论机械创新设计工程训练教程	978-7-301-18945-0	蒯苏苏，马履中	45	2011.6
23	TRIZ 理论及应用	978-7-301-19390-7	刘训涛，曹 贺等	35	2013.7
24	创新的方法——TRIZ 理论概述	978-7-301-19453-9	沈萌红	28	2011.9
25	机械工程基础	978-7-301-21853-2	潘玉良，周建军	34	2013.2
26	机械工程实训	978-7-301-26114-9	侯书林，张 炜等	52	2015.10
27	机械 CAD 基础	978-7-301-20023-0	徐云杰	34	2012.2
28	AutoCAD 工程制图	978-7-5038-4446-9	杨巧绒，张克义	20	2011.4
29	AutoCAD 工程制图	978-7-301-21419-0	刘善淑，胡爱萍	38	2015.2
30	工程制图	978-7-5038-4442-6	戴立玲，杨世平	27	2012.2
31	工程制图	978-7-301-19428-7	孙晓娟，徐丽娟	30	2012.5
32	工程制图习题集	978-7-5038-4443-4	杨世平，戴立玲	20	2008.1
33	机械制图(机类)	978-7-301-12171-9	张绍群，孙晓娟	32	2009.1
34	机械制图习题集(机类)	978-7-301-12172-6	张绍群，王慧敏	29	2007.8
35	机械制图(第 2 版)	978-7-301-19332-7	孙晓娟，王慧敏	38	2014.1
36	机械制图	978-7-301-21480-0	李凤云，张 凯等	36	2013.1
37	机械制图习题集(第 2 版)	978-7-301-19370-7	孙晓娟，王慧敏	22	2011.8
38	机械制图	978-7-301-21138-0	张 艳，杨晨升	37	2012.8
39	机械制图习题集	978-7-301-21339-1	张 艳，杨晨升	24	2012.10
40	机械制图	978-7-301-22896-8	臧福伦，杨晓冬等	60	2013.8
41	机械制图与 AutoCAD 基础教程	978-7-301-13122-0	张爱梅	35	2013.1
42	机械制图与 AutoCAD 基础教程习题集	978-7-301-13120-6	鲁 杰，张爱梅	22	2013.1
43	AutoCAD 2008 工程绘图	978-7-301-14478-7	赵润平，宗荣珍	35	2009.1
44	AutoCAD 实例绘图教程	978-7-301-20764-2	李庆华，刘晓杰	32	2012.6
45	工程制图案例教程	978-7-301-15369-7	宗荣珍	28	2009.6
46	工程制图案例教程习题集	978-7-301-15285-0	宗荣珍	24	2009.6
47	理论力学（第 2 版）	978-7-301-23125-8	盛冬发，刘 军	38	2013.9

序号	书名	标准书号	主编	定价	出版日期
48	材料力学	978-7-301-14462-6	陈忠安，王 静	30	2013.4
49	工程力学(上册)	978-7-301-11487-2	毕勤胜，李纪刚	29	2008.6
50	工程力学(下册)	978-7-301-11565-7	毕勤胜，李纪刚	28	2008.6
51	液压传动（第2版）	978-7-301-19507-9	王守城，容一鸣	38	2013.7
52	液压与气压传动	978-7-301-13179-4	王守城，容一鸣	32	2013.7
53	液压与液力传动	978-7-301-17579-8	周长城等	34	2011.11
54	液压传动与控制实用技术	978-7-301-15647-6	刘 忠	36	2009.8
55	金工实习指导教程	978-7-301-21885-3	周哲波	30	2014.1
56	工程训练（第4版）	978-7-301-28272-4	郭永环，姜银方	54	2017.6
57	机械制造基础实习教程	978-7-301-15848-7	邱 兵，杨明金	34	2010.2
58	公差与测量技术	978-7-301-15455-7	孔晓玲	25	2012.9
59	互换性与测量技术基础(第3版)	978-7-301-25770-8	王长春等	35	2015.6
60	互换性与技术测量	978-7-301-20848-9	周哲波	35	2012.6
61	机械制造技术基础	978-7-301-14474-9	张 鹏，孙有亮	28	2011.6
62	机械制造技术基础	978-7-301-16284-2	侯书林　张建国	32	2012.8
63	机械制造技术基础	978-7-301-22010-8	李菊丽，何绍华	42	2012.8
64	先进制造技术基础	978-7-301-15499-1	冯宪章	30	2011.11
65	先进制造技术	978-7-301-22283-6	朱 林，杨春杰	30	2013.4
66	先进制造技术	978-7-301-20914-1	刘 璇，冯 凭	28	2012.8
67	先进制造与工程仿真技术	978-7-301-22541-7	李 彬	35	2013.5
68	机械精度设计与测量技术	978-7-301-13580-8	于 峰	25	2013.7
69	机械制造工艺学	978-7-301-13758-1	郭艳玲，李彦蓉	30	2008.8
70	机械制造工艺学（第2版）	978-7-301-23726-7	陈红霞	45	2014.1
71	机械制造工艺学	978-7-301-19903-9	周哲波，姜志明	49	2012.1
72	机械制造基础(上)——工程材料及热加工工艺基础(第2版)	978-7-301-18474-5	侯书林，朱 海	40	2013.2
73	制造之用	978-7-301-23527-0	王中任	30	2013.12
74	机械制造基础(下)——机械加工工艺基础(第2版)	978-7-301-18638-1	侯书林，朱 海	32	2012.5
75	金属材料及工艺	978-7-301-19522-2	于文强	44	2013.2
76	金属工艺学	978-7-301-21082-6	侯书林，于文强	32	2012.8
77	工程材料及其成形技术基础（第2版）	978-7-301-22367-3	申荣华	58	2013.5
78	工程材料及其成形技术基础学习指导与习题详解（第2版）	978-7-301-26300-6	申荣华	28	2015.9
79	机械工程材料及成形基础	978-7-301-15433-5	侯俊英，王兴源	30	2012.5
80	机械工程材料（第2版）	978-7-301-22552-3	戈晓岚，招玉春	36	2013.6
81	机械工程材料	978-7-301-18522-3	张铁军	36	2012.5
82	工程材料与机械制造基础	978-7-301-15899-9	苏子林	32	2011.5
83	控制工程基础	978-7-301-12169-6	杨振中，韩致信	29	2007.8
84	机械制造装备设计	978-7-301-23869-1	宋士刚，黄 华	40	2014.12
85	机械工程控制基础	978-7-301-12354-6	韩致信	25	2008.1
86	机电工程专业英语(第2版)	978-7-301-16518-8	朱 林	24	2013.7
87	机械制造专业英语	978-7-301-21319-3	王中任	28	2014.12
88	机械工程专业英语	978-7-301-23173-9	余兴波，姜 波等	30	2013.9
89	机床电气控制技术	978-7-5038-4433-7	张万奎	26	2007.9
90	机床数控技术（第2版）	978-7-301-16519-5	杜国臣，王士军	35	2014.1
91	自动化制造系统	978-7-301-21026-0	辛宗生，魏国丰	37	2014.1
92	数控机床与编程	978-7-301-15900-2	张洪江，侯书林	35	2012.10
93	数控铣床编程与操作	978-7-301-21347-6	王志斌	35	2012.10
94	数控技术	978-7-301-21144-1	吴瑞明	28	2012.9
95	数控技术	978-7-301-22073-3	唐友亮 余 勃	45	2014.1
96	数控技术与编程	978-7-301-26028-9	程广振 卢建湘	36	2015.8
97	数控技术及应用	978-7-301-23262-0	刘 军	49	2013.10
98	数控加工技术	978-7-5038-4450-7	王 彪，张 兰	29	2011.7
99	数控加工与编程技术	978-7-301-18475-2	李体仁	34	2012.5
100	数控编程与加工实习教程	978-7-301-17387-9	张春雨，于 雷	37	2011.9
101	数控加工技术及实训	978-7-301-19508-6	姜永成，夏广岚	33	2011.9
102	数控编程与操作	978-7-301-20903-5	李英平	26	2012.8
103	现代数控机床调试及维护	978-7-301-18033-4	邓三鹏等	32	2010.11
104	金属切削原理与刀具	978-7-5038-4447-7	陈锡渠，彭晓南	29	2012.5

序号	书 名	标准书号	主 编	定价	出版日期
105	金属切削机床(第2版)	978-7-301-25202-4	夏广岚，姜永成	42	2015.1
106	典型零件工艺设计	978-7-301-21013-0	白海清	34	2012.8
107	模具设计与制造(第2版)	978-7-301-24801-0	田光辉，林红旗	56	2015.1
108	工程机械检测与维修	978-7-301-21185-4	卢彦群	45	2012.9
109	特种加工	978-7-301-21447-3	刘志东	50	2014.1
110	精密与特种加工技术	978-7-301-12167-2	袁根福，祝锡晶	29	2011.12
111	逆向建模技术与产品创新设计	978-7-301-15670-4	张学昌	28	2013.1
112	CAD/CAM 技术基础	978-7-301-17742-6	刘 军	28	2012.5
113	CAD/CAM 技术案例教程	978-7-301-17732-7	汤修映	42	2010.9
114	Pro/ENGINEER Wildfire 2.0 实用教程	978-7-5038-4437-X	黄卫东，任国栋	32	2007.7
115	Pro/ENGINEER Wildfire 3.0 实例教程	978-7-301-12359-1	张选民	45	2008.2
116	Pro/ENGINEER Wildfire 3.0 曲面设计实例教程	978-7-301-13182-4	张选民	45	2008.2
117	Pro/ENGINEER Wildfire 5.0 实用教程	978-7-301-16841-7	黄卫东，郝用兴	43	2014.1
118	Pro/ENGINEER Wildfire 5.0 实例教程	978-7-301-20133-6	张选民，徐超辉	52	2012.2
119	SolidWorks 三维建模及实例教程	978-7-301-15149-5	上官林建	30	2012.8
120	UG NX 9.0 计算机辅助设计与制造实用教程 (第2版)	978-7-301-26029-6	张黎骅，吕小荣	36	2015.8
121	CATIA 实例应用教程	978-7-301-23037-4	于志新	45	2013.8
122	Cimatron E9.0 产品设计与数控自动编程技术	978-7-301-17802-7	孙树峰	36	2010.9
123	Mastercam 数控加工案例教程	978-7-301-19315-0	刘 文，姜永梅	45	2011.8
124	应用创造学	978-7-301-17533-0	王成军，沈豫浙	26	2012.5
125	机电产品学	978-7-301-15579-0	张亮峰等	24	2015.4
126	品质工程学基础	978-7-301-16745-8	丁 燕	30	2011.5
127	设计心理学	978-7-301-11567-1	张成忠	48	2011.6
128	计算机辅助设计与制造	978-7-5038-4439-6	仲梁维，张国全	29	2007.9
129	产品造型计算机辅助设计	978-7-5038-4474-4	张慧姝，刘永翔	27	2006.8
130	产品设计原理	978-7-301-12355-3	刘美华	30	2008.2
131	产品设计表现技法	978-7-301-15434-2	张慧姝	42	2012.5
132	CorelDRAW X5 经典案例教程解析	978-7-301-21950-8	杜秋磊	40	2013.1
133	产品创意设计	978-7-301-17977-2	虞世鸣	38	2012.5
134	工业产品造型设计	978-7-301-18313-7	袁涛	39	2011.1
135	化工工艺学	978-7-301-15283-6	邓建强	42	2013.7
136	构成设计	978-7-301-21466-4	袁涛	58	2013.1
137	设计色彩	978-7-301-24246-9	姜晓微	52	2014.6
138	过程装备机械基础（第2版）	978-301-22627-8	于新奇	38	2013.7
139	过程装备测试技术	978-7-301-17290-2	王毅	45	2010.6
140	过程控制装置及系统设计	978-7-301-17635-1	张早校	30	2010.8
141	质量管理与工程	978-7-301-15643-8	陈宝江	34	2009.8
142	质量管理统计技术	978-7-301-16465-5	周友苏，杨 飒	30	2010.1
143	人因工程	978-7-301-19291-7	马如宏	39	2011.8
144	工程系统概论——系统论在工程技术中的应用	978-7-301-17142-4	黄志坚	32	2010.6
145	测试技术基础(第2版)	978-7-301-16530-0	江征风	30	2014.1
146	测试技术实验教程	978-7-301-13489-4	封士彩	22	2008.8
147	测控系统原理设计	978-7-301-24399-2	齐永奇	39	2014.7
148	测试技术学习指导与习题详解	978-7-301-14457-2	封士彩	34	2009.3
149	可编程控制器原理与应用(第2版)	978-7-301-16922-3	赵 燕，周新建	33	2011.11
150	工程光学	978-7-301-15629-2	王红敏	28	2012.5
151	精密机械设计	978-7-301-16947-6	田 明，冯进良等	38	2011.9
152	传感器原理及应用	978-7-301-16503-4	赵 燕	35	2014.1
153	测控技术与仪器专业导论(第2版)	978-7-301-24223-0	陈毅静	36	2014.6
154	现代测试技术	978-7-301-19316-7	陈科山，王燕	43	2011.8
155	风力发电原理	978-7-301-19631-1	吴双群，赵丹平	33	2011.10
156	风力机空气动力学	978-7-301-19555-0	吴双群	32	2011.10
157	风力机设计理论及方法	978-7-301-20006-3	赵丹平	32	2012.1
158	计算机辅助工程	978-7-301-22977-4	许承东	38	2013.8
159	现代船舶建造技术	978-7-301-23703-8	初冠南，孙清洁	33	2014.1

如您需要免费纸质样书用于教学，欢迎登陆第六事业部门户网(www.pup6.com)填表申请，并欢迎在线登记选题以到北京大学出版社来出版您的大作，也可下载相关表格填写后发到我们的邮箱，我们将及时与您取得联系并做好全方位的服务。